高等工科院校"十二五"规划教材

机械制图简明教程

高晓芳 袁阳 主编

闫芳 周克斌 副主编

JIXIE ZHITU
JIANMING JIAOCHENG

化学工业出版社

·北京·

《机械制图简明教程》根据教育部制定的高等工科院校"画法几何及工程制图"课程教学基本要求、采用最新的《技术制图》与《机械制图》国家标准，主要内容有：制图的基本知识和基本技能，点、直线、平面的投影，立体的投影，组合体的视图与尺寸标注，轴测图，机件常用表达方法，标准件和常用件，零件图，装配图，装配体测绘和附录。

　　《机械制图简明教程》可作为普通高等院校本、专科近机械类专业和工程、工艺类专业的机械制图课程的教材，也可作为高职、高专及成人院校相关专业的机械制图课程的教材，同时可供机械领域的工程技术人员参考。

图书在版编目（CIP）数据

机械制图简明教程/高晓芳，袁阳主编. —北京：化
学工业出版社，2015.11
高等工科院校"十二五"规划教材
ISBN 978-7-122-25236-4

Ⅰ.①机…　Ⅱ.①高…②袁…　Ⅲ.①机械制图-高
等学校-教材　Ⅳ.①TH126

中国版本图书馆 CIP 数据核字（2015）第 224142 号

责任编辑：刘俊之　王清颢　　　　　　　　文字编辑：吴开亮
责任校对：边　涛　　　　　　　　　　　　装帧设计：韩　飞

出版发行：化学工业出版社（北京市东城区青年湖南街 13 号　邮政编码 100011）
印　　刷：北京永鑫印刷有限责任公司
装　　订：三河市宇新装订厂
787mm×1092mm　1/16　印张 15½　字数 411 千字　2016 年 1 月北京第 1 版第 1 次印刷

购书咨询：010-64518888（传真：010-64519686）　售后服务：010-64518899
网　　址：http://www.cip.com.cn
凡购买本书，如有缺损质量问题，本社销售中心负责调换。

定　　价：33.00 元

本书编写人员

主　编　高晓芳　袁　阳

副主编　闫　芳　周克斌

参　编（按姓氏笔画排序）

马迎亚　刘　营　张卫东

陆银梅　姜振华　戚丽丽

主　审　袁国兴　孟庆东

前　言

机械制图是为机械行业服务的，是工程界的"语言"。因此，从事机械或工程行业的研究、设计和生产的工程师，掌握好机械制图极为重要。为此，各高校极为重视面向机械类及近机类学生的机械课程的教学，在探索该课程的教学方法和教学内容方面可谓竭尽全力。相关教材虽然有多个版本，但是随着新技术、新装备的涌现，新标准的不断更新，至今人们依然在进行改革探索，在教材建设上各院校教师都在做不断的尝试。

《机械制图简明教程》是在多年教学工作实践的基础上，吸收、参阅兄弟院校近年来对本课程教革的成果，结合普遍压缩学时的趋势，为机械类专业及其他相近的专业编写的教材。参加本书编写的大多为长期从事机械制图教学和机械工程的教师，我们试图让学生通过本课程的学习，掌握制图方面必要的基础知识，具备看懂图、会画图的初步能力。

根据教育部面向21世纪高等院校教学改革的精神，为体现新教材特点，妥善处理学时少、内容多的矛盾，本教材按如下原则编写。

1. 采用最新颁布的《技术制图》和《机械制图》国家标准。

2. 精简整合了画法几何部分的内容，从工程实际出发，保留了画法几何中作为制图理论基础的基本内容。对于近机类、工程类等少学时的专业，打"＊"号内容可以根据学时数取舍。

3. 本书层次分明、内容充实、实践性强、知识体系新，突出了实用性、案例性的特点。内容编排遵循教学规律，讲解中配有大量图例和详细步骤，充分考虑内容的系统性，结构安排合理，注重理论与实践相结合。

4. 兼顾各专业需求，增强学时弹性，建议学时为48～68学时。

本教材编写了配套教材《机械制图简明教程习题集》，并配有习题解答，方便教师和学生及自学者使用。

参加本书编写的单位和人员有：青岛科技大学（高晓芳、马迎亚、刘菅、陆银梅、戚丽丽）、烟台南山学院（闫芳）、青岛技师学院（袁阳、周克斌）、济宁技师学院（张卫东）和青岛鸿钧电器有限公司（姜振华）。

本书由高晓芳和袁阳任主编；闫芳和周克斌任副主编，由高晓芳负责统稿。

本书编写过程中，得到青岛科技大学袁国兴和孟庆东教授的大力支持（并审稿），他们对全书内容取舍、编写风格等方面做了具体指导，提出了许多宝贵建议。具体编写中，得到多名老师的帮助。

本书在编写过程中参阅了多本同类教材和习题集，采用了其中部分素材和插图，并得到化学工业出版社及有关院校教学主管部门的协助和支持，在此一并对上述单位表示深切的感谢。

因水平所限，书中难免会有疏漏之处，望各位读者不吝指正。

编者

2015 年 7 月

目 录

绪 论

(1)《机械制图简明教程》课程的研究对象

《机械制图简明教程》是一门研究绘制和阅读机械图样、图解空间几何问题的理论和方法的技术基础学科。主要内容是正投影理论和国家标准《技术制图》、《机械制图》的有关规定。

(2)《机械制图简明教程》课程的任务和要求

准确表达物体的形状、尺寸及其技术要求的图纸，称为图样。图样是制造机器、仪器和进行工程施工的主要依据。在机械制造业中，机器设备是根据图样加工制造的。如果要生产一部机器，首先必须画出表达该机器的装配图和所有零件的零件图，然后根据零件图制造出全部零件，再按装配图装配成机器。在工程技术中，人们通过图样来表达设计对象和设计思想。图样不单是指导生产的重要技术文件，而且是进行技术交流的重要工具。因此，图样是每一个工程技术人员必须掌握的"工程技术语言"。

(3)《机械制图简明教程》课程的学习要求

① 掌握正投影法的基本理论，并能利用投影法在平面上表示空间几何形体，图解空间几何问题；

② 培养绘制和阅读机械图样的能力，并研究如何在图样上标注尺寸；

③ 培养用仪器绘图、计算机绘图和手工绘制草图的能力；

④ 培养空间逻辑思维与形象思维的能力；

⑤ 培养分析问题和解决问题的能力；

⑥ 培养认真负责的工作态度和严谨细致的工作作风。

(4)《机械制图简明教程》课程的学习方法

《机械制图简明教程》课程是一门既有系统理论，又比较注重实践的技术基础课。本课程的各部分内容既紧密联系，又各有特点。根据《机械制图简明教程》课程的学习要求及各部分内容的特点，这里简要介绍一下学习方法。

① 准备一套合乎要求的制图工具，并认真完成作业。按照正确的制图方法和步骤来画：认真听课，及时复习，要掌握形体分析法、线面分析法和投影分析方法，提高独立分析和解决看图、画图等问题的能力。

② 注意画图与看图相结合，物体与图样相结合，要多画多看，逐步培养空间逻辑思维与形象思维的能力。

③ 严格遵守机械制图的国家标准，并具备查阅有关标准和资料的能力。

机械制图不但有着严密的理论性，而且具有很高的实践性，因此除了学习基本理论，还需要通过多做习题，多画模型，多做训练，才能提高空间想象、分析、构思能力，才能很好地学会机械制图，做到学以致用。

第 **1** 章

制图的基本知识和基本技能

图样是现代机器制造过程中的重要技术文件之一，是工程界的技术语言。设计师通过图样设计新产品，工艺师依据图样制造新产品。此外，图样还广泛应用于技术交流。

在各个工业部门，为了科学地进行生产和管理，对图样的各个方面，如图幅的安排、尺寸注法、图纸大小、图线粗细等，都需要有统一的规定，这些规定称为制图标准。

本章主要介绍由国家标准局颁布的机械制图国家标准、绘图工具的使用以及几何作图和平面图形尺寸分析等有关的制图基本知识。

1.1 国家标准《技术制图》和《机械制图》的有关规定

国家标准简称"国标"，用 GB 或 GB/T 表示，GB 为强制性国家标准，GB/T 为推荐性国家标准。《技术制图》用于机械、电气、工程建设等各专业领域的制图，在技术内容上具有统一和通用的特点，是通用性和基础性的技术标准；《机械制图》是针对机械行业的专业性技术标准。

1.1.1 图纸幅面和格式（摘自 GB/T 14689—2008）

GB/T 14689—2008 是一种推荐性的国家标准，14689 为标准编号，2008 为标准颁布的年份。

(1) 图纸幅面

绘制技术图样时，应优先采用如表 1-1 所示的基本幅面尺寸。必要时也允许加长幅面，但应按基本幅面的短边整数倍增加，如图 1-1 所示（加长幅面尺寸可参阅图中的虚线部分）。

表 1-1 图纸幅面代号和尺寸 （单位：mm）

幅面代号	A0	A1	A2	A3	A4
$B \times L$	841×1189	594×841	420×594	297×420	210×297
a	25				
c	10			5	
e	20		10		

(2) 图框格式

在图纸上必须用粗实线画出图框。图框有两种格式：不留装订边和留有装订边。同一产品中所有图样均应采用同一种格式。两种格式如图 1-2 所示，尺寸按表 1-1 的规定画出。

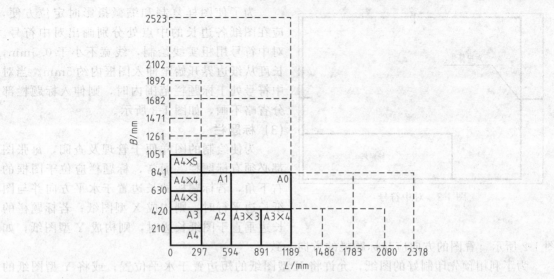

图 1-1　图纸幅面及其加长

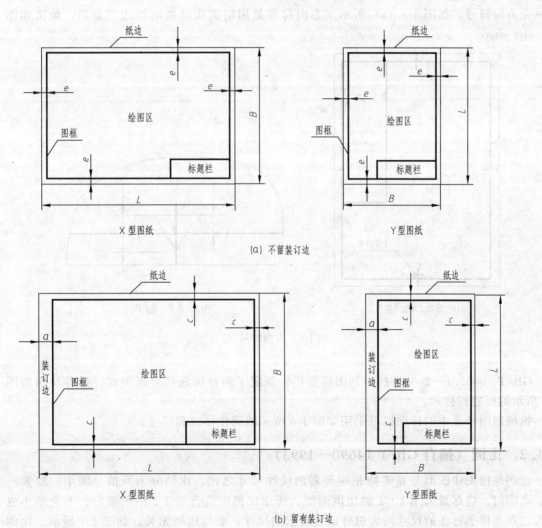

图 1-2　图框格式

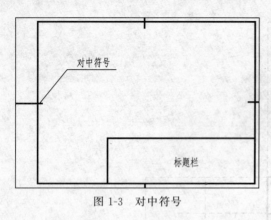

图 1-3　对中符号

为了使图样复制和缩微摄影时定位方便，应在图纸各边长的中点处分别画出对中符号。对中符号用粗实线绘制，线宽不小于 0.5mm，长度从纸边界开始至伸入图框内约 5mm。当对中符号处于标题栏范围内时，则伸入标题栏部分省略不画，如图 1-3 所示。

(3) 标题栏

为使绘制的图样便于管理及查阅，每张图都必须有标题栏。通常，标题栏应位于图框的右下角，若标题栏的长边置于水平方向并与图纸长边平行时，则构成 X 型图纸；若标题栏的长边垂直于图纸长边时，则构成 Y 型图纸，如图 1-2 所示。看图的方向应与标题栏的方向一致。

为了利用预先印制好的图纸，允许将 X 型图纸的短边置于水平位置；或将 Y 型图纸的长边置于水平位置。此时，为了明确绘图与看图时的图纸方向，应在图纸下边对中符号处加画一个方向符号，如图 1-4（a）所示。方向符号是用细实线绘制的等边三角形，画法如图 1-4（b）所示。

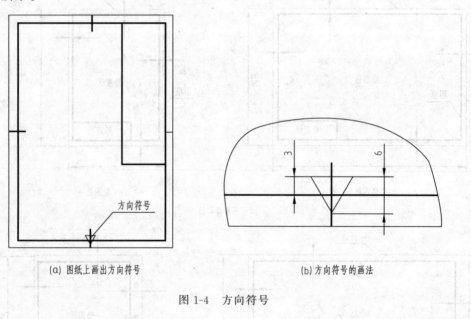

(a) 图纸上画出方向符号　　　　　　　(b) 方向符号的画法

图 1-4　方向符号

GB/T 10609.1—2008《技术制图标题栏》规定了两种标题栏分区型式。推荐使用如图 1-5 所示的标题栏格式。

机械制图作业中的标题栏可采用如图 1-6 所示的简化格式和尺寸。

1.1.2　比例（摘自 GB/T 14690—1993）

比例是指图中图形与其实物相应要素的线性尺寸之比。比例分为原值、缩小、放大三种。画图时，应尽量采用 1∶1 的比例画图。所用比例应符合表 1-2 中的规定。不论缩小或放大，在图样上标注的尺寸均为机件设计要求的尺寸，而与比例无关，如图 1-7 所示。比例一般应注写在标题栏中的比例栏内。必要时，可在视图名称的下方或右侧标注比例。

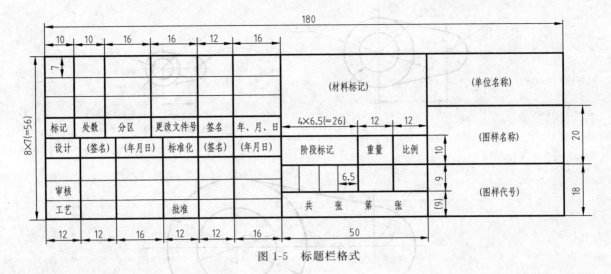

图 1-5　标题栏格式

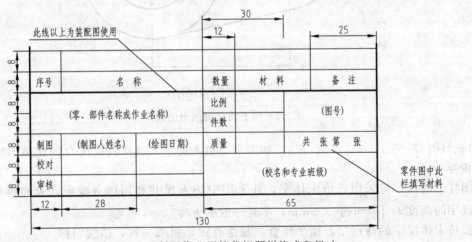

图 1-6　制图作业用简化标题栏格式和尺寸

表 1-2　比例系列

种类	比　　例	
	第一系列	第二系列
原值比例	1:1	
缩小比例	1:2　1:5　1:10^n 1:2×10^n　1:5×10^n	1:1.5　1:2.5　1:3　1:4　1:6 1:1.5×10^n　1:2.5×10^n　1:3×10^n 1:4×10^n　1:6×10^n
放大比例	2:1　　5:1 1×10^n:1　2×10^n:1　5×10^n:1	2.5:1　4:1 2.5×10^n:1　4×10^n:1

注：n 为正整数。

1.1.3　字体（摘自 GB/T 14691—1993）

字体指的是图中汉字、字母、数字的书写形式。国家标准对各种字体的大小和结构等做了统一规定。

字体高度也称字体号数，用 h 表示，单位为 mm。h 的公称尺寸系列从大到小排列为

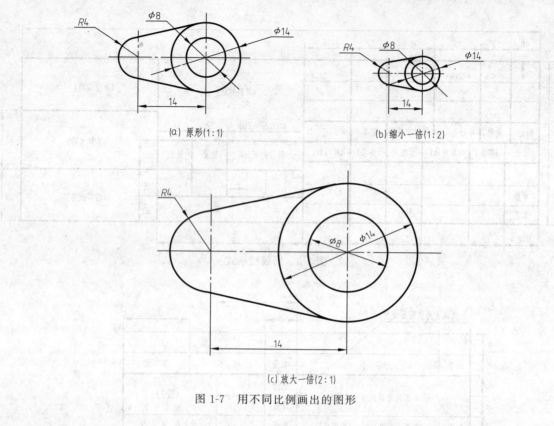

图 1-7　用不同比例画出的图形

20、14、10、7、5、3.5、2.5、1.8。如需书写更大的字，其字高应按 $\sqrt{2}$ 的比例递增。

（1）汉字

图样上的汉字应采用长仿宋体字，并采用中华人民共和国国务院正式公布推行的简化字。汉字的高度 h 不应小于 3.5mm，字宽一般为 $h/\sqrt{2}$。

长仿宋体汉字的特点是：横平竖直，起落有锋，粗细一致，结构匀称。

汉字的书写示例如图 1-8 所示。

10号汉字

字体工整笔画清楚间隔均匀排列整齐

7号字

横平竖直注意起落结构均匀填满方格

5号字

技术制图机械电子汽车航空船舶土木建筑矿山井坑港口纺织服装

图 1-8　长仿宋体汉字示例

（2）字母和数字

在图样中，字母和数字可写成斜体或直体，斜体向右倾斜，与水平基准线成 75°。在技术文件中字母和数字一般写成斜体。字母和数字分 A 型和 B 型，A 型字体的笔画宽度为字高 h 的 1/14，B 型字体的笔画宽度为字高 h 的 1/10。字母和数字书写示例如图 1-9 所示。

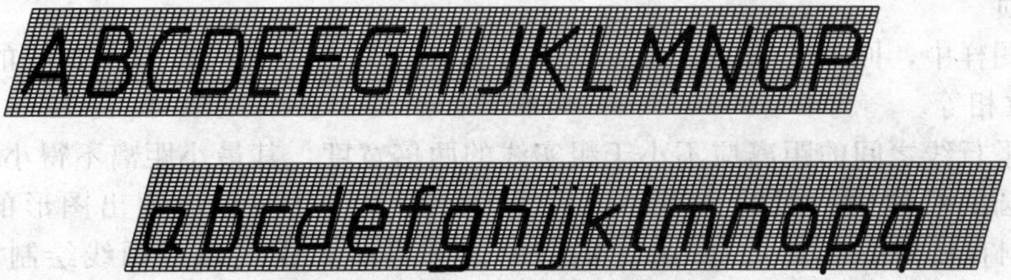

ABCDEFGHIJKLMNOP

qbcdefghijklmnopq

(a)　拉丁字母(斜体)

0123456789

(b)　阿拉伯数字(斜体)

图 1-9　字母和数字示例

1.1.4　图线（摘自 GB/T 17450—1998、GB/T 4457.4—2002）

机械图样中的图形都是由不同的图线组成的，不同式样的图线具有不同的含义，代表机件不同的结构特征。在绘图时，应根据表达的需要，采用相应的线型（图线式样）。

(1) 线型及应用

GB/T 17450—1998《技术制图　图线》给出了图线的基本规定，包括图线的名称、形式、结构和画法规则，适用于机械、电气、建筑、土木工程等各种技术图样。GB/T 4457.4—2002《机械制图　图样画法　图线》规定了机械制图中所用图线的规则，仅适用于机械工程图样。

按照 GB/T 4457.4—2002《机械制图　图样画法　图线》的规定，机械图样采用的图线宽度由粗线和细线两种，粗、细的比例为 2∶1。设粗线的宽度为 d，则细线的宽度为 $d/2$。

所有线型的图线宽度应根据图样的复杂程度和尺寸大小在下列推荐尺寸（单位为 mm）中选择：0.13、0.18、0.25、0.35、0.5、0.7、1、1.4、2，优先采用 $d = 0.5$mm 或 $d = 0.7$mm。

如表 1-3 所示的是机械设计制图中常用的 9 种线型及其应用。如图 1-10 所示为常用图线应用举例。

表 1-3　常见的 9 种线型及其应用

图线名称	图线线型	图线宽度	一般应用举例
粗实线		d	可见轮廓线
细虚线	4～6　≈1	$d/2$	不可见轮廓线
细实线		$d/2$	尺寸线、尺寸界线、剖面线、指引线
细点画线	15～30　≈3	$d/2$	轴线、对称中心线
波浪线		$d/2$	断裂处的边界线、视图和剖视图的分界线
细双点画线	15～20　≈5	$d/2$	相邻辅助零件的轮廓线、极限位置的轮廓线
粗点画线	15～30　≈3	d	限定范围表示线
双折线		$d/2$	断裂处的边界线

（2）注意事项

① 同一图样中，同类图线的宽度应基本一致。虚线、点画线及双点画线的线段长短间隔应各自大致相等。

② 两条平行线之间的距离应不小于粗实线的两倍宽度，其最小距离不得小于 0.7mm。

③ 绘制圆的对称中心线时，圆心应为线段的交点。其两端应超出图形的轮廓线 3～5mm。当绘制直径较小（小于 12mm）的圆时，可用细实线代替点画线绘制圆的中心线，如图 1-11 所示。

④ 虚线及点画线与其他图线相交时，应在画线处相交；当虚线是粗实线的延长线时，粗实线应画到分界点，而虚线应留有空隙；当虚线圆弧和虚线直线相切时，虚线圆弧的线段应画到切点，而虚线直线需留有空隙。如图 1-12 所示。

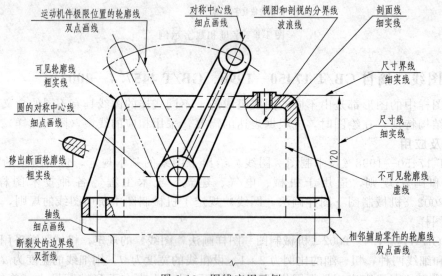

图 1-10　图线应用示例

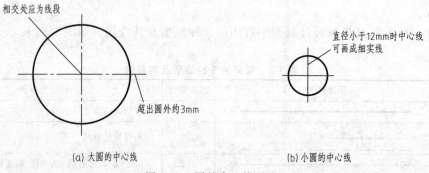

图 1-11　圆的中心线画法

1.1.5　尺寸注法（摘自 GB/T 4458.4—2003、GB/T 16675.2—2012）

图形只能表达机件的形状，而机件的大小则由标注的尺寸确定。

（1）尺寸标注的基本规则

① 机件的大小应以图样上所标注的尺寸数值为依据，与图形的大小及绘图的准确度无关。

② 图样中（包括技术要求和其他说明）的尺寸，以 mm 为单位时，不需标注计量单位

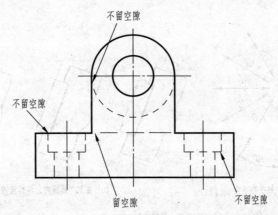

图 1-12　虚线连接处的画法

的代号或名称。如果要采用其他单位时，则必须注明相应的计量单位的代号或名称。

③ 图样中所标注的尺寸，为该图样所示机件的最后完工尺寸，否则应另加说明。

④ 机件的每一尺寸，一般只标注一次，并应标注在反映该结构最清晰的图形上。

(2) 尺寸的构成

图样中的尺寸，一般由尺寸界线、尺寸线、尺寸线终端和尺寸数字四个要素组成。如图 1-13 所示的是尺寸构成和标注尺寸时的注意事项。

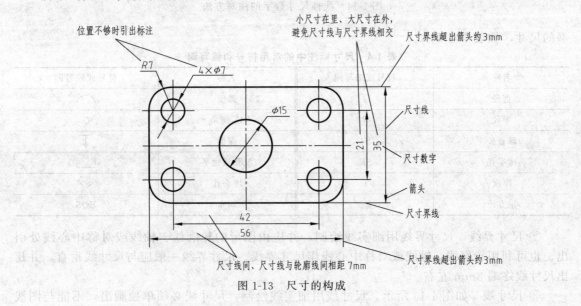

图 1-13　尺寸的构成

尺寸在图样中的排布要清晰、整齐、匀称，并应注意以下问题。

① 尺寸数字　在同一张图上基本尺寸的字高要一致，一般采用 3.5 号字，不能根据数值的大小而改变字符的大小；字符间隔要均匀；字体应严格按 GB 规定书写。

线性尺寸的数字一般应注写在尺寸线的上方，也允许注写在尺寸线的中断处，同一图样内大小一致，数字高度一般为 3.5mm，位置不够可引出标注。数字方向一般按图 1-14 (a) 所示的方式注写。为避免误解，应避免在图中 30°范围内注写尺寸；如不可避免时，可采用如图 1-14 (b) 所示的几种方式注写。

尺寸数字不可被任何图线所通过，否则必须把图线断开，如图 1-14 (c) 所示。

国标还规定了一些注写在尺寸数字周围的标注尺寸的符号和其缩写词，用以区分不同类

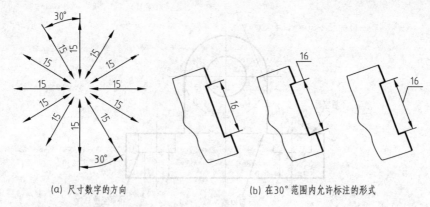

(a) 尺寸数字的方向　　　　　　　　(b) 在30°范围内允许标注的形式

(c) 尺寸数字不能被图线通过

图 1-14　线性尺寸数字的注写方法

型的尺寸，如表 1-4 所示。

表 1-4　尺寸标注中的常用符号和缩写词

名称	符号或缩写词	名称	符号或缩写词
直径	ϕ	弧度	⌒
半径	R	45°倒角	C
球直径	$S\phi$	深度	↧
球半径	SR	沉孔或锪平	⊔
厚度	t	埋头孔	∨
正方形	□	均布	EQS

②尺寸界线　尺寸界线用细实线绘制，并应由图形的轮廓线、轴线或对称中心线处引出。也可利用轮廓线、轴线或对称中心线作尺寸界线。尺寸界线一般应与尺寸线垂直，并超出尺寸线终端 3mm 左右。

③尺寸线　如图 1-13 所示，尺寸线用细实线绘制。尺寸线必须单独画出，不能与图线重合或在其延长线上。尺寸线必须与所标注的线段平行，相互平行的尺寸线间距要相等，一般间距为 7mm。大尺寸要注在小尺寸外面，避免尺寸线相交。在标注圆和圆弧的直径和半径时，尺寸线一般要通过圆心或其延长线通过圆心。

④尺寸线终端　尺寸线终端有两种形式，如图 1-15 所示。

一种是箭头终端，箭头终端适用于各种类型的图样（机械制图常用），画法如图 1-15 (a) 所示，图中的 d 为粗实线的宽度。箭头尖端与尺寸界线接触，不得超出也不得离开。

一种是斜线终端，斜线用细实线绘制，画法如图 1-15（b）所示，图中 h 为字体高度。当尺寸线终端采用斜线形式时，尺寸线与尺寸界线必须相互垂直。

同一图样中只能采用一种尺寸线终端形式。大小应一致，机械图样中箭头一般为闭合的

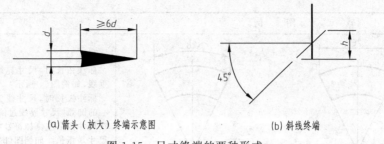

(a) 箭头 (放大) 终端示意图　　　　　(b) 斜线终端

图 1-15　尺寸终端的两种形式

实心箭头。

(3) 尺寸注法示例

国标规定的一些常见图形的尺寸注法见表 1-5。

表 1-5　尺寸注法示例

分类	图　例	说　明
圆和圆弧	(图形)	一般尺寸线通过圆心,并在尺寸线两端各画一个箭头
	(图形 (a) (b))	大于半圆的圆弧需标注直径尺寸,直径前加"ϕ",如例图(a)所示 小于或等于半圆的圆弧需标注半径尺寸,半径前加"R",如例图(b)所示。半径尺寸只能标注在圆弧图形上
	(图形 (a) (b))	大圆弧无法在图纸范围内标出圆心位置时,可按例图(a)所示标注 不需标出圆心位置时,可按例图(b)所示标注
	(图形 (a) (b))	上下对称的圆弧标注一个直径尺寸 $\phi16$,尺寸界线可使用圆弧的延长线。如例图(a)所示 左右对称的两个圆,可以将尺寸标注在其中一个圆上,如例图(a)中的 $2\times\phi4$ 圆的尺寸也可以注写在反映非圆的图形中,这时必须在直径尺寸前注写"ϕ",如例图(b)中的 $\phi23$ 等

续表

分类	图例	说明
弦长和弧长	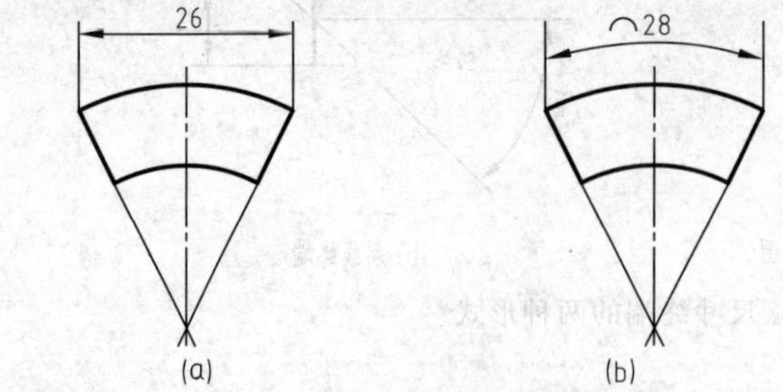 (a) (b) 26 ⌒28	标注弦长时,尺寸界线应平行于弦的中垂线,如例图(a)所示 标注弧长时,尺寸线为与被标注圆弧同心的圆弧,尺寸界线过圆心沿径向引出,并在尺寸数字左侧加符号"⌒",表示标注的尺寸是弧长。如例图(b)所示
角度	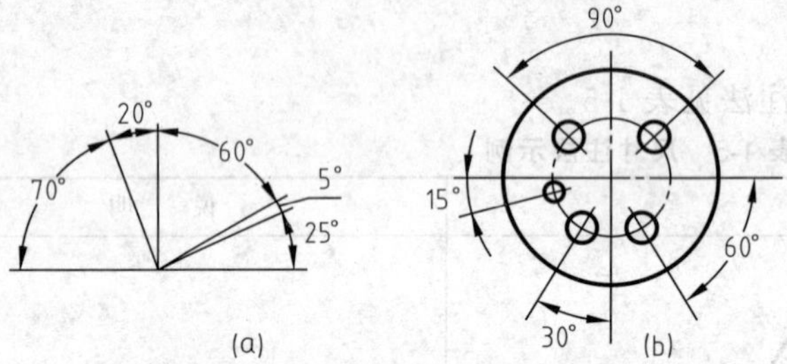 (a) (b)	尺寸线应沿径向引出,尺寸线画成圆弧,圆心是角的顶点 角度的数值一律水平书写,一般写在尺寸线的中断处,必要时可写在上方或外面,也可引出标注,如例图(a)中的5°
球面	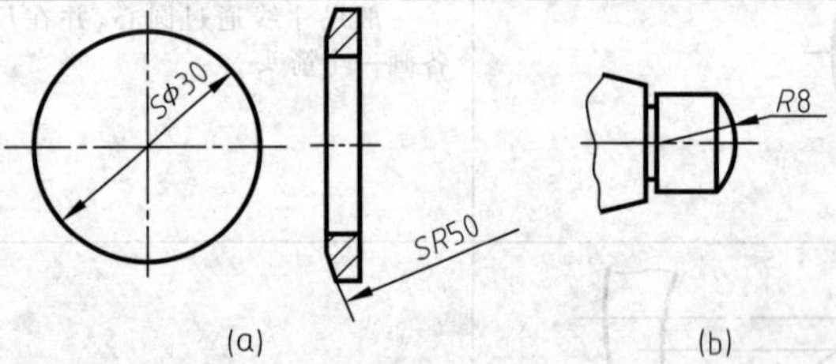 (a) (b)	标注球面时,应在 ϕ 或 R 前加 S,如例图(a)所示 不致引起误解时,也可省略 S,如例图(b)所示。$R8$ 表示球面的半径为8
小尺寸	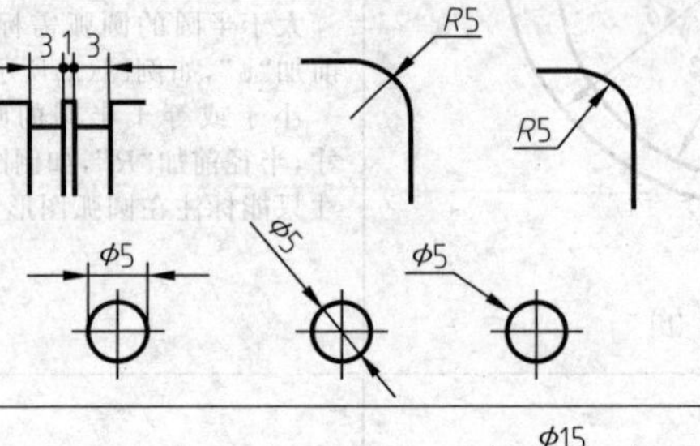	如果没有足够的位置时,箭头可画在外面,或用小圆点代替箭头。尺寸数字也可写在外面或引出标注 小圆和小圆弧的尺寸,可按例图标注
光滑过渡处的尺寸	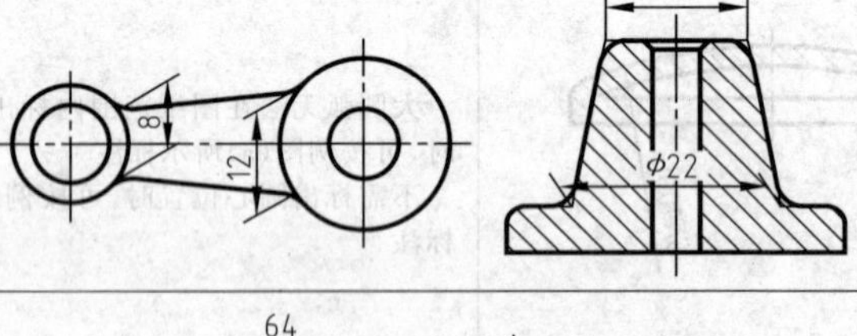	尺寸界线一般应与尺寸线垂直,但当遇到如图例所示的情况,在图线的光滑过渡处,尺寸界线过于贴近轮廓线时,允许将尺寸界线倾斜画出 在光滑过渡处,需用细实线将轮廓线延长,在交点处引出尺寸界线
板状零件只画一半的对称机件	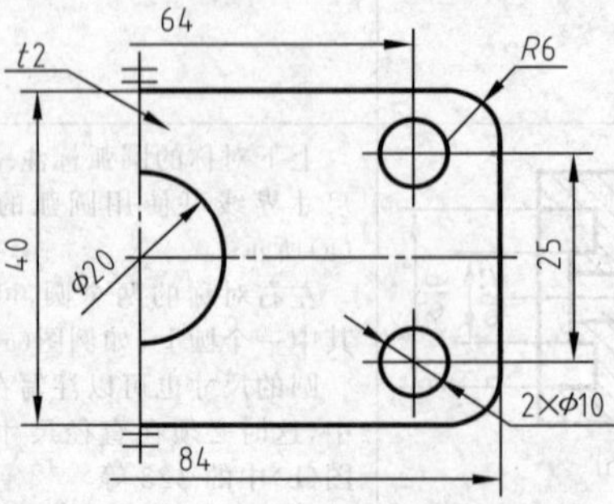	标注板状零件的尺寸时,在厚度的尺寸数字前加注符号"t" 对称图形只画出一半,总体尺寸(64 和 84)的尺寸线应略超过对称中心线,仅在尺寸线的一端画出箭头。在对称中心线两端分别画出两条与其垂直的平行细线(对称符号)

续表

分类	图　例	说　明

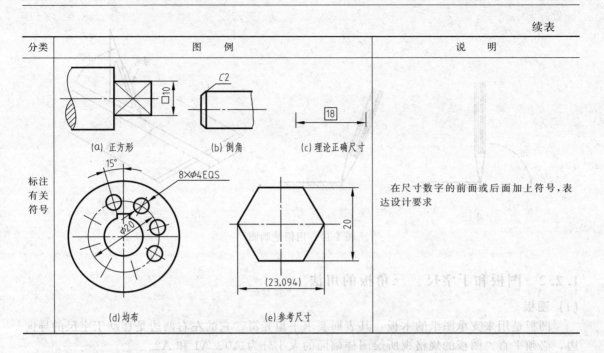

| 标注有关符号 | (a) 正方形　(b) 倒角　(c) 理论正确尺寸　(d) 均布　(e) 参考尺寸 | 在尺寸数字的前面或后面加上符号，表达设计要求 |

1.2　绘图工具和仪器的使用

1.2.1　绘图铅笔

铅笔是绘图过程中用来画图线和书写文字的工具。铅笔根据铅芯的软硬度可分为 H～6H、HB、B～6B 共 13 种规格。铅芯的软硬程度分别以字母 B、H 前的数值表示。字母 B 前的数字越大表示铅芯越软，字母 H 前的数字越大表示铅芯越硬。

画图时，通常用 H 或 2H 铅笔画底稿；用 B 或 HB 铅笔加粗加深全图；写字时用 HB 铅笔。

铅笔可修磨成圆锥形或矩形，圆锥形用于画细线及书写文字，矩形铅芯用于描深粗实线。铅笔削法如图 1-16 所示。

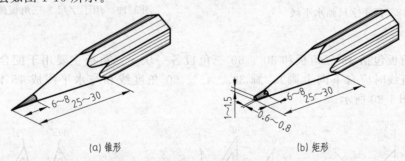

(a) 锥形　　　　　　　　(b) 矩形

图 1-16　铅笔削法

图样上的线条应清晰光滑，色泽均匀。用铅笔绘图时用力要均匀。用锥形笔芯的铅笔画长线时要经常转动笔杆，使图线粗细均匀。画线时笔身沿走笔方向所属的平面应垂直于纸面，如图 1-17 (a) 所示，也可略向尺外方向倾斜，铅笔与尺身之间没有空隙，如图 1-17 (b) 所示。笔身可向走笔方向倾斜 60°，如图 1-17 (c) 所示。

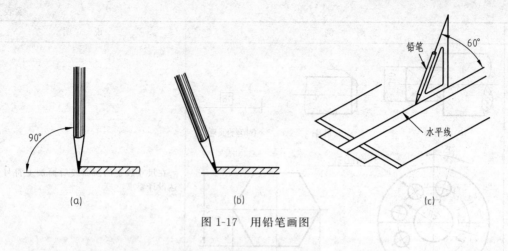

图 1-17   用铅笔画图

1.2.2   图板和丁字尺、三角板的用法

(1) 图板

图板是用来支承图纸的木板，其表面要求平坦光滑。它的左右两边是移动丁字尺的导向边，必须平直。图板的规格视所绘图样幅面的大小分为 A0、A1 和 A2。

(2) 丁字尺

丁字尺由尺头和尺身两部分组成。画图时，应使尺头紧靠着图板左侧的导向边上、下滑动，丁字尺的长度应与所用图板匹配。丁字尺主要用于绘制水平线，水平线应自左向右画，如图 1-18 所示。

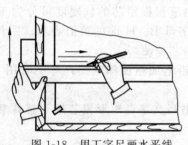

图 1-18   用丁字尺画水平线

图 1-19   用丁字尺、三角板画垂直线

(3) 三角板

一副三角板包括 45°三角板和 30°、60°三角板各一块。三角板主要用于配合丁字尺画垂直线（画垂直线时应自下向上画），画 30°、45°、60°角度线和与水平线成 15°倍角的斜线，如图 1-19、图 1-20 所示。

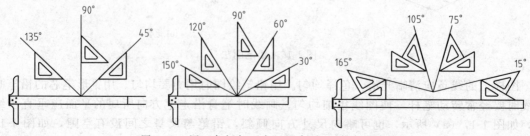

图 1-20   用三角板与丁字尺配合画 15°倍角角度线

1.2.3　圆规和分规

圆规主要用于画圆和圆弧。常用的圆规有大圆规、弹簧圆规和点圆规，如图 1-21 所示。用圆规画圆时，应使针脚稍长于笔脚，当针尖插入图板后，钢针的台阶应与铅芯尖端平齐，如图 1-22（a）所示。画较大尺寸的圆弧时，笔脚与针脚均应弯折到与纸面垂直，如图 1-22（b）、（c）所示。

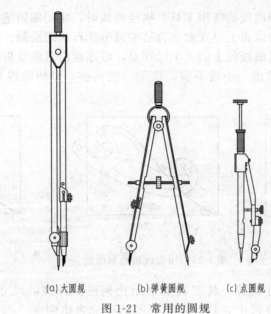

(a) 大圆规　　　　　(b) 弹簧圆规　　　　(c) 点圆规

图 1-21　常用的圆规

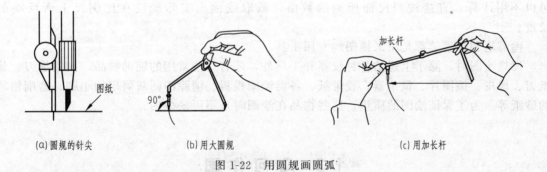

(a) 圆规的针尖　　　　(b) 用大圆规　　　　　　(c) 用加长杆

图 1-22　用圆规画圆弧

用圆规画铅笔底稿时，应使用较硬的铅芯（H 或 2H）；加深粗线圆弧时，应使用比加深粗实线的铅笔铅芯（HB 或 B）软一级的铅芯（B 或 2B）。

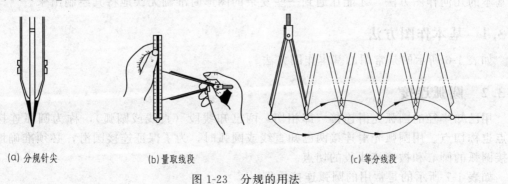

(a) 分规针尖　　　　　(b) 量取线段　　　　　　(c) 等分线段

图 1-23　分规的用法

分规的两脚均装有钢针，当分规两脚合拢对齐时，两针尖应一样长。分规可用来等分线段，或从比例尺和三角板等上量取线段，如图 1-23 所示。分规还经常用来试分线段。

1.2.4 其他常用绘图工具

尺规绘图时常用的绘图工具还有：曲线板、比例尺（三棱尺）、鸭嘴笔、针管笔和模板等。

曲线板是用来描绘非圆曲线的常用工具。描绘曲线时，应用细铅笔轻轻地将曲线上各点光滑连接成曲线，然后在曲线板上寻找曲率合适的部分进行曲线绘制。一般从曲线的一端开始，使曲线板每次至少通过曲线段上的 3 个已知点，顺序地沿着曲线板边缘画线，直至画完全部曲线。每次连接时应留出一小段不描，待下一次再描，以使曲线光滑过渡，如图 1-24 所示。

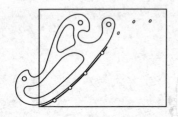  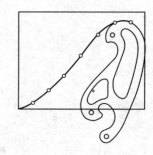

图 1-24　用曲线板绘制曲线

作图时，为了方便尺寸换算，将工程上常用比例按照标准的尺寸刻度换算为缩小比例刻度或放大比例刻度刻在尺上，具有此类刻度的尺称为比例尺。当确定了某一比例后，可以不用计算，直接按照尺面所刻的数值，截取或读出实际线段在比例尺上所反映的长度。

鸭嘴笔和针管笔都是用来描图的专用工具。

尺规绘图时，除了上述的各种仪器和工具外，还有一些常用的辅助物品，如铅笔刀、裁纸刀、橡皮、擦图片、量角器、胶带纸、各类绘图模板、清除图面灰屑用的小刷、磨削铅笔的砂纸等。为了保证绘图的质量，这些物品在绘图时是不可缺少的。

1.3　几何作图

几何作图，就是依照给定的条件，准确地绘出预定的几何图形。必须学会分析图形并掌握基本的几何作图方法，才能在遇到一些复杂的图形时准确无误地将其绘制出来。

1.3.1 基本作图方法

如表 1-6 所示的是常用的基本作图方法。

1.3.2 圆弧连接

用已知半径的圆弧光滑连接（即相切）两已知线段（直线或圆弧），称为圆弧连接，连接点也称切点。用圆弧光滑连接两已知直线或圆弧时，为了保证连接圆滑，必须准确地作出连接圆弧的圆心和被连接线段的切点。

如表 1-7 所示的是常用的圆弧连接示例。

表 1-6　常用的基本作图方法

作图要求	图例说明

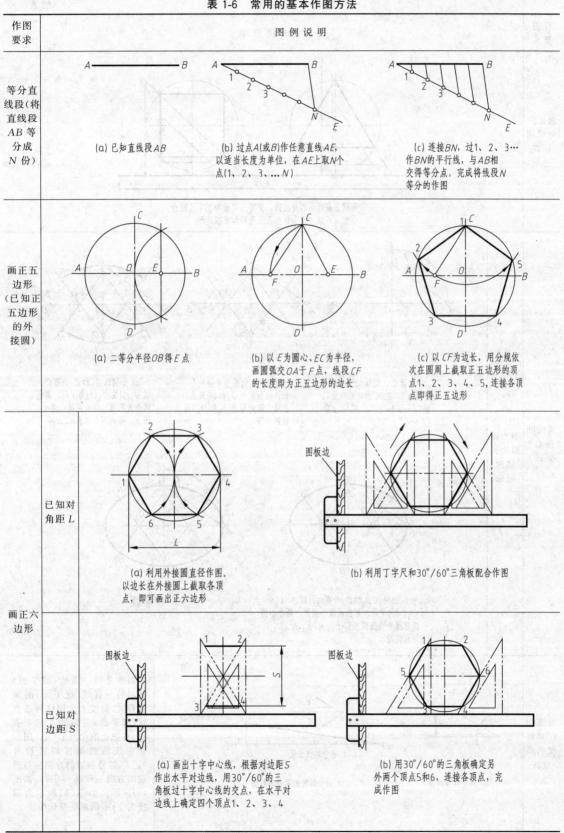

等分直线段(将直线段AB等分成N份)

(a) 已知直线段AB

(b) 过点A(或B)作任意直线AE，以适当长度为单位，在AE上取N个点(1、2、3、…N)

(c) 连接BN，过1、2、3…作BN的平行线，与AB相交得等分点，完成将线段N等分的作图

画正五边形(已知正五边形的外接圆)

(a) 二等分半径OB得E点

(b) 以E为圆心，EC为半径，画圆弧交OA于F点，线段CF的长度即为正五边形的边长

(c) 以CF为边长，用分规依次在圆周上截取正五边形的顶点1、2、3、4、5，连接各顶点即得正五边形

画正六边形

已知对角距L

(a) 利用外接圆直径作图。以边长在外接圆上截取各顶点，即可画出正六边形

(b) 利用丁字尺和30°/60°三角板配合作图

已知对边距S

(a) 画出十字中心线，根据对边距S作出水平对边线，用30°/60°的三角板过十字中心线的交点，在水平对边线上确定四个顶点1、2、3、4

(b) 用30°/60°的三角板确定另外两个顶点5和6，连接各顶点，完成作图

作图要求	图例说明
画正三角形和正四边形	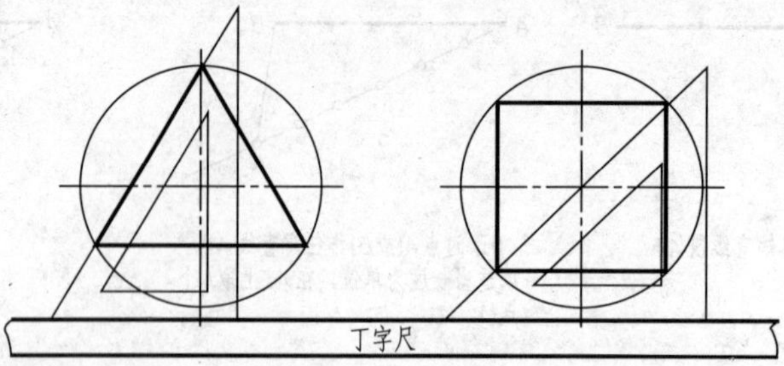 利用正多边形的外接圆，使用三角板和丁字尺配合作图，可以方便地作出正三角形和正四边形
AB、CD 分别为椭圆的长轴和短轴	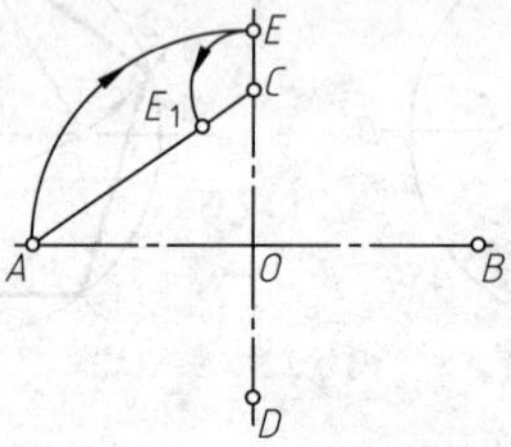 (a) 画长、短轴AB和CD，连接AC。在OC的延长线上取CE=OA-OC；在AC上取CE₁=CE 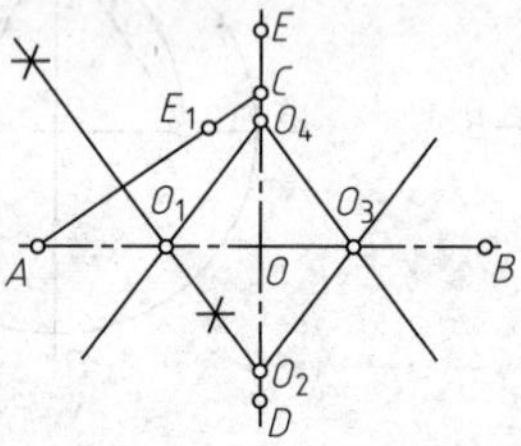　(b) 作AE₁的垂直平分线与长、短轴交于O₁和O₂两点，在轴上取对称点O₃和O₄，得到四个圆心 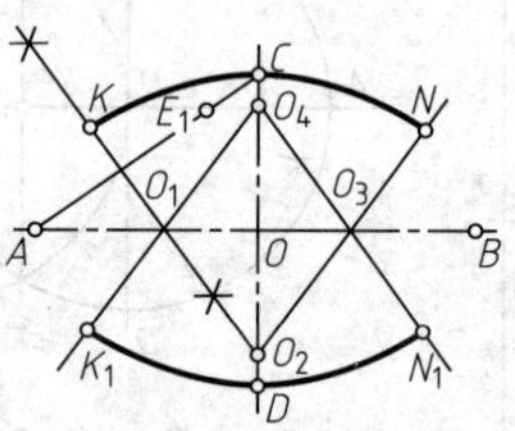　(c) 分别以O₂和O₄为圆心，以O₂C(或O₄D)为半径，画出两个大圆弧，在有关圆心连心线上，得到四个切点K、K₁、N、N₁　(d) 分别以O₁和O₃为圆心，以O₁A(或O₃B)为半径，画出两段小圆弧，两个小圆弧与两个大圆弧相切于点K、K₁、N、N₁，得到椭圆 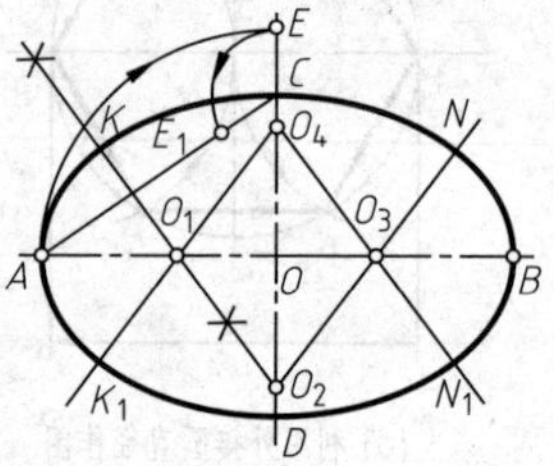　(e) 完整的作图过程
过点作已知斜度的斜度线	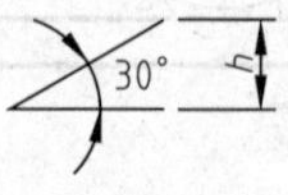 (a) 斜度符号画法 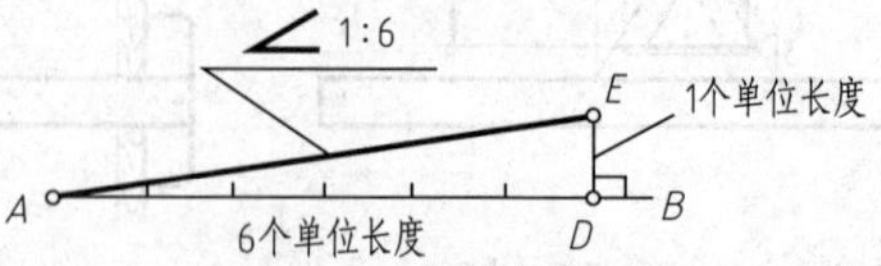　(b) 斜度的画法和标注　斜度是指一直线(或平面)相对另一直线(或平面)的倾斜程度，斜度大小用这两条直线(或平面)夹角的正切来表示，并把比值化为1:n。图形中在比值前加注斜度符号"∠"，符号斜边的方向应与斜度的方向一致，h=字高，如图(a)所示。如图(b)所示为斜度为1:6的画法及标注

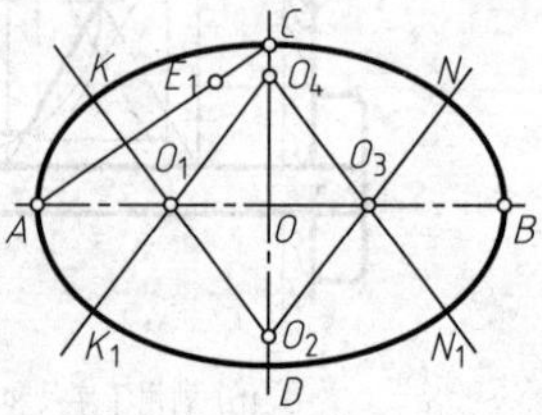

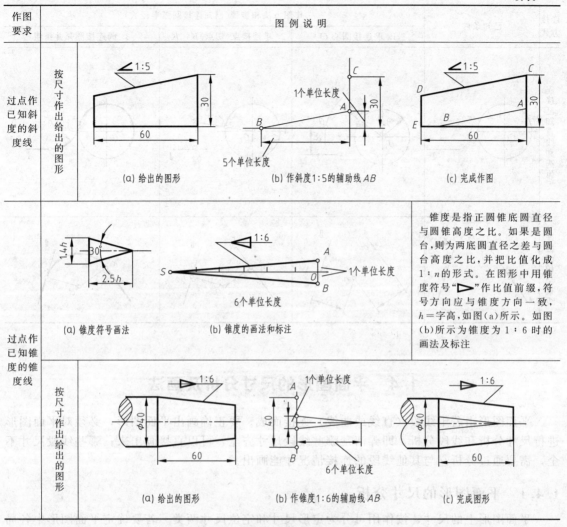

作图要求	图例说明

过点作出已知斜度的斜度线（按尺寸作出给出的图形）

(a) 给出的图形　　(b) 作斜度1:5的辅助线 AB　　(c) 完成作图

锥度是指正圆锥底圆直径与圆锥高度之比。如果是圆台，则为两底圆直径之差与圆台高度之比，并把比值化成 $1:n$ 的形式。在图形中用锥度符号"▷"作比值前缀，符号方向应与锥度方向一致，h＝字高，如图（a）所示。如图（b）所示为锥度为 $1:6$ 时的画法及标注

过点作出已知锥度的锥度线（按尺寸作出给出的图形）

(a) 锥度符号画法　　(b) 锥度的画法和标注

(a) 给出的图形　　(b) 作锥度1:6的辅助线 AB　　(c) 完成图形

表 1-7　常用的圆弧连接示例

连接方式	已知条件	作图方法和步骤（已知连接圆弧半径 R）		
		1. 求连接圆心 O	2. 求连接点(切点) K_1、K_2	3. 画连接圆弧并描粗
外切两圆弧	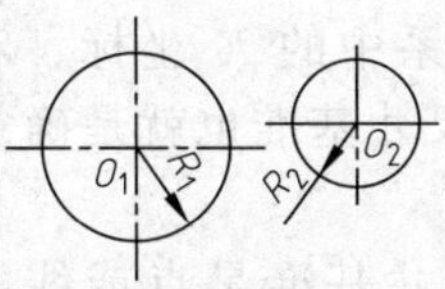	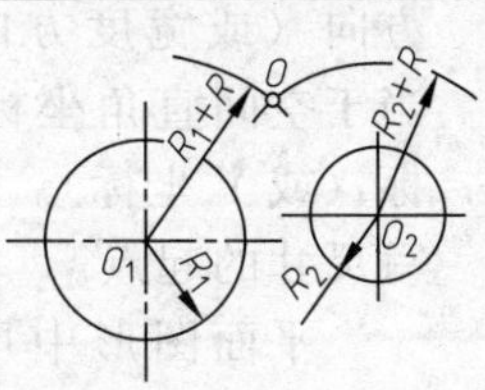	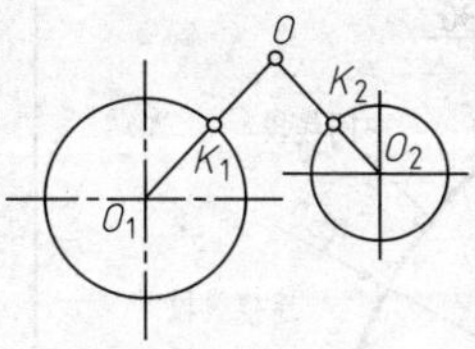	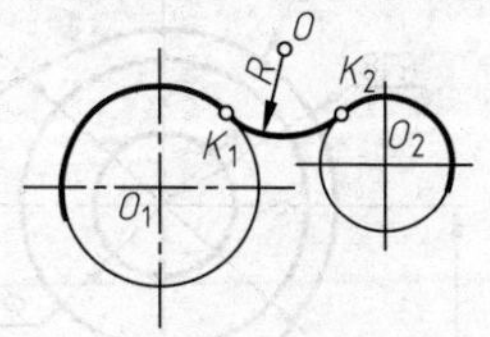
内切两圆弧	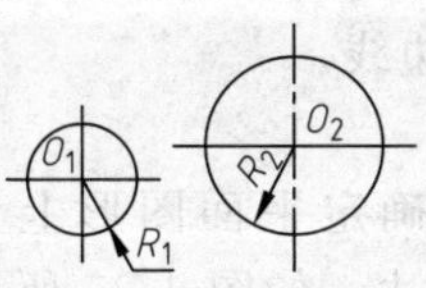	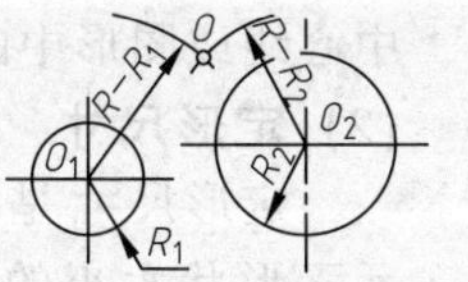	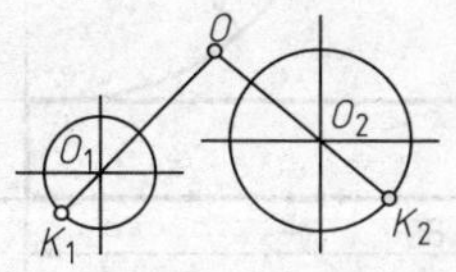	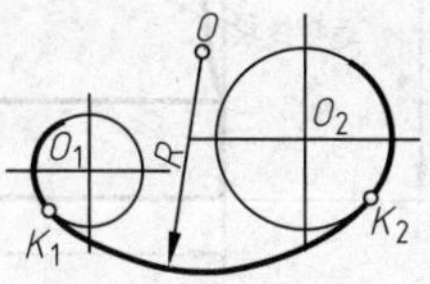

续表

连接方式	已知条件	作图方法和步骤(已知连接圆弧半径 R)		
		1. 求连接圆心 O	2. 求连接点(切点)K_1、K_2	3. 画连接圆弧并描粗
连接已知直线和圆弧	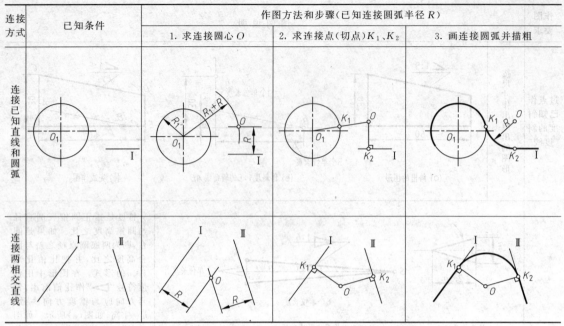			
连接两相交直线				

1.4 平面图形的尺寸分析及画法

平面图形由若干线段(直线或曲线)连接而成。要正确画出平面图形,必须对平面图形进行尺寸分析和线段分析,即弄清楚哪些线段尺寸齐全,可以直接画出来;哪些线段尺寸不全,需要通过分析它与其他线段的连接情况才能画出。

1.4.1 平面图形的尺寸分析

平面图形上的尺寸,按作用可分为定形尺寸和定位尺寸两类。若要确定平面图形中各局部之间的相对位置,则要建立"尺寸基准"的概念。

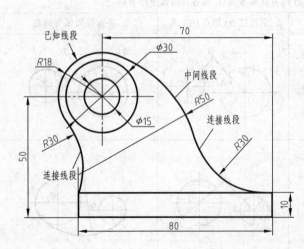

图 1-25 平面图形的尺寸分析与线段分析

(1) 尺寸基准

在平面图形中,有长度方向和高度方向(或宽度方向)两个尺寸基准,相当于空间直角坐标系中的 X 坐标、Z 坐标(或 Y 坐标)。尺寸基准也就是确定注写尺寸的起点。

平面图形中尺寸基准是点或线,常用的点基准有圆心、球心、多边形中心点、角点等,线基准往往是图形的对称中心线或图形中的边线。

(2) 定形尺寸

定形尺寸是指确定平面图形上几何元素形状大小的尺寸,如图 1-25 所示的 $\phi15$、$\phi30$、$R18$、$R30$、$R50$、80 和 10。

一般情况下确定几何图形所需定形尺寸的个数是一定的，如直线的定形尺寸是长度、圆的定形尺寸是直径、圆弧的定形尺寸是半径、正多边形的定形尺寸是边长、矩形的定形尺寸是长和宽两个尺寸等。

(3) 定位尺寸

定位尺寸是指确定各几何元素相对位置的尺寸，如图 1-25 所示的 70、50、80。确定平面图形位置需要两个方向的定位尺寸，即水平方向和垂直方向，或者以极坐标的形式定位，即半径加角度。

注意：有时一个尺寸可以兼有定形和定位两种作用。如图 1-25 所示的 80，既是矩形的长，也是 $R50$ 圆弧的横向定位尺寸。

1.4.2　平面图形的线段分析和画图步骤

(1) 平面图形的线段分析

根据平面图形中线段所具有的定形、定位尺寸情况，可以将线段（圆、圆弧、直线等）分为以下三类。

① 已知线段　定形、定位尺寸齐全的线段，称为已知线段。作图时该类线段可以直接根据尺寸作图。如图 1-25 中的 $\phi15$ 和 $\phi30$ 的圆、$R18$ 的圆弧、80 和 10 的直线均属已知线段。

② 中间线段　只有定形尺寸和一个定位尺寸的线段，称为中间线段。作图时必须根据该线段与相邻已知线段的几何关系，通过几何作图的方法确定另一定位尺寸后才能作出。如图 1-25 中 $R50$ 的圆弧。

③ 连接线段　只有定形尺寸没有定位尺寸的线段，称为连接线段。其定位尺寸需根据与该线段相邻的两线段的几何关系，通过几何作图的方法求出。如图 1-25 中的两个 $R30$ 的圆弧。

注意：在两条已知线段之间，可以有多条中间线段，但必须而且只能有一条连接线段。否则，尺寸将出现缺少或多余。

(2) 平面图形的绘图步骤

根据以上对平面图形的线段分析，平面图形的作图步骤归纳如下。

① 画基准线、定位线，如图 1-26 (a) 所示。

② 画已知线段，如图 1-26 (b) 所示。

③ 画中间线段，如图 1-26 (c) 所示。

④ 画连接线段，如图 1-26 (d) 所示。

⑤ 整理全图，检查无误后加深图线、标注尺寸。如图 1-25 所示。

1.4.3　常见平面图形尺寸标注示例

平面图形尺寸标注的基本规则已在本章 1.1.5 小节讲述了，平面图形中标注的尺寸必须能够确定图形的形状和大小，既不遗漏尺寸，也不能多标尺寸。

平面图形尺寸标注的基本要求是：正确、齐整、清晰。在标注尺寸时，应分析图形各部分的构成，确定尺寸基准，先注定形尺寸，再注定位尺寸。通过几何作图可以确定的线段，不要注尺寸。尺寸标注应符合国家标准的有关规定，尺寸在图上的布局要清晰。尺寸标注完成后应进行检查，看是否有遗漏或重复。可以按画图过程进行检查，画图时没有用到的尺寸是重复尺寸应去掉，如果按所注尺寸无法完成作图，说明尺寸不足，应补上所需尺寸。如表 1-8 所示为几种平面图形尺寸的标注示例。

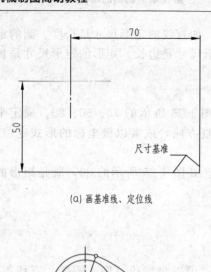

(a) 画基准线、定位线

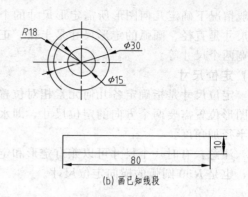

(b) 画已知线段

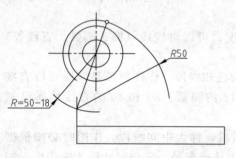

(c) 画中间线段

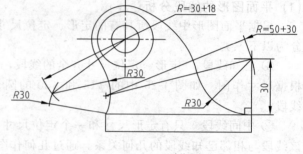

(d) 画连接线段

图 1-26　平面图形的作图步骤

表 1-8　平面图形的尺寸标注示例

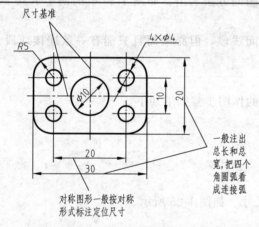

一般注出总长和总宽,把四个角圆弧看成连接弧

对称图形一般按对称形式标注定位尺寸

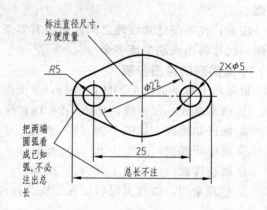

标注直径尺寸,方便度量

把两端圆弧看成已知弧,不必注出总长

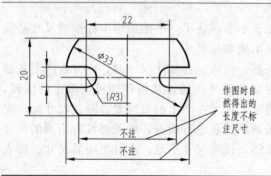

作图时自然得出的长度不标注尺寸

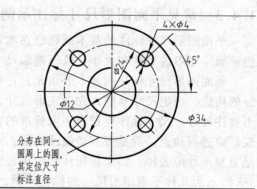

分布在同一圆周上的圆,其定位尺寸标注直径

1.5　尺规绘图与徒手绘图的基本方法

1.5.1　仪器绘图的一般方法和步骤

为了将图样画好，除了掌握几何作图的基本方法、正确熟练使用绘图工具和熟悉国标的有关规定外，还必须按照一定的绘图顺序和方法绘图。

(1)　画图前的准备

画图前应准备好图板、丁字尺、三角板等绘图工具和仪器，按各种线型的要求削好铅笔和圆规上的铅芯，并备好图纸。

(2)　确定图幅、固定图纸

根据图形的大小和比例，选取图纸幅面。

制图时必须将图纸用胶带纸固定在图板上。图纸固定在距图板左边约 40~60mm 处；图纸的左边和下边应至少留有 1.5 倍丁字尺尺身的宽度；图纸的上边应与丁字尺的尺身工作边平齐。如图 1-27 所示。

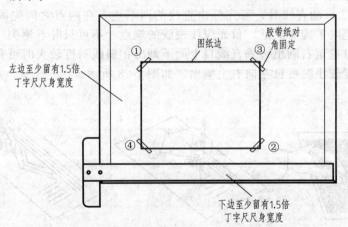

图 1-27　图纸在图板上的固定

(3)　画图框和标题栏

按国家标准要求画出图框线和标题栏。

(4)　布置图形的位置

图形在图纸上布置的位置要力求匀称，不宜偏置或过于集中在某一角。根据每个图形的长宽尺寸，同时要考虑标注尺寸和有关文字说明等所占的位置来确定各图形的位置，画出各图形的基准线。

(5)　画底稿

用 H 或 2H 铅笔尽量轻、细、准地绘好底稿。

(6)　标注尺寸

应将尺寸界线、尺寸线、箭头一次性画出，再填写尺寸数字（一般用 H 铅笔）。

(7)　检查描深

描深之前应仔细检查全图，修正图中的错误，擦去多余的图线。先描深全部细线（HB 铅芯的圆规、H 或者 2H 铅笔）；然后描深全部粗实线：先描圆及圆弧（一般用 2B 铅芯），再描直线（一般用 HB 铅笔）。描深直线应按先横后竖再斜的顺序，从上至下、从左至右进行。

(8) 全面检查，填写标题栏

描深后再一次全面检查全图，确认无误后填写标题栏（一般用 HB 铅笔），完成全图。

1.5.2 徒手画图

徒手画的图又叫草图。它是以目测估计图形与实物的比例，不借助绘图工具（或部分使用绘图仪器）而徒手绘制的图样。草图常用来表达设计意图。设计人员将设计构思先用草图表示，然后再用仪器画出正式的工程图。另外，在机器测绘及零件修配中，也常用徒手作图。

(1) 画草图的基本知识

绘制草图时应使用软一些的铅笔（如 HB、B 或 2B），铅笔削长一些，铅芯呈圆形，粗、细各一支，分别用于绘制粗、细线。

画草图时，可以用有方格的专用草图纸，或者在白纸下面垫一张有格子的纸，以便控制图线的平直和图形的大小。

画草图时要做到线型分明、自成比例，不求图形的几何精度。

(2) 草图的画法

① 握笔　画草图时，握笔的位置要比仪器绘图时高些，以利运笔和观察目标；执笔要稳，笔杆与纸面应成 $45°\sim60°$。

② 直线的画法　画直线时，可先标出直线的两端点，在两点之间先画一些短线，再连成一条直线。运笔时手腕要灵活，目光应注视线的端点，不可只盯着笔尖。

画水平线应自左至右画出；垂直线自上而下画出；斜线斜度较大时可自左向右下或自右向左下画出，斜度较小时可自左向右上画出。如图 1-28 所示。

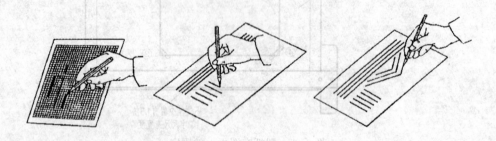

图 1-28　徒手画直线

③ 圆的画法　画圆时，应先画中心线。较小的圆在中心线上定出半径的四个端点，过这四个端点画圆；稍大的圆可以过圆心再作两条斜线，再在各线上定半径长度，然后过这八个点画圆；圆的直径很大时，可以用手作圆规，以小指支撑于圆心，使铅笔与小指的距离等于圆的半径，笔尖接触纸面不动，转动图纸，即可得到所需的大圆，如图 1-29 所示。也可

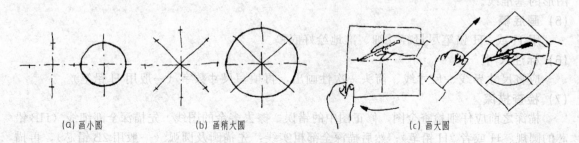

(a) 画小圆　　　　　(b) 画稍大圆　　　　　(c) 画大圆

图 1-29　徒手画圆

在一纸条上作出半径长度的记号，使其一端置于圆心，另一端置于铅笔，旋转纸条，便可以画出所需圆。

④ 草图图样示例　如图 1-30 所示。

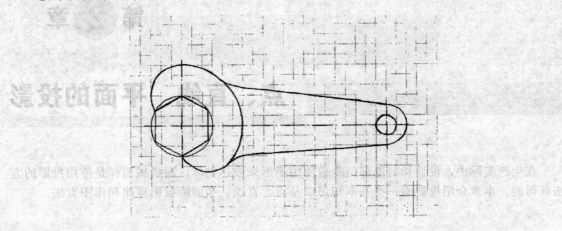

图 1-30　草图图样示例

第2章

点、直线、平面的投影

在生产实际中，设计和制造部门普遍使用图形来表达物体，而机械图样是使用投影的方法获得的。本章介绍投影的一些基本知识以及点、直线、平面的投影规律和作图方法。

2.1 投影法基础

2.1.1 概述

光线照射物体时，可在预设的面上产生影子。利用这个原理在平面上绘制出物体的图像，以表示物体的形状和大小，这种方法称为投影法。

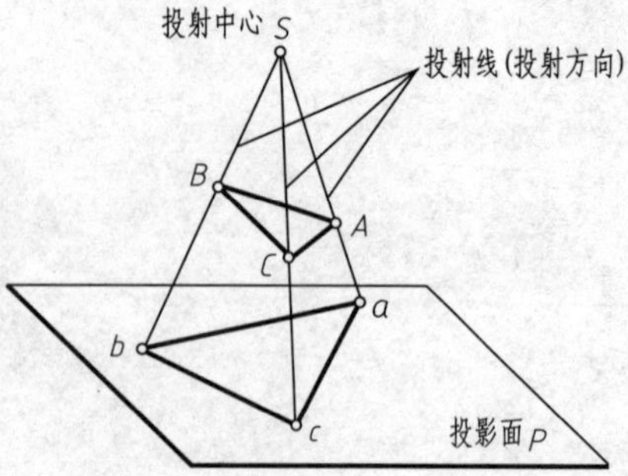

图 2-1 投影法（中心投影法）

如图 2-1 所示，设定平面 P 为投影面，不属于投影面的定点 S 为投射中心。$\triangle ABC$ 上点 A 与投射中心 S 的连线 SA 称为投射线；SA 与平面 P 的交点 a 称为空间点 A 在投影面 P 上的投影。同理，可作出点 B、C 在平面 P 上的投影 b、c，$\triangle abc$ 则为 $\triangle ABC$ 在投影面 P 上的投影。（注：空间点以大写字母表示，如 A、B、C；其投影用相应的小写字母表示，如 a、b、c）。

2.1.2 投影法分类

(1) 中心投影法

投射线都从投射中心出发的投影法，称为中心投影法。所得的投影，称为中心投影，如图 2-1 所示。

(2) 平行投影法

投射线相互平行的投影法，称为平行投影法。根据投射线与投影面的相对位置，平行投影法又分为斜投影法和正投影法。

① 斜投影法　投射线倾斜于投影面的投影方法。由斜投影法得到的投影，称为斜投影，如图 2-2 所示。该投影法用于绘制斜轴测图（一种立体图）。

② 正投影法　投射线垂直于投影面的投影方法。由正投影法得到的投影，称为正投影，如图 2-3 所示。

绘制机械图样主要用正投影，今后如不作特别说明，"投影"即指"正投影"。

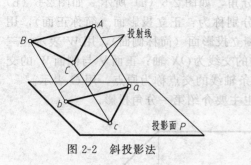

图 2-2　斜投影法

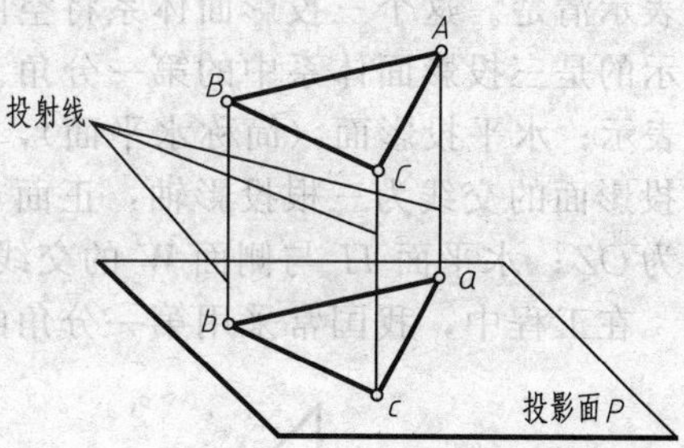

图 2-3　正投影法

2.1.3　正投影的基本性质

① 真实性　平面图形（或直线）与投影面平行时，其投影反映实形（或实长）的性质称为真实性。如图 2-4（a）所示。

② 积聚性　平面图形（或直线）与投影面垂直时，其投影积聚为一条直线（或一个点）的性质称为积聚性。如图 2-4（b）所示。

③ 类似性　平面图形（或直线）与投影面倾斜时，其投影变小（或变短），但投影的形状与原来形状相类似的性质称为类似性。如图 2-4（c）所示。

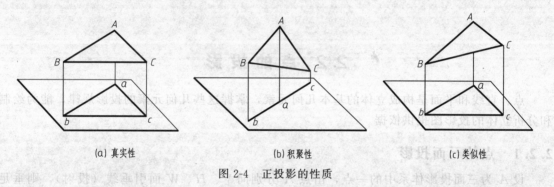

(a) 真实性　　　　　　　　(b) 积聚性　　　　　　　　(c) 类似性

图 2-4　正投影的性质

2.1.4　三面投影体系

空间立体具有长、宽、高三个方向的形状，而立体相对一个投影面正放时所得的单面投影图只能反映其两个方向的形状。如图 2-5 所示，三个不同立体的投影相同，说明立体的一个投影不能完全确定其空间形状。

图 2-5　不同立体具有相同投影图

为了完整地表达立体的形状，常设置三个相互垂直的投影面，将立体放置在这三个互相垂直的投影面体系中，画出立体的三面投影，几个投影综合起来，便能将立体三个方向的形状表示清楚。这个三投影面体系将空间划分为八个分角，如图 2-6（a）所示。如图 2-6（b）所示的是三投影面体系中的第一分角。三个投影面分别称为：正立投影面（简称正面），用 V 表示；水平投影面（简称水平面），用 H 表示；侧立投影面（简称侧面），用 W 表示。三个投影面的交线为三根投影轴：正面 V 与水平面 H 的交线为 OX 轴；正面 V 与侧面 W 的交线为 OZ；水平面 H 与侧面 W 的交线为 OY 轴。三条轴线的交点称为原点，用 O 表示。

在工程中，我国常采用第一分角的投影，本书也主要介绍第一分角投影。

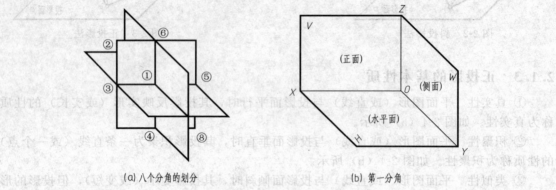

(a) 八个分角的划分　　　　　　　(b) 第一分角

图 2-6　三投影面体系

2.2　点　的　投　影

点、直线和平面是构成立体的基本几何元素，掌握这些几何元素的投影规律，能为绘制和分析立体的投影图提供依据。

2.2.1　点的三面投影

设 A 为三面投影体系中的一点，由点 A 分别向 V、H、W 面引垂线（投射），则垂足 a'、a、a'' 即为点 A 的三面投影，如图 2-7（a）所示。

自前向后投射，点 A 在 V 面上的投影 a' 称为正面投影。

自上向下投射，点 A 在 H 面上的投影 a 称为水平投影。

自左向右投射，点 A 在 W 面上的投影 a'' 称为侧面投影。

从点 A 出发的三条投射线，构成三个相互垂直的平面，分别与三条投影轴交于三点

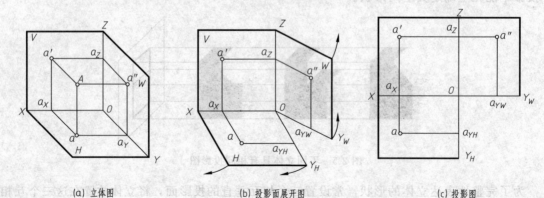

(a) 立体图　　　　　　(b) 投影面展开图　　　　　　(c) 投影图

图 2-7　点的三面投影的形成

a_X、a_Y、a_Z。

为了将三面投影画在同一平面上，需移去空间点 A，将三面投影体系展开。展开方法为 V 面保持正立位置，H 面绕 OX 轴向下转 $90°$，W 面绕 OZ 轴向右转 $90°$，如图 2-7（b）所示。展开后的投影图如图 2-7（c）所示，注意展开后 Y 轴分为 Y_H 和 Y_W，a_Y 则 a_{YH} 和 a_{YW}。

一般规定：空间点用大写拉丁字母（如 A、B、…）或罗马数字（如 Ⅰ、Ⅱ、…）表示；水平投影用相应的小写字母（如 a、b、…）或数字（如 1、2、…）表示；正面投影用相应小写字母加一撇（如 a'、b'…）或数字加一撇（如 $1'$、$2'$、…）表示；侧面投影用相应小写字母加两撇（如 a''、b''、…）或数字加两撇（如 $1''$、$2''$、…）表示。

实际画投影图时，不必画出投影面的边框，也可省略标注 a_X、a_{YH}、a_{YW} 和 a_Z，但须用细实线画出点的三面投影之间的连线，称为投影连线，如图 2-8 所示。

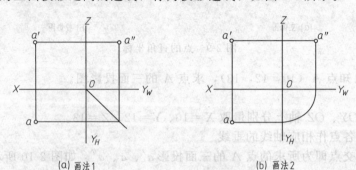

图 2-8　点的三面投影图画法

从点的三面投影图的形成过程可以得出点的三面投影规律如下。

① 点的两面投影的连线必定垂直于相应的投影轴。即

$aa' \perp OX$

$a'a'' \perp OZ$

$aa_{YH} \perp OY_H$，$a''a_{YW} \perp OY_W$

② 点的投影到投影轴的距离等于空间点到对应投影面的距离。即

$a'a_X = a''a_Y =$ 点 A 到 H 面的距离 Aa

$aa_X = a''a_Z =$ 点 A 到 V 面的距离 Aa'

$aa_Y = a'a_Z =$ 点 A 到 W 面的距离 Aa''

画点的投影图时，为保证 $aa_X = a''a_Z$，可由原点 O 出发作一条 $45°$ 的辅助线，如图 2-8（a）所示。也可采用如图 2-8（b）所示的方法利用圆规作图。

2.2.2　点的投影与坐标的关系

将三面投影体系作为直角坐标系，投影轴、投影面和原点 O 分别作为坐标轴、坐标面和坐标原点，则点 A 的空间位置可用一组直角坐标来表示，记为

$$A(x, y, z)$$

每一坐标即空间点到相应投影面的距离，如图 2-9（a）所示。其中：

① $x = Aa''$　即空间点到 W 面的距离。

② $y = Aa'$　即空间点到 V 面的距离。

③ $z = Aa$　即空间点到 H 面的距离。

可见，空间点的位置可由点的坐标（x，y，z）确定，点的空间位置、点的投影与其坐标值是一一对应的，如图 2-9（b）所示。显然，点的任意一个投影反映点的两个坐标；点的任意一个坐标同时在两个投影上反映出来。

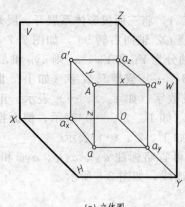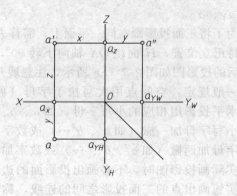

(a) 立体图　　　　　　　　　　　(b) 投影图

图 2-9　点的直角坐标

【例 2-1】　已知点 A（10，12，13），求点 A 的三面投影图。

【解】

① 在 OX、OY、OZ 轴上分别量取 $X=10$、$Y=12$、$Z=13$。

② 过量取的各点作相应轴线的垂线

③ 各垂线的交点即为所求的点 A 的三面投影 a'、a、a''。如图 2-10 所示。

【例 2-2】　已知 A、B、C 三点的两面投影，如图 2-11（a）所示，求作第三投影。

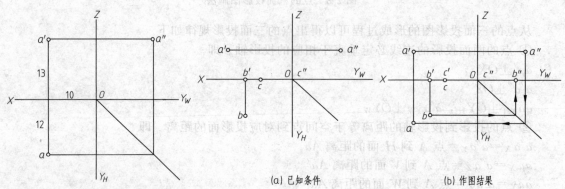

图 2-10　由点的坐标作三面投影图

(a) 已知条件　　　　　(b) 作图结果

图 2-11　求点的第三投影

【解】　如图 2-11（b）所示。

① 求 a　根据 $aa'\perp OX$、$aa_x=a''a_z$，由 a'' 作 OY_W 的垂线与 45°辅助线相交，自交点作 OY_H 的垂线，与自 a' 所作 OX 的垂线相交，交点即为 a。

② 求 b''　根据已知条件，可判断出点 B 为水平面 H 上的点，和其水平投影重合，b'' 在 OY_W 上，根据 $bb_x=b''b_z$，由 b 作 OY_H 的垂线与 45°辅助线相交，自交点作 OY_W 的垂线，垂足即为 b''。

③ 求 c　根据已知条件，可判断出点 C 为 X 轴上的点，而 X 轴是 V 面和 H 面的交线，则空间点 C 和其正面投影 c' 均与水平投影 c 重合。

2.2.3　两点的相对位置

空间两点的相对位置，可从两点的同面投影中反映出来，如图 2-12 所示，或由两点的坐标差来确定。

A (35，10，20) 和 B (15，25，30) 两点的相对位置判断如下。

① 两点的左、右位置由 x 坐标差确定，x 坐标值大者在左，故点 A 在点 B 的左方。

② 两点的前、后位置由 y 坐标差确定，y 坐标值大者在前，故点 A 在点 B 的后方。

③ 两点的上、下位置由 z 坐标差确定，z 坐标值大者在上，故点 A 在点 B 的下方。

总的来说，即点 A 在点 B 的左、后、下方；或者说，点 B 在点 A 的右、前、上方。

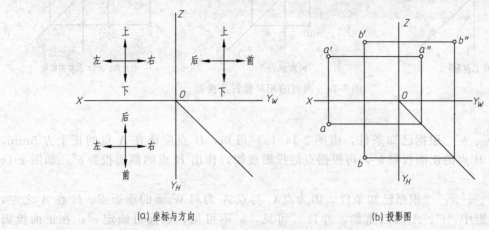

(a) 坐标与方向　　　　　　　　(b) 投影图

图 2-12　两点的相对位置

在如图 2-13 所示的 E、F 两点的投影中，e' 和 f' 重合，这说明 E、F 两点的 X、Z 坐标相同，即 E、F 两点处于对正面的同一条投射线上。

可见，共处于同一条投射线上的两点，必在相应的投影面上具有重合的投影，这两个点被称为对该投影面的一对重影点。

重影点的可见性需根据这两点不重影的投影的坐标大小来判别。

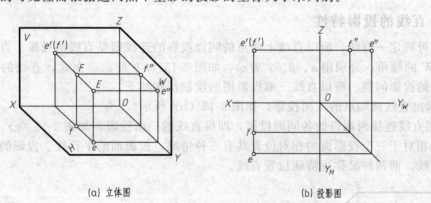

(a) 立体图　　　　　　　　(b) 投影图

图 2-13　重影点

在图 2-13 中，e' 和 f' 重合，但水平投影不重合，且 e 在前，f 在后，即 $Y_E > Y_F$。所以对 V 面来说，E 可见，F 不可见。在投影图中，对不可见的点，需加圆括号表示。如图 2-13所示，将 e' 写在前，f' 写在后并加上括号，表示 e' 可见，f' 不可见，记作 $e'(f')$。在不强调可见性时，也可不加括号，记作 $e'f'$。E、F 两点的相对位置可描述为点 E 在点 F 的正前方，或点 F 在点 E 的正后方。

【例 2-3】　如图 2-14 （a）所示：①已知点 A 与点 B 为对 H 面的重影点，B 距 A 为 5mm，求 b'、b''；②已知点 C 与点 A 为对 W 面的重影点，C 在 A 之左 10mm，求 C 的三面投影 c、c'、c''。

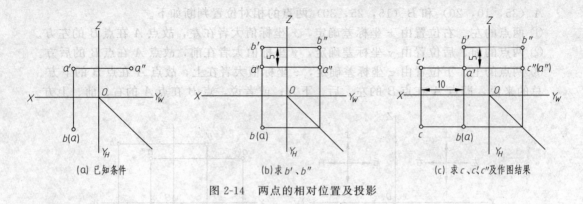

| (a) 已知条件 | (b) 求 b′、b″ | (c) 求 c、c′、c″及作图结果 |

图 2-14　两点的相对位置及投影

【解】

① 求 b′、b″　根据已知条件，由图 2-14（a）可知，B 点应该在 A 点的正上方 5mm，由此可作出 B 点的正面投影 b′，再根据点的投影规律，作出 B 点的侧面投影 b″，如图 2-14（b）所示。

② 求 c、c′、c″　根据已知条件，因为点 C 与点 A 为对 W 面的重影点、C 在 A 之左，所以侧面投影中，C、A 两点重影，并且 c″可见，a″不可见，从而可确定 c″；在正面投影中，a′正左方 10mm 处可得到 c′，再根据点的投影规律，作出 C 点的水平投影 c，如图 2-14（c）所示。

2.3　直线的投影

2.3.1　直线的投影特性

两点可确定一直线，所以直线上两点的同面投影的连线即是直线的投影。直线对投影面 H、V、W 的倾角，分别用 α、β、γ 表示，如图 2-15（a）所示。由此，直线的投影问题可归结为点的投影问题。所以直线三面投影图的绘制步骤如下。

① 求出直线两端点的三面投影，如图 2-15（b）所示。

② 用直线连接两端点的各同面投影，即得直线的三面投影，如图 2-15（c）所示。

直线相对于三个投影面的相对位置共有三种情况：投影面的平行线、投影的垂直线和一般位置直线。前两种又称为特殊位置直线。

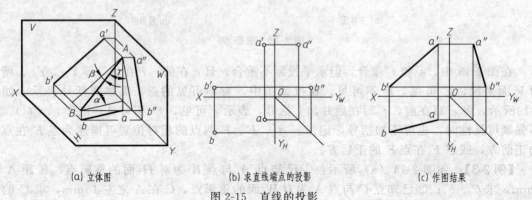

| (a) 立体图 | (b) 求直线端点的投影 | (c) 作图结果 |

图 2-15　直线的投影

（1）一般位置直线

与三个投影面都倾斜的直线，称为一般位置直线。

如图 2-15 所示的直线是一般位置直线。它的三面投影都与投影轴倾斜，并且均小于线段的实长。

另外，直线的各投影与投影轴的夹角也不反映空间直线与各投影面的倾角。

（2）投影面垂直线

投影面垂直线指垂直于一个投影面，与另外两个投影面平行的直线。投影面垂直线有三种：

① 铅垂线　垂直于水平投影面的直线。

② 正垂线　垂直于正立投影面的直线。

③ 侧垂线　垂直于侧立投影面的直线。

当直线垂直于投影面时，倾角为 90°；当直线平行于投影面时，倾角为 0°。

投影面垂直线的投影特性如表 2-1 所示。

表 2-1　投影面垂直线的投影特性

名称	铅垂线（垂直于 H 面）	正垂线（垂直于 V 面）	侧垂线（垂直于 W 面）
空间情况	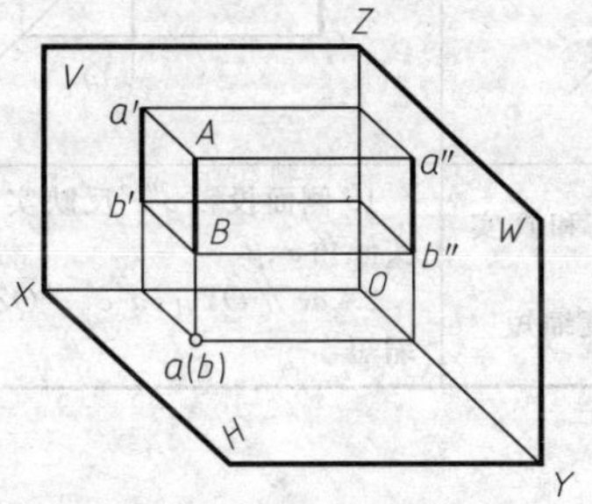	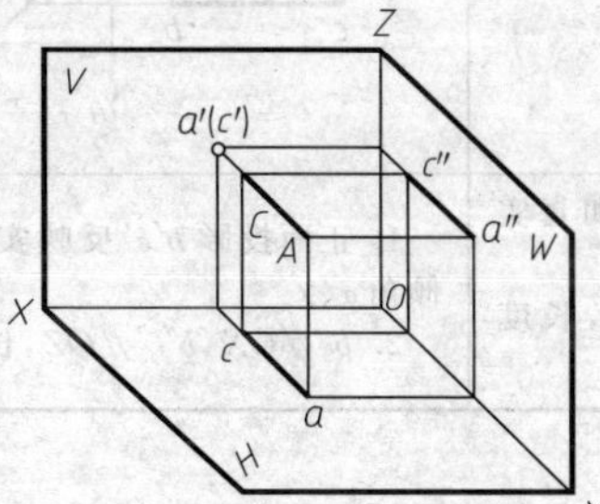	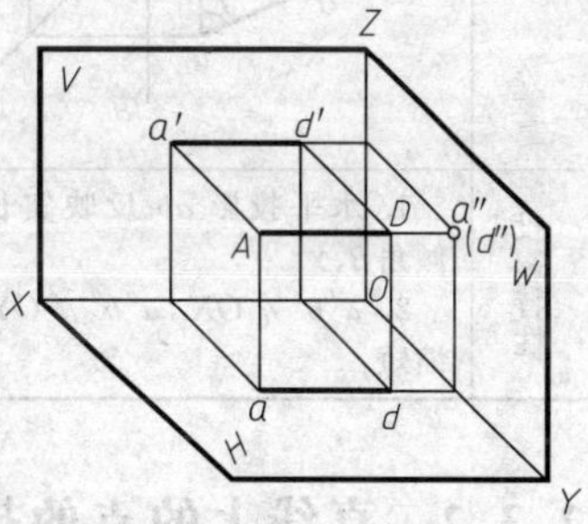
投影图	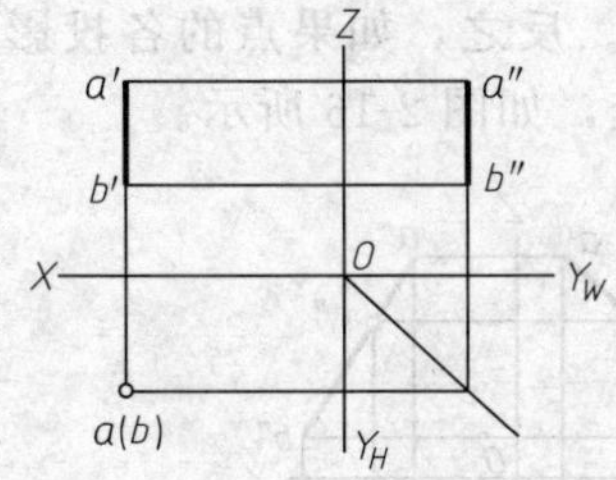	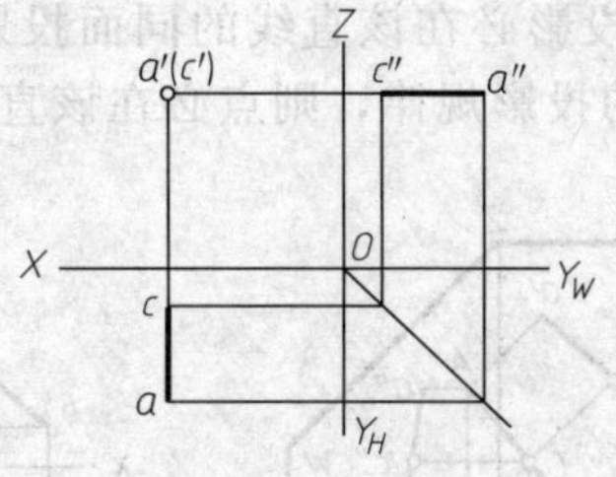	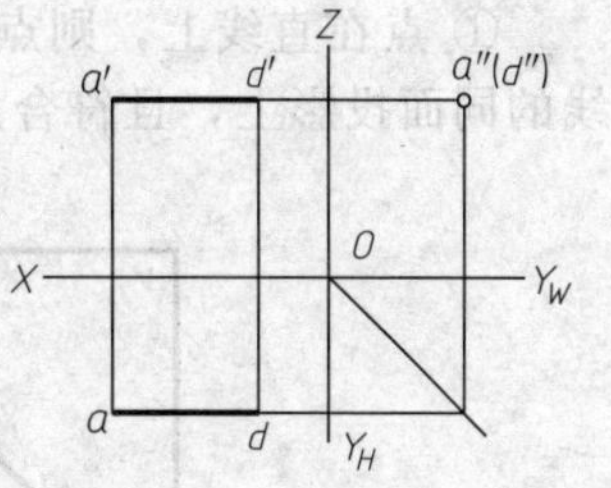
投影特性	1. 水平投影 $a(b)$ 积聚为一点 2. $a'b' \parallel OZ$，$a''b'' \parallel OZ$，均反映实长	1. 正面投影 $a'(c')$ 积聚为一点 2. $ac \parallel OY_H$，$a''c'' \parallel OY_W$，均反映实长	1. 侧面投影 $a''(d'')$ 积聚为一点 2. $a'd' \parallel OX$，$ad \parallel OX$，均反映实长

（3）投影面平行线

投影面平行线指平行于一个投影面，倾斜于另外两个投影面的直线。投影面平行线有三种：

① 水平线　平行于水平投影面，而与另两投影面倾斜的直线，真实反映 β、γ。

② 正平线　平行于正面，而与另两投影面倾斜的直线，真实反映 α、γ。

③ 侧平线　平行于侧面，而与另两投影面倾斜的直线，真实反映 α、β。

投影面平行线的投影特性如表 2-2 所示。

表 2-2　投影面平行线的投影特性

名称	水平线（平行于 H 面）	正平线（平行于 V 面）	侧平线（平行于 W 面）
空间情况			
投影图			
投影特性	1. 水平投影 ab 反映实长和真实倾角 β、γ 2. $a'b' /\!/ OX$，$a''b'' /\!/ OY_w$，长度缩短	1. 正面投影 $b'c'$ 反映实长和真实倾角 α、γ 2. $bc /\!/ OX$，$b''c'' /\!/ OZ$，长度缩短	1. 侧面投影 $a''c''$ 反映实长和真实倾角 α、β 2. $ac /\!/ OY_H$，$a'c' /\!/ OZ$，长度缩短

2.3.2　直线上的点的投影

直线上的点的投影具有以下特性。

① 点在直线上，则点的投影必在该直线的同面投影上。反之，如果点的各投影均在直线的同面投影上，且符合点的投影规律，则点必在该直线上，如图 2-16 所示。

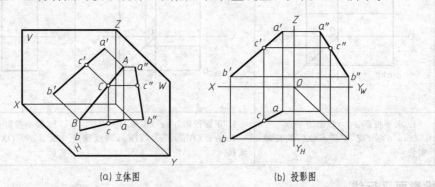

(a) 立体图　　　　　　　　(b) 投影图

图 2-16　直线上的点

② 直线上的点分割直线之比，在其投影上仍保持不变。如图 2-16 所示，点 C 在直线 AB 上，则 $AC:CB=ac:cb=a'c':c'b'=a''c'':c''b''$。

【例 2-4】　如图 2-17（a）所示，在已知直线 AB 上取一点 C，使 $AC:CB=2:3$，求点 C 的两面投影。

【解】　根据直线上点的投影特性，如果 $AC:CB=2:3$，则 $ac:cb=a'c':c'b'=2:$

3，只要将 AB 分成 5 等份，再根据比例关系即可求出 c、c'。

① 过 b 作任意直线，在其上以任意单位量取 5 个单位长，得 1、2、3、4、5 点。

② 连接 $5b$，过点 3 作直线 $3c /\!/ 5a$，使之交 ab 于 c，c 即为点 C 的水平投影。

③ 由 c 求出 c'，c、c' 即为所求，如图 2-17（b）所示。

【例 2-5】　如图 2-18（a）所示，试判断点 K 是否在直线 AB 上。

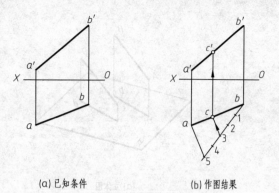

(a) 已知条件　　　(b) 作图结果

图 2-17　在直线上取点

【解】　可用两种方法判断。

① 根据直线上点的投影特性，利用第三面投影即求出侧面投影来判断。如图 2-18（b）所示，构建三投影面体系，作出 AB 的侧面投影 $a''b''$；再按照点的投影规律，求出 K 点的侧面投影 k''。如果 k'' 在上 $a''b''$，则 K 点在直线 AB 上，反之则不在。由作图结果可知，K 点不在直线 AB 上。

② 利用定比定理来判断，如图 2-18（c）所示。过 b 作任意一条直线，在直线上取 $bA_0 = a'b'$，$bK_0 = b'k'$；连接 aA_0，过 K_0 作直线平行于 aA_0，如果 K 点在直线 AB 上，则所作平行于 aA_0 的直线与 ab 应相交于 k 点，反之，则 K 点不在直线 AB 上。由作图结果可知，K 点不在直线 AB 上。

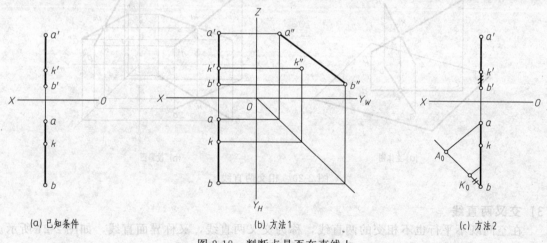

(a) 已知条件　　　(b) 方法1　　　(c) 方法2

图 2-18　判断点是否在直线上

2.3.3　两直线的相对位置

空间两直线的相对位置有平行、相交和交叉等三种情况，现将其投影特性分述如下。

(1) 平行两直线

若空间两直线互相平行，则它们的各组同面投影也一定互相平行。

如图 2-19 所示，$AB /\!/ CD$，则 $ab /\!/ cd$、$a'b' /\!/ c'd'$、$a''b'' /\!/ c''d''$。

如果两直线的各组同面投影都互相平行，则可判定它们在空间也一定互相平行。

(2) 相交两直线

空间相交的两直线，它们的同面投影也一定相交，交点为两直线的共有点，且应符合点的投影规律。

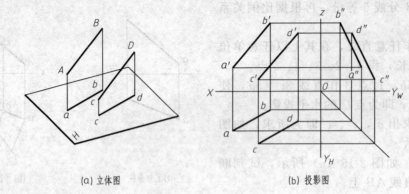

（a）立体图　　　　　　　　　　　　（b）投影图

图 2-19　平行两直线

如图 2-20 所示，直线 AB 和 CD 相交于点 K，点 K 是直线 AB 和 CD 的共有点。根据点属于直线的投影特性，可知 k 既属于 ab，又属于 cd，即 k 一定是 ab 和 cd 的交点。同理，k' 必定是 $a'b'$ 和 $c'd'$ 的交点；k'' 也必定是 $a''b''$ 和 $c''d''$ 的交点。由于是同一点 K 的三面投影，因此 k、k' 的连线垂直于 OX 轴，k' 和 k'' 的连线垂直于 OZ 轴。

反之，如果两直线的各组同面投影都相交，且交点符合点的投影规律，则可判定这两条直线在空间也一定相交。

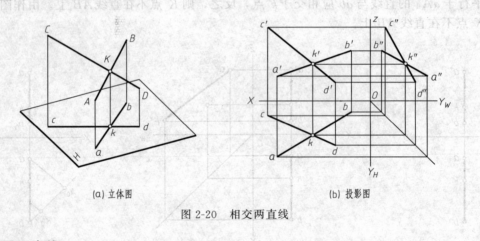

（a）立体图　　　　　　　　　　　　（b）投影图

图 2-20　相交两直线

（3）交叉两直线

在空间既不平行也不相交的两直线，称为交叉两直线，又称异面直线，如图 2-21 所示。

因 AB、CD 不平行，所以它们的各组同面投影不会都平行（可能有一两组平行）；又因为 AB、CD 不相交，所以各组同面投影交点的连线也不会垂直于相应的投影轴，即不符合点的投影规律。

反之，如果两直线的投影不符合平行或相交两直线的投影规律，则可判定为空间交叉两直线。

在水平投影上，ab、cd 的交点实际上是 AB 上的Ⅱ点和 CD 上的Ⅰ点在 H 面上的一对重影点。从正面投影可以看出：$Z_Ⅱ > Z_Ⅰ$。对水平投影来说，Ⅱ是可见的，而Ⅰ是不可见的，故标记为 2（1）。

在正面投影上，$a'b'$ 和 $c'd'$ 的交点是 CD 上的Ⅲ点和 AB 上的Ⅳ点在 V 面上的一对重影点。由于 $Y_Ⅲ > Y_Ⅳ$，故在正面投影上Ⅲ可见而Ⅳ不可见，故标记为 3'（4'）。

对于交叉两直线来说，在三个投射方向上都可能有重影点。重影点常需要判别可见性。

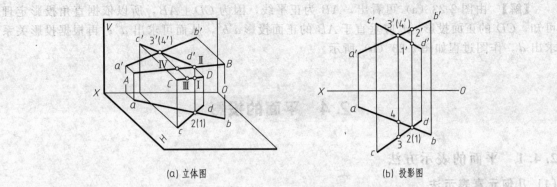

(a) 立体图　　　　　　　(b) 投影图

图 2-21　交叉两直线

(4) 直角投影定理

空间两直线成直角（相交或交叉），若两边都与某一投影面倾斜，则在该投影面上的投影不是直角；若一边平行于某一投影面，则在该投影面上的投影仍是直角。这种投影特点，通常称为直角投影定理，如图 2-22 所示。

如图 2-22 所示，设：$AB \perp BC$，$BC /\!/ H$ 面，则 $\angle abc = 90°$。

证明：因为 $BC /\!/ H$ 面，所以 $bc /\!/ BC$。又因为 $BC \perp AB$，$BC \perp Bb$，所以 $BC \perp ABba$ 平面，$bc \perp ABba$ 平面，因为 $bc \perp ab$，所以 $\angle abc = 90°$。

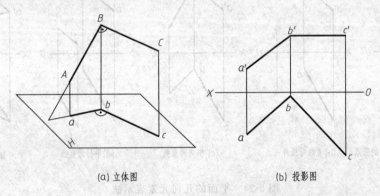

(a) 立体图　　　　　　　(b) 投影图

图 2-22　直角投影定理

【例 2-6】　如图 2-23（a）所示，过点 C 作直线 $CD \perp AB$，D 为垂足。

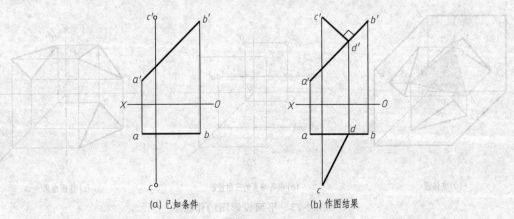

(a) 已知条件　　　　　　(b) 作图结果

图 2-23　直角投影定理的应用

【解】 由图 2-23（a）可看出，AB 为正平线，因为 $CD \perp AB$，所以依据直角投影定理可知，CD 的正面投影 $c'd'$ 应垂直于 AB 的正面投影 $a'b'$，从而可求出 d'；再根据投影关系求出 d。作图过程如图 2-23（b）所示。

2.4 平面的投影

2.4.1 平面的表示方法

（1）几何元素表示法

空间一平面可以用确定该平面的几何元素的投影来表示。如图 2-24 所示的是用各组几何元素所表示的同一个平面的投影图。显然，各种几何元素是可以互相转换的。例如，将图 2-24（a）中 A、B、C 三点中 AB 的两面投影相连，即转变成了如图 2-24（b）所示的直线与直线外一点表示的平面；将图 2-24（b）中 AC 的两面投影相连，即转变成了图 2-24（c）所示的用相交两直线表示的平面。至于具体采用何种几何元素表示平面，可根据作图需要来选择。

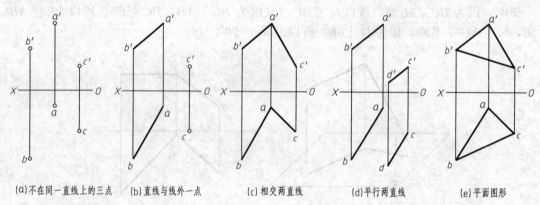

| (a)不在同一直线上的三点 | (b)直线与线外一点 | (c)相交两直线 | (d)平行两直线 | (e)平面图形 |

图 2-24 平面的几何元素表示法

在投影图中，常用平面图形来表示空间的平面。$\triangle ABC$ 的空间情况及其三面投影图的求作过程如图 2-25 所示。

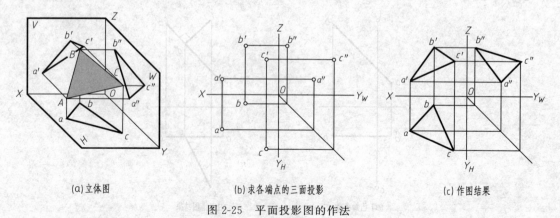

(a)立体图　　(b)求各端点的三面投影　　(c)作图结果

图 2-25 平面投影图的作法

(2) 迹线表示法

平面除了有上述的表示法外，也可以用迹线表示。平面与投影面的交线，称为平面的迹线。迹线的符号用平面名称的大写字母附加投影面名称的注脚表示。

如图 2-26 所示的平面 P，它与 H 面的交线叫作水平迹线，用 P_H 表示；与 V 面的交线叫作正面迹线，用 P_V 表示；与 W 面的交线叫作侧面迹线，用 P_W 表示。

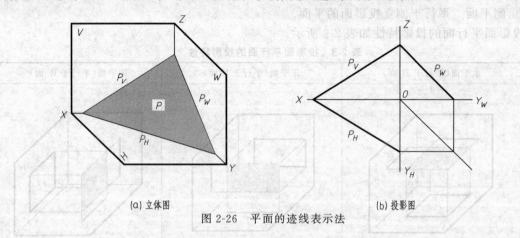

(a) 立体图　　　　　　　　　　　　　(b) 投影图

图 2-26　平面的迹线表示法

用迹线表示特殊位置的平面在作图中经常用到。如图 2-27 所示，正垂面 P 的正面迹线 P_V 一定与 OX 轴倾斜（$P_H \perp OX$，$P_W \perp OZ$，为了简化，P_H 和 P_W 可省略不画）。

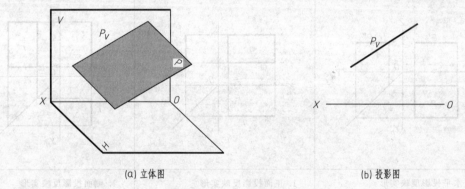

(a) 立体图　　　　　　　　　　　　　(b) 投影图

图 2-27　正垂面的迹线表示法

2.4.2　各种位置平面的投影

空间平面相对于三个投影面的位置有三种情况：投影面平行面、投影面垂直面和一般位置平面。

① 一般位置平面　对三个投影面都倾斜的平面。

② 投影面平行面　平行于某一投影面的平面。

③ 投影面垂直面　垂直于某一投影面，且倾斜于另两个投影面的平面。

后两类又称为特殊位置平面。

平面对 H、V、W 面的倾角，分别用 α、β、γ 表示。

(1) 一般位置平面

由于一般位置平面对三个投影面都倾斜，因此它的三面投影都不可能积聚成直线，也不可能反映实形，而是小于原平面图形的类似形，三面投影均不能直接反映该平面对投影面的真实倾角，如图 2-25 所示。

（2）投影面平行面

投影面平行面指平行于一个投影面，垂直于另外两个投影面的平面。

投影面平行面有三种：

① 水平面　平行于水平投影面的平面。

② 正平面　平行于正立投影面的平面。

③ 侧平面　平行于侧立投影面的平面。

投影面平行面的投影特性如表 2-3 所示。

表 2-3　投影面平行面的投影特性

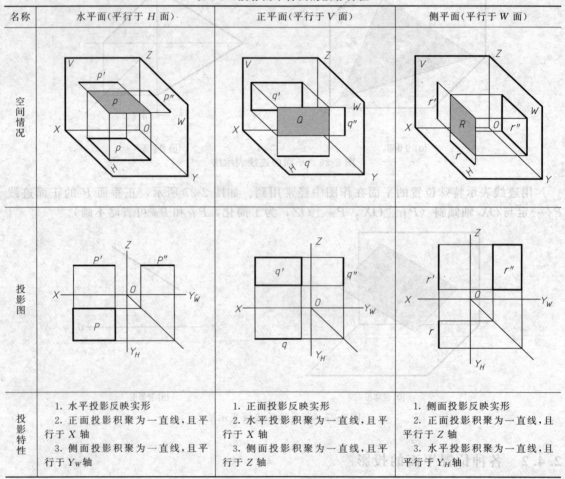

名称	水平面（平行于 H 面）	正平面（平行于 V 面）	侧平面（平行于 W 面）
空间情况			
投影图			
投影特性	1. 水平投影反映实形 2. 正面投影积聚为一直线，且平行于 X 轴 3. 侧面投影积聚为一直线，且平行于 Y_W 轴	1. 正面投影反映实形 2. 水平投影积聚为一直线，且平行于 X 轴 3. 侧面投影积聚为一直线，且平行于 Z 轴	1. 侧面投影反映实形 2. 正面投影积聚为一直线，且平行于 Z 轴 3. 水平投影积聚为一直线，且平行于 Y_H 轴

比较表 2-3 中各平面的投影，可以看出它们的共同特征是：

① 平面在与它所平行的投影面上的投影反映实形。

② 平面的其他两面投影均积聚成一条直线，且平行于相应的投影轴。

（3）投影面垂直面

投影面垂直面指垂直于一个投影面，与另外两个投影面倾斜的平面。

投影面垂直面有三种：

① 铅垂面　垂直于水平投影面，且倾斜于另两投影面的平面。

② 正垂面　垂直于正立投影面，且倾斜于另两投影面的平面。

③ 侧垂面　垂直于侧立投影面，且倾斜于另两投影面的平面。

投影面垂直面的投影特性如表 2-4 所示。

表 2-4　投影面垂直面的投影特性

名称	铅垂面(垂直于 H 面)	正垂面(垂直于 V 面)	侧垂面(垂直于 W 面)
空间情况			
投影图			
投影特性	1. 水平投影积聚成一条直线,并反映真实倾角 β、γ。 2. 正面投影和侧面投影均为原形的缩小类似形	1. 正面投影积聚成一条直线,并反映真实倾角 α、γ。 2. 水平投影和侧面投影均为原形的缩小类似形	1. 侧面投影积聚成一条直线,并反映真实倾角 α、β。 2. 正面投影和水平投影均为原形的缩小类似形

比较表 2-4 中各平面的投影,可以看出它们的共同特征如下。

① 平面在所垂直的投影面上的投影积聚成一条直线,并且真实反映与另外两个投影面的倾角。

② 平面的其他两面投影均为比原形小的类似形。

2.4.3　平面上的点和直线

(1) 平面上的点

点在平面上的几何条件是:如果点在平面内的任一直线上,则此点在该平面内。因此,若在平面内取点,必须先在平面内取一直线,然后再在此直线上取点。如图 2-28 (a)、(b)所示,由于 M 点在直线 AB 上,所以 M 点必在平面 P 内。

(2) 平面上的直线

直线在平面上的几何条件是:

① 一直线若通过平面上的两点,则此直线必在该平面上,如图 2-28 (a) 所示。

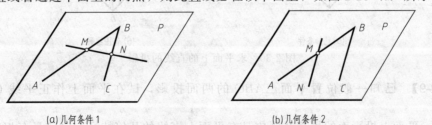

(a) 几何条件1　　　　　　　　　　(b) 几何条件2

图 2-28　平面上的点和直线

② 一直线若通过平面上的一点，且平行于该平面上的一直线，则此直线必在该平面上，如图 2-28（b）所示。

在图 2-28（a）中，平面 P 由 AB 和 BC 决定，点 M 和 N 分别在 AB 和 BC 上，则过点 M、N 的直线 MN 必在平面 P 内。在图 2-28（b）中，平面 P 由 AB 和 BC 所决定，点 M 在 AB 上，且 MN 平行于直线 BC，则直线 MN 必在平面 P 内。

【例 2-7】 如图 2-29（a）所示，已知 $\triangle ABC$ 平面及点 D 的两面投影，试判断点 D 是否在 $\triangle ABC$ 平面上。

【解】 根据点在平面上的几何条件，过 D 的正面投影 d' 在 $\triangle a'b'c'$ 上作一直线，并求出直线的水平投影，若 D 的水平投影 d 在直线的水平投影上，则可判断 D 点在 $\triangle ABC$ 平面上，如图 2-29（b）所示；反之则不在（也可由 D 点的水平投影求解，方法同上）。

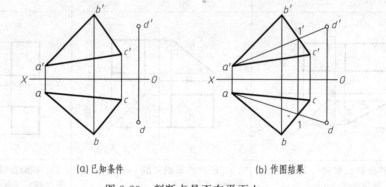

(a) 已知条件   (b) 作图结果

图 2-29 判断点是否在平面上

【例 2-8】 如图 2-30（a）所示，已知直线 EF 在 $\triangle ABC$ 平面上，并知 EF 的水平投影 ef，试求正面投影 $e'f'$。

【解】 因为直线 EF 在 $\triangle ABC$ 平面上，根据直线在平面上的几何条件，EF 必通过平面内的两个点。可过 EF 的水平投影 ef，作一直线与 $\triangle ABC$ 的水平投影 ab、bc 边交于 m、n 两点，求出直线 MN 的正面投影 $m'n'$，在 $m'n'$ 上即可求得 $e'f'$，如图 2-30（b）所示。

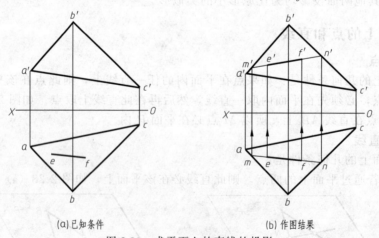

(a) 已知条件   (b) 作图结果

图 2-30 求平面上的直线的投影

【例 2-9】 已知一般位置平面 $\triangle ABC$ 的两面投影，试在平面上作正平线 CD 和水平线 CE。

【解】 平面上投影面的平行线既应具有平面上直线的几何特征，又应具有相应平行线的投影特征。作图时，应从直线有方向特征的投影画起，再在平面上完成直线的其他投影。

正平线作图方法如图 2-31（a）所示。在水平投影中，过 c 作 X 轴的平行线，交 ab 于 d，求得 d′，连接 c′d′，直线 CD 即为所求。

水平线作图方法如图 2-31（b）所示，在正面投影中，过 c′作 X 轴的平行线，交 a′b′于 e′，求得 e，连接 ce，直线 CE 即为所求。

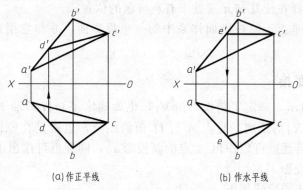

(a) 作正平线　　　　　　　(b) 作水平线

图 2-31　在平面上作投影面的平行线

<h1 style="text-align:center">* 2.5　投 影 变 换</h1>

2.5.1　换面法的基本概念

从投影面平行线的投影能直接反映实长和对投影面的倾角可以得到启示：当几何元素在两个互相垂直的投影面体系中对某一投影面处于特殊位置时，可以直接利用一些投影特性解决几何元素的图示和图解问题，使作图简化。若几何元素在两投影面体系中不处于这样的特殊位置，则可以保留一个投影面，用垂直于被保留的投影面的新投影面代替另一投影面，组成一个新的两投影面体系，使几何元素在新投影面体系中对新投影面处于便利解题的特殊位置，在新投影面体系中作图求解，这种方法称为变换投影面法，简称换面法。

如图 2-32（a）所示，在投影面体系 V/H 中有一般位置直线 AB，需求作其实长和对 H

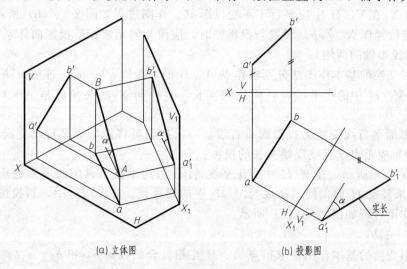

(a) 立体图　　　　　　　　　(b) 投影图

图 2-32　将一般位置直线变换为投影面平行线

面倾角 α。设一个新投影面 V_1 平行于平面 $ABba$，由于 $Abba \perp H$，则 $V_1 \perp H$。于是用 V_1 代替 V 面，AB 在 V_1、H 新投影面体系 V_1/H 中就成为正平线，作出它的 V 面投影 $a_1'b_1'$，就反映出 AB 的实长和倾角 α。具体的作图过程如图 2-32（b）所示。

由此可见，用换面法解题时应遵循下列两条原则。

① 新投影面应选择在使几何元素处于有利解题的位置。

② 新投影面必须垂直于原投影面体系中的一个投影面，并与它组成新投影面体系，必要时可连续变换。

2.5.2 点的投影变换

如图 2-32（b）所示，选定了新投影面 V_1，也就确定了新投影轴 X_1。在新体系 V_1/H 中，$a_1'a \perp X_1$，a_1' 与 X_1 的距离，是点 A 与 H 面的距离，也就是在原体系 V/H 中 a' 与 X 的距离。用上述投影特性就可以作出 A 点的新投影 a_1'，同理也可作出 B 点的新投影 b_1'，从而得到直线 AB 的新投影 $a_1'b_1'$。

点的投影变换的作图步骤如下。

① 按实际需要确定新投影轴后，由点的原有投影作垂直于新投影轴的投影连线。

② 在这条投影连线上，从新投影轴向新投影面一侧，量取点的被代替的投影与被代替的投影轴之间的距离，就得到该点所求的新投影。

无论替换 V 面或 H 面，都按这两个步骤作图。连续换面时，也是连续地按这两个步骤作图。进行第一次换面后的新投影面、新投影轴、新投影的标记，分别加注脚"1"；第二次换面后则都加注脚"2"；依此类推。这两个步骤同样也可用在 V、W 两投影面体系 V/W 中进行换面。

2.5.3 直线的投影变换

(1) 直线的一次变换

① 将一般位置直线变换为投影面的平行线　一次换面可将一般位置直线变换为投影面平行线。新投影轴应平行于直线不变的投影。

如图 2-32（a）所示，为了使 AB 在 V_1/H 中成为 V_1 面平行线，可以用一个既垂直于 H 面、又平行于 AB 的 V_1 面替换 V 面，通过一次换面即可达到目的。按照正平线的投影特性：新投影轴 X_1 在 V_1/H 中应平行于不变投影 ab。作图过程如图 2-32（b）所示。

a. 在适当位置作 $X_1 /\!/ ab$（设置新投影轴时，应使几何元素在新投影面体系中的两个投影分别位于新投影轴的两侧）。

b. 按投影变换的基本作图法分别求作点 A、B 的新投影 a_1'、b_1'，连线 $a_1'b_1'$ 即为所求。AB 就成为在 V_1/H 中的正平线，$a_1'b_1'$ 反映实长，$a_1'b_1'$ 与 X_1 的夹角就是 AB 对 H 面的倾角 α。

② 将投影面平行线变换为投影面垂直线　一次换面可将投影面平行线变换为投影面垂直线。新投影轴应垂直于直线反映实长的投影。

如图 2-33（a）所示，在 V/H 中有正平线 AB。因为垂直于 AB 的平面也垂直于 V 面，故可用 H_1 面来替换 H 面，使 AB 成为 V/H_1 中的铅垂线。在 V/H_1 中，新投影轴 X_1 应垂直于 $a'b'$。作图过程如图 2-33（b）所示。

a. 作 $X_1 \perp a'b'$。

b. 按投影变换的基本作图法求得点 A、B 互相重合的投影 a_1 和 b_1。a_1b_1 即为 AB 积聚成一点的 H_1 面投影。AB 就成为 V/H_1 中的铅垂线。

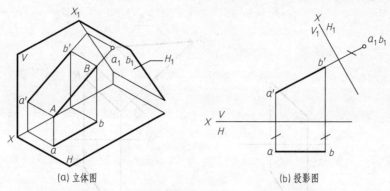

(a) 立体图　　　　　　　　　(b) 投影图

图 2-33　将投影面平行线变换为投影面垂直线

(2) 直线的二次变换

两次换面可将一般位置直线变换为投影面垂直线。具体步骤为先将一般位置直线变换为投影面平行线，再将投影面平行线变换为投影面垂直线。

如图 2-34（a）所示，由于与 AB 相垂直的平面是一般位置平面，与 H、V 面都不垂直，所以不能用一次换面达到要求。可先将 AB 变换为 V_1/H 中的正平线，再将 V_1/H 中的正平线 AB 变换为 V_1/H_2 中的铅垂线，作图过程如图 2-34（b）所示。

① 将 AB 变换为 V_1/H 中的正平线。作 $X_1 // ab$，将 V/H 中的 $a'b'$ 变换为 V_1/H 中的 $a_1'b_1'$。

② 将 V_1/H 中的正平线变换为 V_1/H_2 中的垂直线。在 V_1/H 中作 $X_2 \perp a_1'b_1'$，将 V_1/H 中的 ab 变换为 V_1/H_2 中的 a_2b_2，a_2b_2 即为 AB 积聚成一点的 H_2 面投影。AB 就成为 V_1/H_2 中的 H_2 面垂直线。

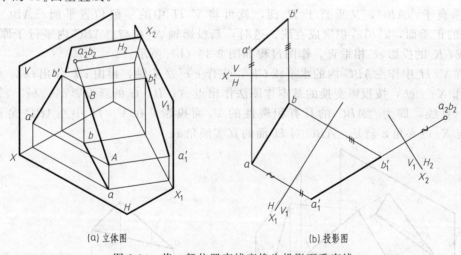

(a) 立体图　　　　　　　　　(b) 投影图

图 2-34　将一般位置直线变换为投影面垂直线

【例 2-10】　如图 2-35（a）所示，求直线 AB 的实长及其对 V 面的倾角 β。

【解】　要作出倾角 β，必须将一般位置直线 AB 变换为 V/H_1 中的水平线，这时 X_1 应平行于 $a'b'$。

作图过程如下。

① 作 $X_1 // a'b'$。

② 按投影变换的基本作图法分别作出点 A、B 的 H_1 面投影 a_1 和 b_1。连线 a_1 和 b_1 即为 AB 的实长；a_1 和 b_1 与 X_1 的夹角也就是 AB 对 V 面的倾角 β。如图 2-35（b）所示。

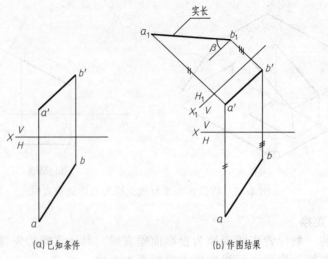

(a) 已知条件　　　　　(b) 作图结果

图 2-35　求 AB 的实长及倾角 β

2.5.4　平面的投影变换

(1) 平面的一次变换

① 将一般位置平面变换为投影面的垂直面　一次换面可将一般位置平面变换为投影面垂直面。新投影轴应与平面内平行于原有投影面的直线的投影相垂直。

如图 2-36 (a) 所示，在 V/H 中有一般位置平面△ABC，要将它变换为 V_1/H 中的正垂面，可在△ABC 内任取一条水平线，例如 CK，再用垂直于 CK 的 V_1 面来替换 V 面。由于 V_1 面垂直于△ABC，又垂直于 H 面，就可将 V/H 中的一般位置平面△ABC 变换为 V_1/H 中的正垂面，$a_1'b_1'c_1'$ 积聚成直线。这时，新投影轴 X_1 应与△ABC 内平行于原有的 H 面的直线 CK 的投影 ck 相垂直。作图过程如图 2-36 (b) 所示。

a. 在 V/H 中作△ABC 内的水平线 CK：先作 $c'k' /\!/ X$ 轴，再由 $c'k'$ 作出 ck。

b. 作 $X_1\perp ck$，按投影变换的基本作图法作出点 A、B、C 的新投影 a_1'、b_1'、c_1'，将它们连成一直线，即为△ABC 的具有积聚性的 V_1 面投影。在 V_1/H 中△ABC 是正垂面，$a_1'b_1'c_1'$ 与 X_1 的夹角，就是△ABC 对 H 面的真实倾角 α。

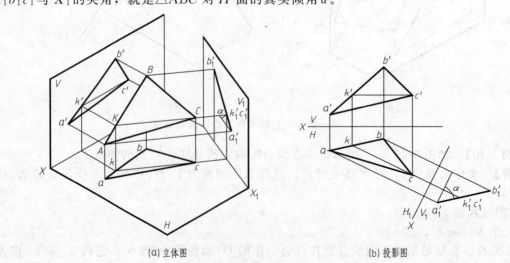

(a) 立体图　　　　　(b) 投影图

图 2-36　将一般位置平面变换为投影面垂直面

② 将投影面垂直面变换为投影面的平行面　一次换面可将投影面垂直面变换为投影面平行面。新投影轴应平行于该平面具有积聚性的原有投影。

如图 2-37 所示，在 V/H 中加 V_1 面与铅垂面 $\triangle ABC$ 相平行，则 V_1 面也垂直于 H 面，$\triangle ABC$ 就可以从 V/H 中的铅垂面变换为 V_1/H 中的正平面。这时，X_1 应与 abc 相平行。作图过程如下。

a. 作 $X_1 /\!/ abc$。

b. 按投影变换的基本作图法作出点 A、B、C 的新投影 a'_1、b'_1、c'_1，在 V_1/H 中 $\triangle ABC$ 是正平面，V_1 面投影 $\triangle a'_1 b'_1 c'_1$，即为 $\triangle ABC$ 的实形。

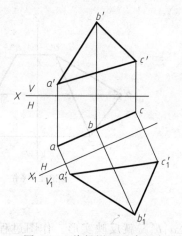

图 2-37　将投影面垂直面变换为投影面平行面

(2) 平面的二次变换

两次换面可将一般位置平面变换为投影面平行面，具体步骤为先将一般位置平面变换为投影面垂直面，再将投影面垂直面变换为投影面平行面。

如图 2-38 所示，在 V/H 中有一般位置平面 $\triangle ABC$，要求作该面的实形。将 V/H 中的一般位置平面 $\triangle ABC$ 变换为 V_1/H 中的正垂面，再将 V_1/H 中处于正垂面位置的 $\triangle ABC$ 变换为 V_1/H_2 中的水平面，即可获得 $\triangle ABC$ 的实形。具体作图过程如下。

① 在 V/H 中作 $\triangle ABC$ 内的水平线 CK 的两面投影 $c'k'$、ck，再作 $X_1 \perp ck$，按投影变换的基本作图法作出点 A、B、C 的 V_1 面投影 a'_1、b'_1、c'_1，将它们连成一直线，即为 $\triangle ABC$ 的具有积聚性的 V_1 面投影 $a'_1 b'_1 c'_1$。

② 作 $X_2 /\!/ a'_1 b'_1 c'_1$，按投影变换的基本作图法，求出 $\triangle abc$ 和 $a'_1 b'_1 c'_1$ 作出 $\triangle a_2 b_2 c_2$，即为 $\triangle ABC$ 在 V_1/H_2 中的 H_2 面投影，该投影反映 $\triangle ABC$ 的实形。

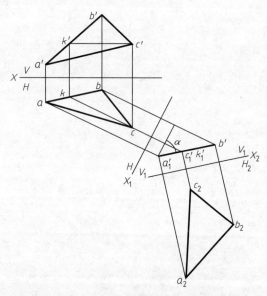

图 2-38　将一般位置平面变换为投影面平行面

【例 2-11】　如图 2-39（a）所示，已知 V/W 中的侧垂面 $\triangle ABC$ 的两面投影，求作其实形。

【解】　作辅助面 $V_1 /\!/ \triangle ABC$，则 $\triangle ABC$ 变换为 V_1/W 中的正平面，它的 V_1 面投影

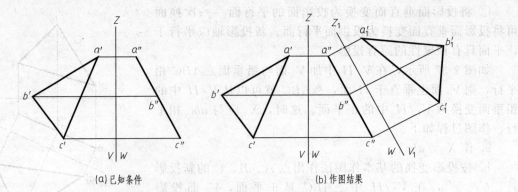

图 2-39　作侧垂面△ABC 的实形

△$a_1'b_1'c_1'$就反映实形。作图过程如下。

　　① 作新投影轴 Z_1 ∥ $a''b''c''$。

　　② 按投影变换的基本作图法，由点 A、B、C 的投影 a'、b'、c' 和 a''、b''、c'' 作出新投影 a_1'、b_1'、c_1'。

　　③ 将 a_1'、b_1'、c_1' 连成△$a_1'b_1'c_1'$，即为△ABC 的实形。

第3章

立体的投影

3.1 三视图的形成及投影规律

3.1.1 三视图的形成

国家标准规定，用正投影法绘制的物体的图形称为视图。因此，物体的视图与物体的投影实际上是相同的，只是换了一种描述方法，即物体的三面投影也称为三视图，如图 3-1 (a) 所示。其中，主视图为物体的正面投影（由前向后投射所得）；俯视图为物体的水平投影（由上向下投射所得）；左视图为物体的侧面投影（由左向右投射所得）。

为了把空间的三个视图画在同一张图纸上，还必须把三个投影面展开 [见图 3-1 (b)]。展开方法如下：V 面保持不动，沿 OY 轴将 H 面和 W 面分开，H 面绕 OX 轴向下旋转 $90°$，W 面绕 OZ 轴向后旋转 $90°$，使三个投影面展开在一个平面中（展开方法和第 2 章中投影面的展开方法相同）。展开后，主视图、俯视图和左视图的相对位置如图 3-1 (c) 所示。

值得注意的是：在生产中不需要画出投影轴和表示投影面的边框，视图按上述位置布置时，不需注出视图名称，如图 3-1 (d) 所示。

3.1.2 三视图的投影规律

(1) 三视图的度量对应关系

任何物体都有长、宽、高三个尺度，若将物体左右方向（X 方向）的尺度称为长，上下方向（Z 方向）尺度称为高，前后方向（Y 方向）尺度称为宽，则在三视图上，主、俯视图反映了物体的长度，主、左视图反映了物体的高度，俯、左视图反映了物体的宽度。

归纳上述三视图的三等关系是：

① 主、俯视图——长对正（即等长）。

② 主、左视图——高平齐（即等高）。

③ 俯、左视图——宽相等（即等宽）。

三视图的投影规律反映了三视图的重要特性，也是画图和读图的依据。无论是整个物体还是物体的局部，其三面投影都必须符合这一规律。

(2) 三视图与物体的方位关系

① 主视图反映了物体的上、下和左、右位置关系。

② 俯视图反映了物体的前、后和左、右位置关系。

③ 左视图反映了物体的上、下和前、后位置关系。

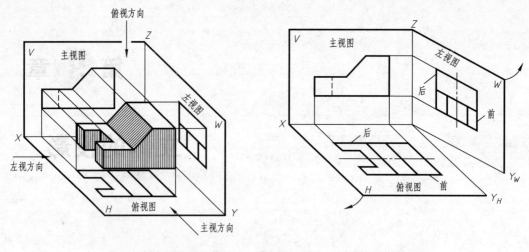

(a)物体在三投影面体系中的投影　　　　　　　　(b) 投影面的展开

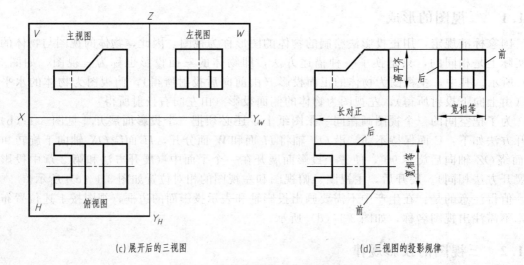

(c) 展开后的三视图　　　　　　　　(d) 三视图的投影规律

图 3-1　三视图的形成和投影规律

　　在看图和画图时必须注意，以主视图为准，俯、左视图远离主视图的一侧表示物体的前面，靠近主视图的一侧表示物体的后面，如图 3-1（d）所示。

3.2　平 面 立 体

　　立体表面由若干面围成。表面为平面的立体称为平面立体，表面为曲面或平面与曲面的立体称为曲面立体，当曲面是回转面时又称为回转体。

　　工程制图中，通常把单一的几何体称为基本体。常用的基本体包括：属于平面立体的棱柱、棱锥；属于回转体的圆柱、圆锥、圆球、圆环等。

　　棱柱和棱锥是常见的平面立体，它们都是由棱面和底面围成的，相邻两棱面的交线称为棱线，底面与棱面的交线称为底边。所以，绘制平面立体的投影就是把组成立体的平面和棱线表示出来，然后判断其可见性，看得见的棱线画成实线，看不见的棱线画成虚线。

3.2.1 棱柱

(1) 棱柱的投影

以正六棱柱为例。如图 3-2 (a) 所示为一正六棱柱, 由上、下两个底面 (正六边形) 和六个棱面 (长方形) 组成。设将其放置成上、下底面与水平投影面平行, 并有两个棱面平行于正投影面。上、下两底面均为水平面, 它们的水平投影重合并反映实形, 正面及侧面投影积聚为两条相互平行的直线。六个棱面中的前、后两个为正平面, 它们的正面投影反映实形, 水平投影及侧面投影积聚为一直线。其他四个棱面均为铅垂面, 其水平投影均积聚为直线, 正面投影和侧面投影均为类似形。

作图步骤如下。

① 布置图面, 画中心线、对称线等作图基准线。

② 画水平投影, 即反映上、下端面实形的正六边形。

③ 根据正六棱柱的高度, 按投影关系画正面投影。

④ 根据投影关系画侧面投影。

⑤ 检查并描深图线, 完成作图, 如图 3-2 (b) 所示。

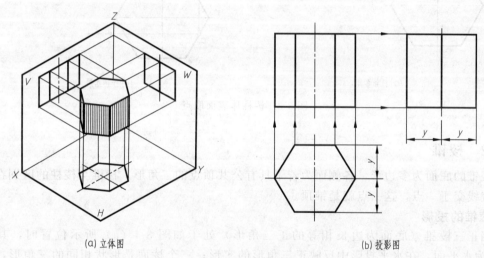

(a) 立体图　　　　　　　　　　　　　　　(b) 投影图

图 3-2　六棱柱的投影

(2) 棱柱表面取点

在棱柱表面上取点, 首先要确定点所在的平面并分析该平面的投影特性, 若该平面垂直于某一投影面, 则点在该投影面上的投影必定落在这个平面的积聚性投影上。

判断棱柱表面上点的可见性的原则是: 凡位于可见表面上的点, 其投影为可见, 反之为不可见; 在平面积聚性投影上的点的投影, 可以不判断其可见性。

【例 3-1】　在图 3-3 中, 已知六棱柱表面 A 点的正面投影 a' 和 B 点的正面投影 b', 试求 A 点、B 点的水平投影和侧面投影。

【解】　在棱柱表面取点一般有以下三步。

① 判断点在棱柱面上的位置, 需要根据已知投影的位置和可见性来判断。

② 根据已知点的投影求出其他投影, 需要根据点的三面投影规律求出其他投影。

③ 所求投影的可见性判断。判断可见性的原则是, 若点所在的面的投影可见 (或有积聚性), 则点的投影可见。

A 点: 由图 3-3 (a) 可知, A 点位于左前侧棱面上 (铅垂面), 因为该棱面的 H 面投影积聚为一直线，所以 A 点的水平投影 a 必在这一直线上，由 a′ 和 a，可求出侧面投影 a″。因为 A 点的侧面投影所在的棱面是可见的，所以 a″ 可见；A 点水平投影所在的棱面具有积聚性，所以 a 可见。如图 3-3 (b) 所示。

B 点：由图 3-3 (a) 可知，B 点位于后棱面上（正平面），该棱面在水平投影和侧面投影上都积聚为直线，可求出 b 和 b″。因为 B 点的侧面投影所在的棱面有积聚性，所以 b″ 可见；B 点水平投影所在的棱面具有积聚性，所以 b 可见。如图 3-3 (b) 所示。

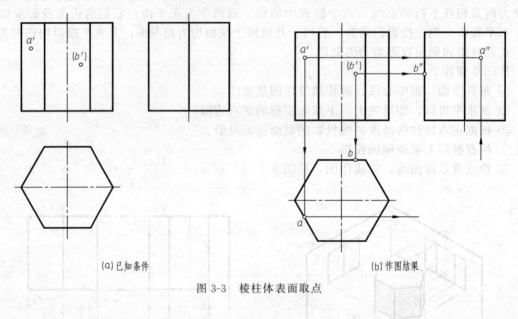

(a) 已知条件　　　　　　　　　　　　　　　(b) 作图结果

图 3-3　棱柱体表面取点

3.2.2　棱锥

棱锥的底面为多边形，各侧面为若干具有公共顶点的三角形。棱锥与棱柱的区别在于棱锥的棱线交于一点，这一点就是锥顶。

（1）棱锥的投影

当正三棱锥（底面为边长相等的正三角形）处于如图 3-4 (a) 所示位置时，其底面 ABC 为水平面，在水平投影中反映正三角形的实形；三个棱面是形状相同的三角形，它们的交点即锥顶。

位于后面的棱面 SBC 是侧垂面，因为它包含了一条侧垂线 BC，所以在侧面投影上积聚成一条直线；左右对称的棱面 SAB 和 SAC 是一般位置平面，三个投影均为类似性（三角形）。画正三棱锥的三面投影时，只需画出底面正三角形 ABC 的三面投影，再确定锥顶 S 的三面投影，并与相应的顶点相连即可。

作图步骤如下。

① 布置图面，画中心线、对称线等作图基准线。

② 画水平投影。

③ 根据三棱锥的高度，按投影关系画正面投影。

④ 按投影关系画侧面投影。

⑤ 检查描深图线，完成作图，如图 3-4 (b) 所示。

（2）棱锥表面取点

在棱锥表面上取点时，首先要分析点所在平面的空间位置。特殊位置表面上的点，可利用平面投影的积聚性直接作图；一般位置表面上的点，则可用辅助线法求点的投影。判断棱

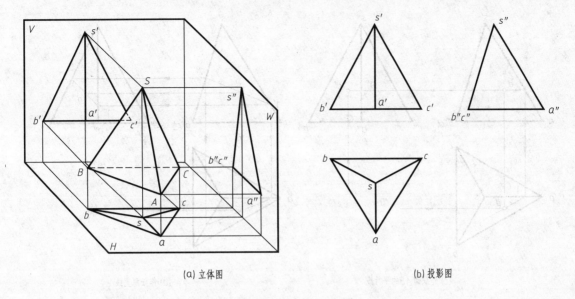

(a) 立体图　　　　　　　　　　(b) 投影图

图 3-4　三棱锥的投影

锥表面上点的可见性的原则与棱柱相同。

在棱锥表面取点，一般有三种作辅助线的方法：作已知点与锥顶的连线；过已知点作底边的平行线；过已知点作任意直线。

作图时，可根据具体情况选择便于作图的辅助线。

【例 3-2】　如图 3-5（a）所示，已知三棱锥表面 D 点的正面投影 d'，试求它的水平投影 d 和侧面投影 d''。

① 过锥顶 S 和 D 点作辅助线法［见图 3-5（b）］　连接 $s'd'$ 与底边 $a'b'$ 相交于 $1'$，求出 $1'$ 点的水平投影 1，连接 $s1$，则 d 必然在 $s1$ 上，再根据 d' 和 d 求出 d''。

② 过 D 点作与底边 AB 平行的辅助线法［见图 3-5（c）］　过 d' 引一水平线 $d'1'//a'b'$，交 $s'a'$ 于 $1'$，由 $1'$ 求得 1，过 1 做直线平行于 ab，在此直线上求得 d，再根据 d' 和 d 求出 d''。

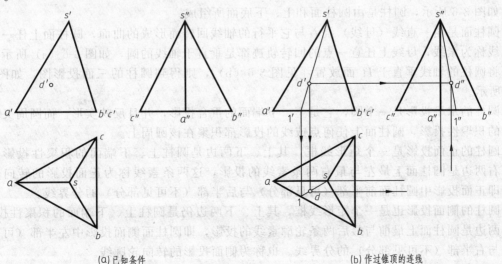

(a) 已知条件　　　　　　　　　　(b) 作过锥顶的连线

图 3-5

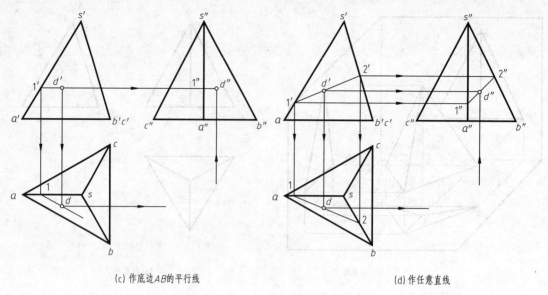

(c) 作底边AB的平行线　　　　　　　　　　(d) 作任意直线

图 3-5　棱锥表面取点

③ 过 D 点作任意直线 ［见图 3-5（d）］　过 d' 作任意直线，交 s'a' 于 1'，交 s'b' 于 2'，由 1'、2' 求出 1、2，在 12 上求得 d，再根据 d' 和 d 求出 d"。

3.3　常见回转体

表面由曲面或曲面和平面围成的立体，称为曲面立体。若曲面立体的曲面是回转曲面则称为回转体。常见的回转体有圆柱、圆锥、圆球等。

3.3.1　圆柱

（1）圆柱的投影

如图 3-6 所示，圆柱是由圆柱面和上、下底面所组成。

圆柱面是由一直线（母线）绕着与它平行的轴线回转而形成的曲面，圆柱面上任一位置的母线称为素线，母线上任意一点的回转轨迹都是垂直于轴线的圆，如图 3-6（a）所示。

将圆柱的轴线垂直于 H 面放置 ［见图 3-6（b）］，则得到圆柱的三面投影图，如图 3-6（c）所示。

圆柱的水平投影是一个圆，它是上、下端面的重合投影，并且反映实形。而圆周又是圆柱面的积聚性投影，圆柱面上任何点或线的投影都积聚在该圆周上。

圆柱的正面投影是一个矩形线框，其上、下两边是圆柱上、下端面的积聚性投影。其左、右两边是圆柱面上最左与最右两条素线的投影，这两条素线称为正面投影的转向轮廓线，即正面投影中圆柱面前半部（可见部分）与后半部（不可见部分）的分界线。

圆柱的侧面投影也是一个矩形线框，其上、下两边仍是圆柱上、下端面的积聚性投影，其余两边是圆柱面上最前与最后两条轮廓素线的投影，即圆柱面侧面投影中左半部（可见部分）与右半部（不可见部分）的分界线。也称为侧面投影的转向轮廓线。

投影图的作图步骤如下。

如图 3-6（c）所示，画圆柱的三面投影时，首先要画出中心线和轴线；其次画出投影为圆的投影；然后按照投影关系画出圆柱其余两个投影。应注意，在正面投影上不画出最前和最后两条素线的投影，在侧面投影上不画出最左和最右两条素线的投影。它们的位置分别与圆柱正面投影、侧面投影的轴线重合。

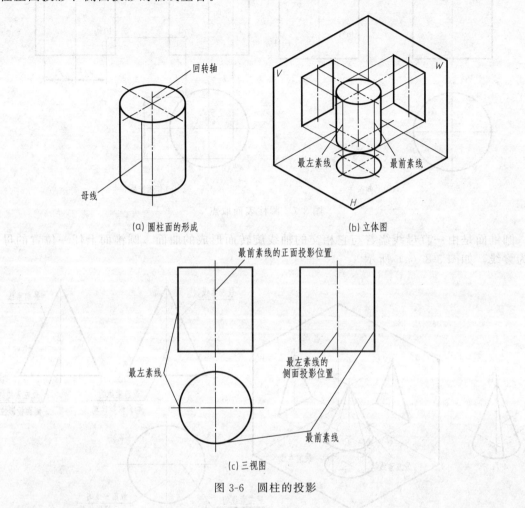

图 3-6　圆柱的投影

（2）圆柱表面取点

在圆柱表面上取点的方法及可见性的判断与平面立体相同。若圆柱轴线垂直于投影面，则可利用投影的积聚性直接求出点的其余投影。

【例 3-3】　如图 3-7（a）所示，已知圆柱面上的点 M 的正面投影 m' 和点 N 的侧面投影 n''，作出其余两面投影。

【解】　由已知条件可知，M 点位于圆柱面的左、前方，故 M 点的水平投影 m 位于圆柱面的积聚性的水平投影圆周上，可由 m' 作垂线在圆周上直接求出，再由 m 和 m' 按投影关系求出 m''。因为 M 点位于圆柱面的左、前方，所以其水平投影 m 和侧面投影 m'' 均可见。

由于 N 点的侧面投影为不可见，可判定 N 点在圆柱的右、后方，根据"宽相等"先求得水平投影 n，再由 n 和 n'' 求出 n'，并判断出正面投影 n' 不可见，水平投影 n 可见。

3.3.2　圆锥

（1）圆锥的投影

如图 3-8 所示，圆锥是由圆锥面和与其轴线垂直的底面所组成的。

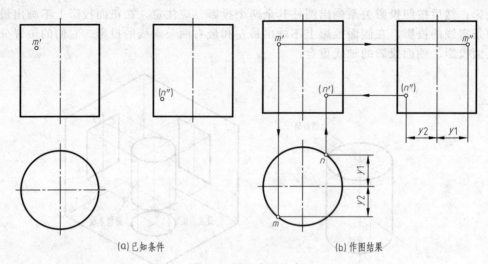

图 3-7　圆柱表面取点

圆锥面是由一直母线绕着与它相交的轴线旋转而形成的曲面。圆锥面上任一位置的母线称为素线，如图 3-8（a）所示

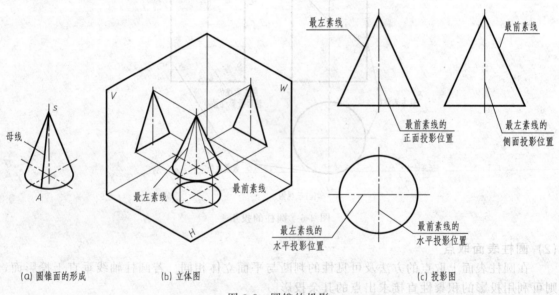

(a) 圆锥面的形成　　　(b) 立体图　　　(c) 投影图

图 3-8　圆锥的投影

将圆锥的轴线垂直于 H 面放置 [见图 3-8（b）]，则得到圆锥的三面投影图，如图 3-8（c）所示。

圆锥的水平投影是一个圆，它表示圆锥面的投影，而且是可见的，同时也是圆锥底面的投影且反映底面的实形。

圆锥的正面投影是一个等腰三角形，底边是圆锥底面的积聚性投影，其两腰是圆锥面上左、右轮廓素线的投影，左、右两条轮廓素线是圆锥面前半部（可见部分）与后半部（不可见部分）的分界线，也称为正面投影的转向轮廓线。

圆锥的侧面投影也是一个等腰三角形，其底边仍是圆锥底面的积聚性投影，两腰是圆锥面上前、后两条轮廓素线的投影。前、后两条轮廓素线是圆锥面左半部（可见部分）与右半部（不可见部分）的分界线，也称为侧面投影的转向轮廓线。

圆锥投影图的作图步骤和圆柱投影图的作图步骤相同。

（2）圆锥表面取点

由于圆锥面的各个投影都没有积聚性，因此要在圆锥表面上取点，必须用辅助线法作图。辅助线有两种：过锥顶的素线和垂直于轴线的纬圆，也称辅助素线法和辅助纬圆法。

如果点所在表面的投影可见，则点的相应投影也可见，反之不可见。

【例3-4】 如图3-9（a）所示，已知圆锥面上 A 点正面投影 a'，求作其余两面投影 a 和 a''。

【解】 根据 a' 的位置及可见性，可判定 A 点位于圆锥面的左、前部分上，可利用辅助线法求其投影。

① 辅助素线法 如图3-9（b）所示，过锥顶 S 和锥面上 A 点作一直线 SA，作出其正面投影 $s'a'$ 和水平投影 sa，就可求出 A 点的水平投影 a，再根据 a' 和 a 求得 a''。

由于圆锥面的水平投影均是可见的，故水平投影 a 也是可见的。因 A 点位于圆锥面左半部上，而左半部圆锥面的侧面投影是可见的，所以，侧面投影 a'' 也是可见的。

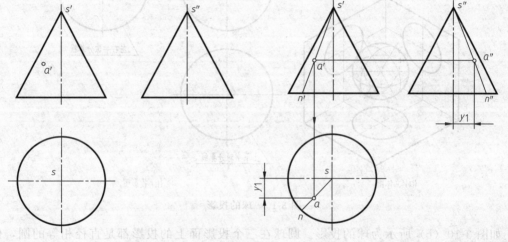

(a) 已知条件　　　　　　　　　　　　　　　(b) 辅助素线法

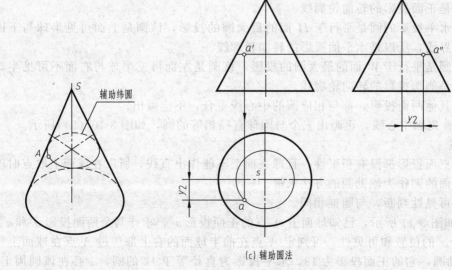

(c) 辅助圆法

图3-9 圆锥表面取点

② 辅助圆法　在圆锥面上过 A 点作一垂直于轴线的水平圆，则 A 点的各个投影必在此圆的相应投影上。该圆的正面投影过 a'，是一条垂直于轴线、两端与正面转向轮廓线相交的直线，该线的长度即为辅助纬圆的直径，由此作出辅助圆的水平投影和侧面投影。根据投影关系可求出 a、a''，如图 3-9（c）所示。

3.3.3　球

(1) 球的投影

圆球由球面组成。圆球面是以一个圆作母线，以其直径为轴线回转而成的。母线上任意一点的回转轨迹都是垂直于轴线的圆，如图 3-10（a）所示。

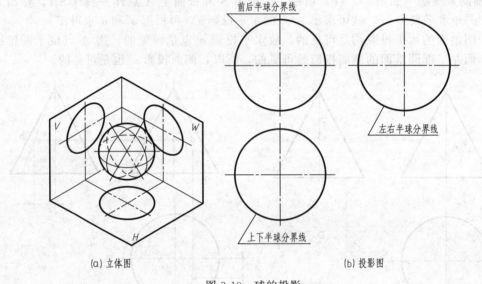

前后半球分界线

左右半球分界线

上下半球分界线

(a) 立体图　　　　　　　　　　　　　　(b) 投影图

图 3-10　球的投影

如图 3-10（b）所示为球的投影。圆球在三个投影面上的投影都是直径相等的圆，但这三个圆分别表示不同的转向轮廓线的投影。

正面投影的圆是平行于 V 面的最大圆的投影，该圆是前面可见半球与后面不可见半球的分界线，所以是正面投影的转向轮廓线。

与此类似，水平投影的圆是平行于 H 面的最大圆的投影，该圆是上面可见半球与下面不可见半球的分界线，所以是水平面投影的转向轮廓线。

侧面投影的圆是平行于 W 面的最大圆的投影，该圆是左面可见半球与右面不可见半球的分界线，所以是侧面投影的转向轮廓线。

这三个圆的其他两面投影，都与相应圆的中心线重合，不应画出。

作图步骤：首先画中心线，再画出三个与圆球直径相等的圆，如图 3-10（b）所示。

(2) 球表面取点

由于圆球的三面投影都没有积聚性，且球表面上不能作出直线，所以在球面上取点时就采用平行于投影面的圆作为辅助圆的方法求解。

球面上点的可见性判断，与圆锥相同。

【例 3-5】　如图 3-11 所示，已知球面上 A 点的正面投影 a'，求作其余两面投影 a 和 a''。

【解】　根据 a' 的位置和可见性，可判定 A 点在前半球面的右上部。过 A 点在球面上作平行 H 面的辅助圆，它的正面投影为 12，水平投影为直径等于 12 的圆，a 必在该圆周上。由 a' 和 a 可求得 a''。由于 A 点位于球面右、上、前部，因此其水平投影 a 可见，侧面投影

a''不可见。

　　本题也可在球面上作平行于 W 面的辅助圆，或者作平行于 H 面的辅助圆，求得 a、a''。请读者自己分析。

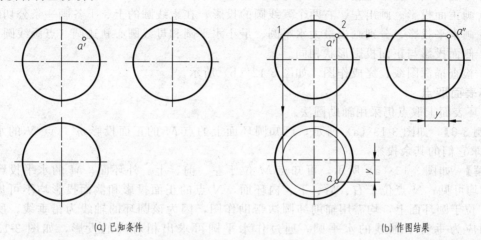

<table>
<tr><td>(a) 已知条件</td><td>(b) 作图结果</td></tr>
</table>

图 3-11　球表面取点

3.3.4　圆环

(1) 圆环的投影

　　圆环由环面围成，如图 3-12 (a) 所示。环面由一圆母线绕不过圆心但在同一平面上的轴线回转而成。靠近轴线的半个母线圆弧 ADC 形成的环面为内环面，远离轴线的半个母线圆 ABC 形成的环面为外环面。

　　圆环投影中的轮廓线都是环面上相应转向轮廓线的投影。

　　正面投影中左、右两个圆是圆环面上最左、最右两个素线圆的投影，它们是前半个环面和后半个环面的分界线，是正面投影的转向轮廓线。两条与圆相切的直线是环面最高、最低圆的投影。

　　水平投影中最大、最小圆是区分上、下环面的转向轮廓线，点画线圆是母线圆心的轨迹。如图 3-12 (b) 所示。

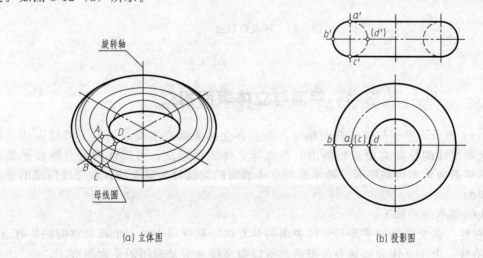

(a) 立体图　　　　　　　　　(b) 投影图

图 3-12　圆环的投影

侧面投影与正面投影相同，但代表的含义不同，请读者自己分析比较。

作图步骤如下。

① 布置图面，画中心线、对称线等作图基准线。

② 画正面投影。画出左、右两个素线圆的投影，在素线圆的上、下各画一条公切线。

③ 画水平投影，分别画出最大水平圆、最小水平圆和母线圆心轨迹圆（点画线圆）。

④ 侧面投影与正面投影形状相同。

⑤ 检查描深图线，完成作图。如图 3-12（b）所示。

(2) 环表面取点

在环表面上取点仍采用辅助圆法。

【例 3-6】 如图 3-13（a）所示，已知圆环面上的点 M 的正面投影 m'，点 N 的水平投影 n，求它们的其余投影。

【解】 如图 3-13（a）所示，可知点 M 位于左、前、上、外环面，M 的水平投影和侧面投影均可见；N 点位于右、后、下、内环面，N 点的正面投影和侧面投影均不可见。点 M、N 位于圆环面上，均需用辅助纬圆法帮助作图，因为该圆环的轴线为铅垂线，所以辅助纬圆应为垂直于轴线的水平圆。通过作水平圆可求出相对应的投影，如图 3-13（b）所示。

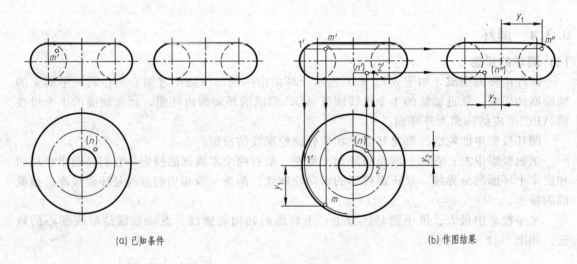

(a) 已知条件 (b) 作图结果

图 3-13　环表面取点

3.4　平面与立体表面相交

如图 3-14 所示，平面与立体表面相交，就会在立体表面产生交线，为了清楚表达立体的形状，这些交线的投影需要正确画出。平面与立体表面相交，可以认为是立体被平面截切，因此该平面通常称为截平面。截平面与立体表面的交线称为截交线。截交线围成的平面图形称为断面。

截交线的基本性质如下。

① 共有性　截交线是截平面与立体表面的共有线，截交线上的点也都是它们的共有点。

② 封闭性　由于立体表面是有范围的，所以截交线一般是封闭的平面图形。

③ 截交线的形状　取决于立体表面的形状和截平面与立体的相对位置。

根据截交线性质,求截交线,就是求出截平面与立体表面的一系列共有点,然后依次连接即可。求截交线的方法,既可利用投影的积聚性直接作图,也可通过作辅助线的方法求出。

3.4.1 平面立体的截交线

截平面截切平面立体所形成的交线为封闭的平面多边形,该多边形的每一条边是截平面与立体棱面或顶、底面相交形成的交线。根据截交线的性质,求截交线可归结为求截平面与立体表面共有点、共有线的问题。

【例 3-7】 如图 3-15(a)所示,三棱锥被正垂面截切,试画出三棱锥被截切后的水平投影和侧面投影。

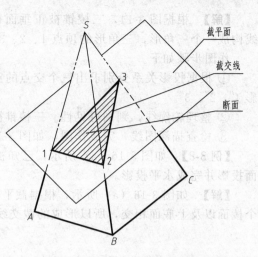

图 3-14 平面与立体表面相交

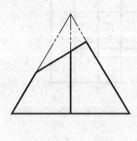
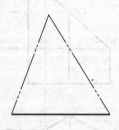

(a) 已知条件

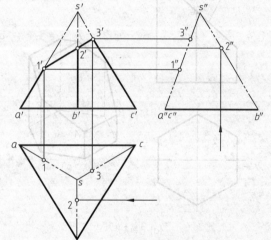

(b) 求截交线上的点并连线

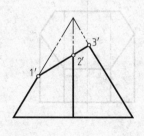
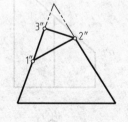

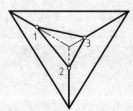

(c) 作图结果

图 3-15 带切口的三棱锥

【解】 根据图 3-14，三棱锥被正垂面截切，该平面与三棱锥的三条棱线都相交，截交线构成一个三角形，三角形的顶点 1、2、3 是各棱线与截平面的交点。

作图步骤如下。

① 根据投影关系分别求出三个交点的正面投影 1′、2′、3′，水平投影 1、2、3 和侧面投影 1″、2″、3″。

② 整理轮廓线，判别可见性。三棱锥被截切后，投影均可见。

③ 检查描深图线，完成作图，如图 3-15（c）所示。

【例 3-8】 如图 3-16（a）所示，已知被平面 P 切割的六棱柱的正面投影，补画它的侧面投影并完成水平投影。

【解】 如图 3-16（a）所示，根据截平面与六棱柱的相对位置可知，P 面与六棱柱的五个棱面以及上底面相交，所以形成的截交线为六边形。六边形六个顶点分别为四根棱线与 P

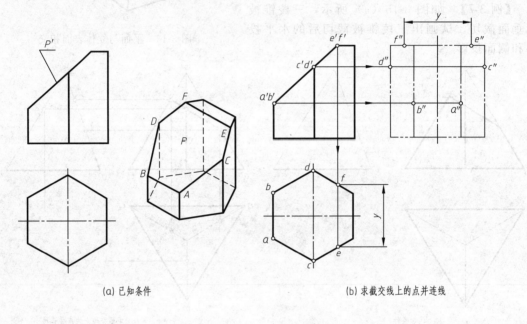

(a) 已知条件   (b) 求截交线上的点并连线

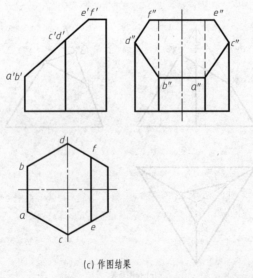

(c) 作图结果

图 3-16 六棱柱的截交线

平面相交及上底面上的两条边与 P 平面相交的交点。由于截平面 P 为正垂面，且六棱柱的各个面都平行或垂直于相应的投影面，因此这些平面都具有积聚性投影，可直接利用积聚性作图。

作图步骤如下。

① 在正面投影中找出 P 平面与六棱柱棱线和边线的交点 a'、b'、c'、d'、e'、f'，它们就是截交线六个顶点的正面投影。

② 根据直线上取点的方法作出其水平投影 a、b、c、d、e、f 和侧面投影 a''、b''、c''、d''、e''、f''。

③ 顺次连接各点的同面投影，即得截交线的三面投影。

④ 整理轮廓线，判别可见性。截交线在水平投影、侧面投影中均可见，在侧面投影中，a'' 和 b'' 所在的两条棱线的上段被切割，与这两条棱线投影重合的原本不可见的棱线，在 a'' 和 b'' 以上的部分应画成虚线；最前、最后两条棱线在 c''、d'' 以上的部分被截去，上底面只剩下 e'' 和 f'' 之间的一段。

⑤ 检查描深图线，完成作图，如图 3-16（c）所示。

*3.4.2 回转体的截交线

平面与曲面立体相交产生的截交线一般是封闭的平面曲线，也可能是由曲线与直线围成的平面图形，其形状取决于截平面与曲面立体的相对位置。曲面立体的截交线，就是求截平面与曲面立体表面的共有点的投影，然后把各点的同名投影依次光滑连接起来。

作图步骤如下。

① 首先分析截平面与回转体的相对位置，从而了解截交线的形状。当截平面为特殊位置平面时，截交线的投影就重合在截平面具有积聚性的同面投影上，再根据曲面立体表面取点的方法作出截交线。

② 先求特殊位置点（大多在回转体的转向轮廓素线上），再求一般位置点，最后将这些点连成截交线的投影，并标明可见性。

（1）圆柱的截交线

由于截平面与圆柱体的相对位置不同，截交线的形状也不同，可分为三种情况（见表 3-1）。

表 3-1　平面与圆柱的截交线

截平面的位置	与轴线平行	与轴线垂直	与轴线倾斜
立体图	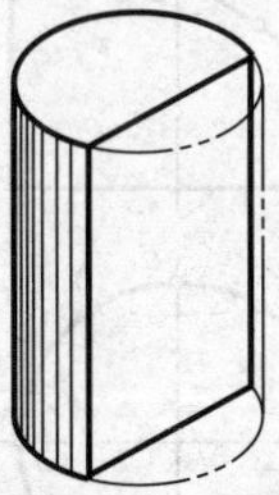	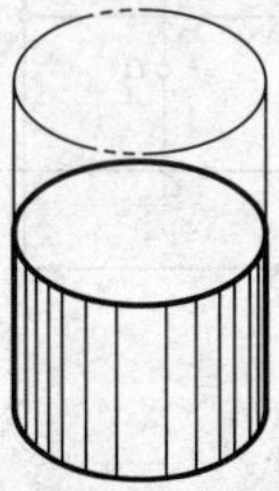	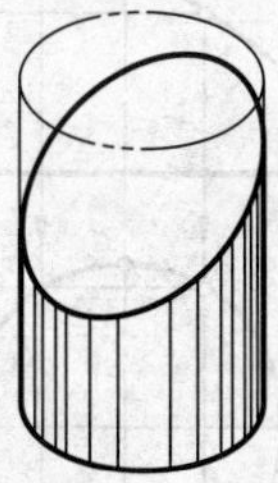
投影图	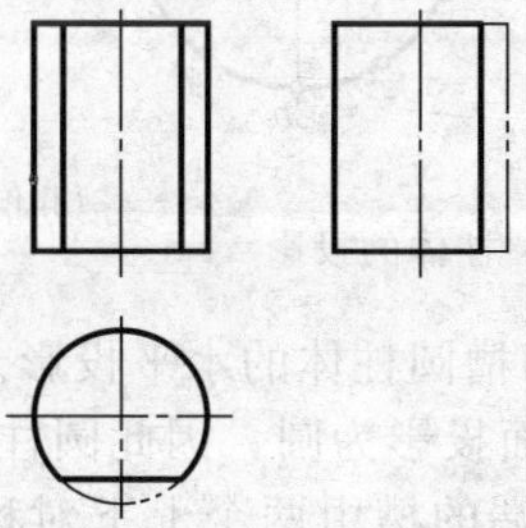	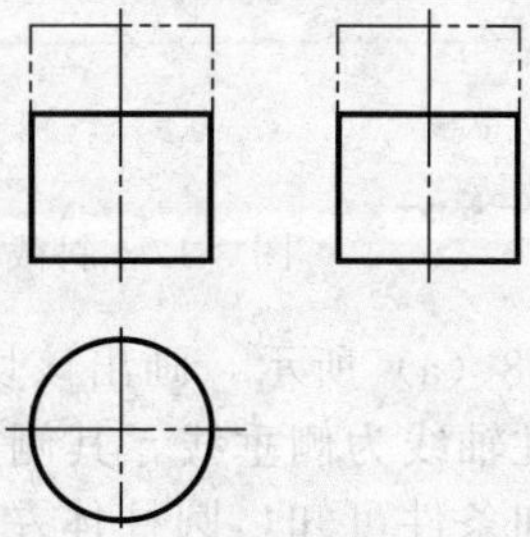	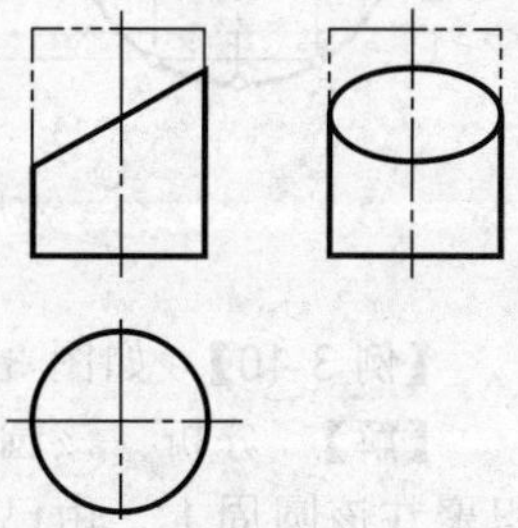
截交线的形状	矩形	圆	椭圆

【例 3-9】 如图 3-17（a）所示，求圆柱被正垂面截切后的截交线的投影。

【解】 分析：由于截平面与圆柱轴线倾斜，故截交线应为椭圆。截交线的正面投影积聚成直线。由于圆柱面具有积聚性，故截交线的水平投影与圆柱面的投影重合，侧面投影可根据圆柱面上取点的方法求出。

作图步骤如下。

① 先找出截交线上特殊点的正面投影 a'、b'、c'、d'，它们是圆柱的最左、最右以及最前、最后素线上的点，也是椭圆长、短轴的四个端点。作出其水平投影 a、b、c、d，侧面投影 a''、b''、c''、d''。

② 再作出适当数量的一般点。先在正面投影上选取 e'、f'、g'、h'，根据圆柱面的积聚性，找出其水平投影 e、f、g、h。由点的两面投影作出侧面投影 e''、f''、g''、h''。

③ 将这些点的侧面投影依次光滑地连接起来，就得到截交线的侧面投影。

④ 整理轮廓线。由于侧面投影的转向轮廓线在 b''、d'' 点以上部分被截切，所以只保留这两点以下的轮廓线。如图 3-17 所示。

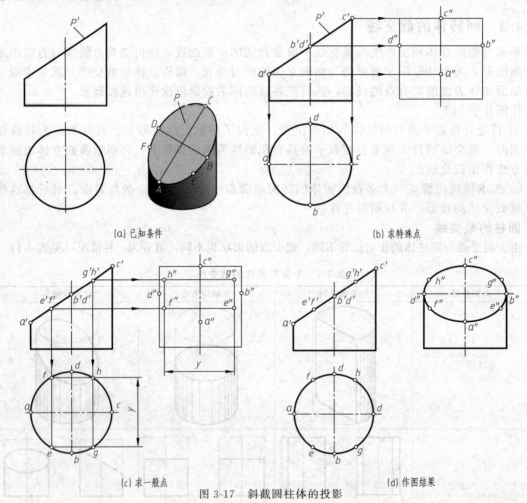

(a) 已知条件　　　　　　　　　　　　　　　　(b) 求特殊点

(c) 求一般点　　　　　　　　　　　(d) 作图结果

图 3-17　斜截圆柱体的投影

【例 3-10】 如图 3-18（a）所示，画出该切槽圆柱体的水平投影。

【解】 分析：该圆柱轴线为侧垂线，其侧面投影为圆，因此圆柱表面上点的侧面投影都积聚在该圆周上。由已知条件可知，圆柱体左端的槽由两个上下对称的水平面 P 和侧垂面 Q 切割而成。

作图步骤（圆柱体上半部分）如下。

① 截平面 P 与圆柱面的交线是两条平行的素线（侧垂线），它们的侧面投影分别积聚成点 a''、c''、b''、d'' 且位于圆周上；其正面投影为直线 $a'c'$、$b'd'$；根据两面投影可作出其水平投影，如图 3-18（b）所示。

② 截平面 Q 与圆柱的交线是两段平行于侧面的圆弧 CE、DF，它们的侧面投影反映实形，并与圆柱面的侧面投影重合，正面投影 $c'e'$、$d'f'$ 积聚成一条直线，根据投影关系作出其水平投影 ce、df，c 和 d 的连线是两平面交线 CD 的水平投影。

③ 整理轮廓，判别可见性。左端的槽使得圆柱最前、最后两条素线在 E、F 点被截断，所以水平投影只保留这两条转向轮廓线的右边；截平面 Q 的水平投影在交线中间的部分不可见，故画成虚线。

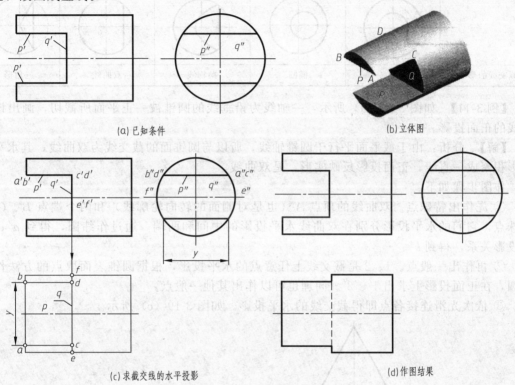

(a) 已知条件　　　　　　　　　　　　　　(b) 立体图

(c) 求截交线的水平投影　　　　　　　　　(d) 作图结果

图 3-18　切槽圆柱的投影

（2）圆锥的截交线

由于截平面与圆锥轴线的相对位置不同，截交线的形状也不同，可分为五种情况（见表 3-2）。

表 3-2　平面与圆锥的截交线

截平面的位置	垂直于轴线 $\theta = 90°$	倾斜于轴线 $\theta > \phi$	平行于一条素线 $\theta = \phi$	平行或倾斜于轴线 $\theta = 0°$ 或 $\theta < \phi$	过锥顶
立体图					

截平面的位置	垂直于轴线 $\theta=90°$	倾斜于轴线 $\theta>\phi$	平行于一条素线 $\theta=\phi$	平行或倾斜于轴线 $\theta=0°$或$\theta<\phi$	过锥顶
投影图	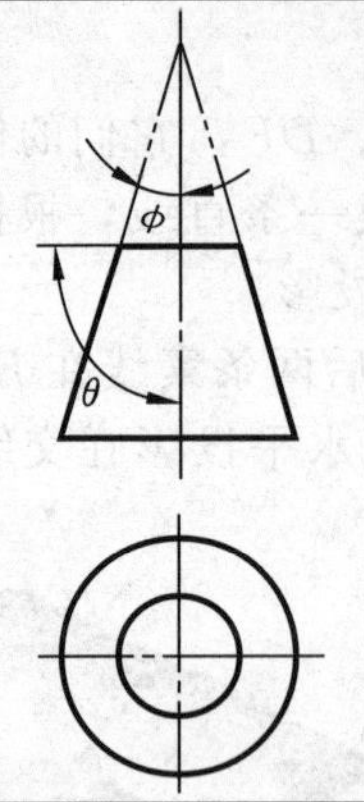	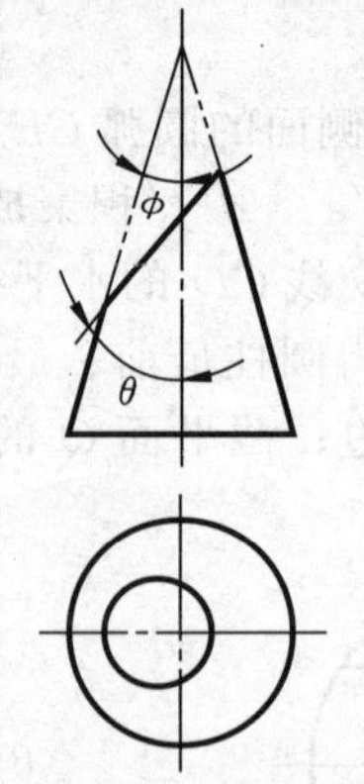	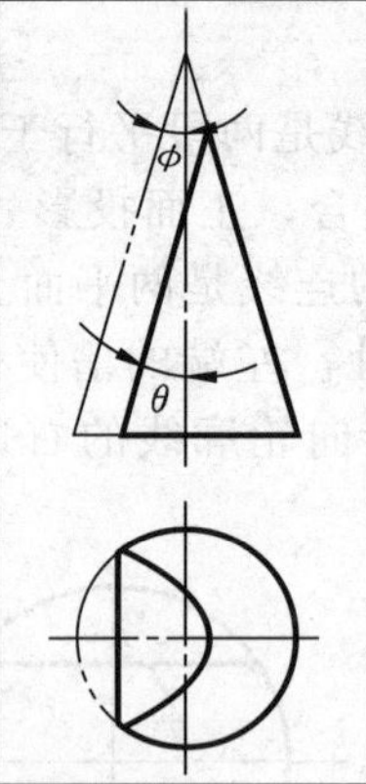	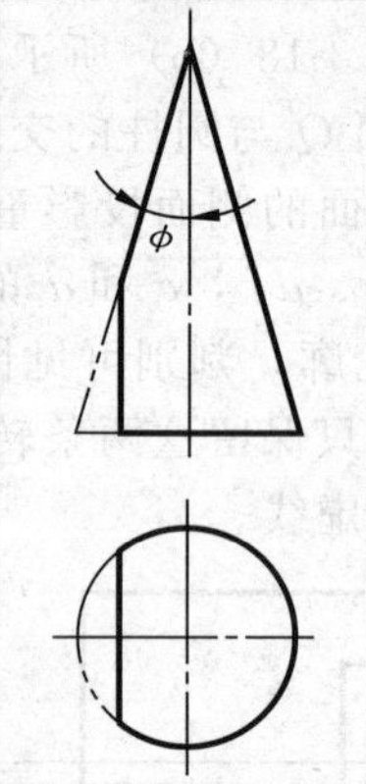	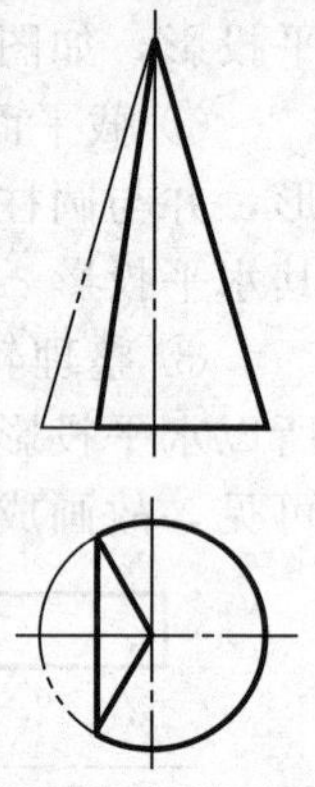
截交线的形状	圆	椭圆	抛物线	双曲线	三角形

【例 3-11】 如图 3-19（a）所示，一轴线为铅垂线的圆锥被一正平面所截切，画出该截交线的正面投影。

【解】 分析：由于截平面平行于圆锥轴线，所以与圆锥面的截交线为双曲线，其水平面投影积聚成一直线，正面投影反映实形，是双曲线。

作图步骤如下。

① 先作出特殊点。双曲线的顶点 A（也是对侧面的转向轮廓线）和两个端点 B、C 是特殊点，它们的水平投影分别在双曲线水平投影的中间和两端。通过作纬圆，得到 a'；利用投影关系，得到 b'、c'。

② 再作出一般点。1、2 是截交线上任意点的水平投影，根据圆锥表面取点的方法作辅助圆，在正面投影上求出 $1'$、$2'$。同理也可以作出其他一般点。

③ 依次光滑连接各点即得截交线的水平投影。如图 3-19（c）所示。

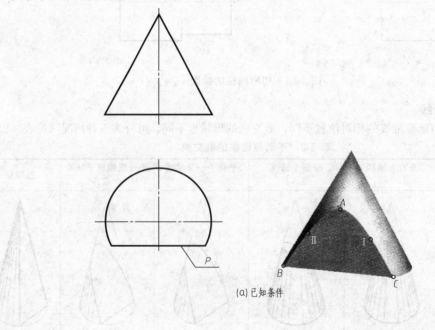

(a) 已知条件

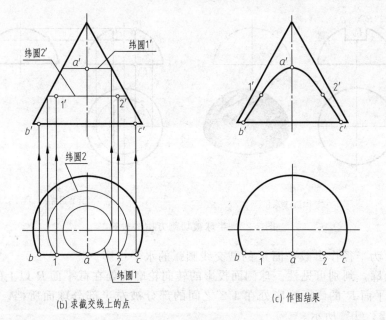

(b) 求截交线上的点   (c) 作图结果

图 3-19　圆锥的截交线

（3）球的截交线

平面与球的截交线是圆。当截平面平行于投影面时，截交线在该投影面上的投影反映实形，另两个投影积聚成直线，如图 3-20 所示。当截平面倾斜于投影面时，截交线在该投影面上的投影为椭圆。如图 3-21 所示为球被正垂面 P 截切之后的投影，截交线的正面投影积聚成直线，与 P_V 重合，水平投影和侧面投影均为椭圆。

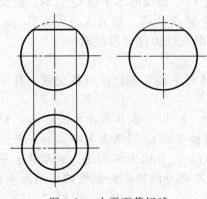

图 3-20　水平面截切球

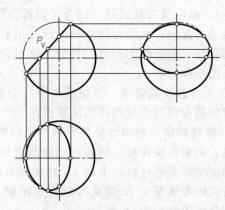

图 3-21　正垂面截切球

【例 3-12】　如图 3-22（a）所示，补全开槽半球的水平投影和侧面投影。

【解】　分析：球表面的凹槽由两个侧平面 P、Q 和一个水平面 R 切割而成，截平面 P、Q 各截得一段平行于侧面的圆弧，而截平面 R 则截得前后各一段水平的圆弧，截平面之间的交线为正垂线。

作图步骤如下。

① 以 $a'b'$ 为半径作出截平面 P、Q 的截交线圆弧的侧面投影（两平面重合），它与截平面 R 的侧面投影交于 $1''$、$2''$，根据 $1'$、$2'$ 和 $1''$、$2''$ 作出 1、2，直线 12 即为截平面 P 的水平积聚投影。同理作出截平面 Q 的水平投影。

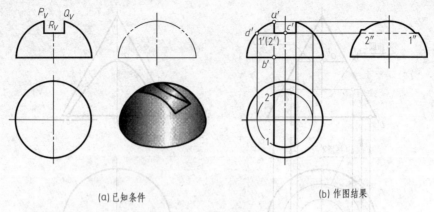

(a)已知条件　　　　　　　　　　　　(b)作图结果

图 3-22　半球被切割方槽的投影

② 以 $c'd'$ 为半径作出截平面 R 的截交线圆弧的水平投影。

③ 整理轮廓，判别可见性。球侧面投影的转向轮廓线处在截平面 R 以上的部分被截切，不必画出。截平面 R 的侧面投影处在 $1''2''$ 之间的部分被左半部分球面所挡，故画虚线。作图结果如图 3-22 (b) 所示。

(4) 组合回转体的截交线

组合回转体是由若干个基本回转体组成的，作图时首先要分析各部分的曲面性质，然后按照它的几何特性确定其截交线的形状，再分别作出其投影。

【例 3-13】 如图 3-23 (a) 所示，一个同轴的圆锥、圆柱组合成的回转体（顶尖头）被四个平面 P、Q、R、S 截切，画出这个组合回转体被切割后的水平投影并补全侧面投影。

【解】 分析：该顶尖头部被四个平面截切。其中，正垂面 P 斜切左端圆锥面（轴线为侧垂线），截交线为椭圆的一部分，圆锥面同时又被平行于轴线的水平面 Q 切割，截交线为双曲线的一部分；轴线为侧垂线的圆柱也被水平面 Q 和 S 截切，截交线均为矩形，正垂面 R 斜切圆柱，截交线为椭圆一部分。该组合回转体的截交线由这五段组成。

作图步骤如下。

① 作出各段截交线　分别求出每一个独立回转体被平面切割产生的截交线。其中，切割圆锥的截交线可由辅助纬圆法求点。

② 整理轮廓，判别可见性　截平面间的交线 DE、ⅠⅡ、ⅢⅣ 的水平投影 de、12、34 均可见，用粗实线连接。同轴的圆锥与圆柱的交线因被平面 Q 切割去上半部的一部分，但交线的下半部分还存在，所以 fg 之间画成虚线，而 fg 之外仍为粗实线。圆锥对水平面投影的转向轮廓线在 b、c 两点与截交线相切。b、c 以左部分的转向轮廓线被切割而不存在。作图结果如图 3-23 (c) 所示。

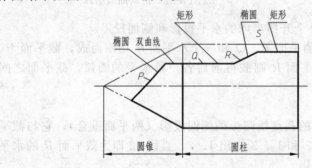
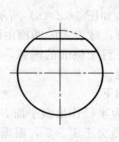

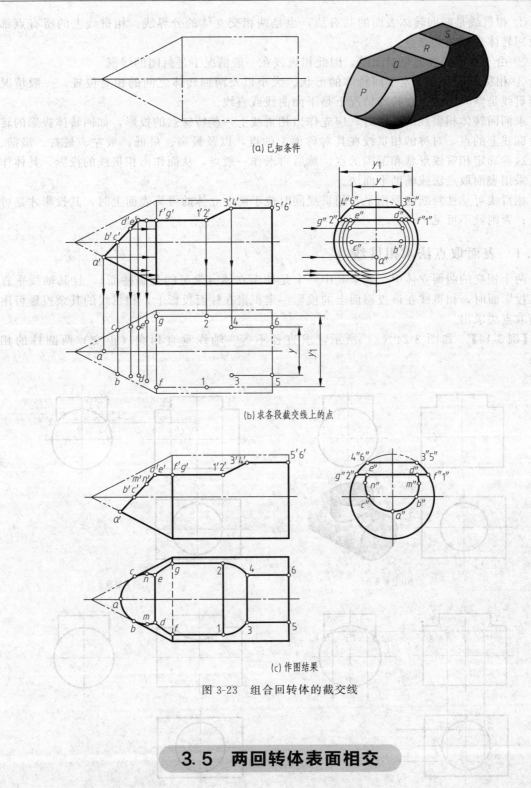

(a) 已知条件

(b) 求各段截交线上的点

(c) 作图结果

图 3-23　组合回转体的截交线

3.5　两回转体表面相交

　　相交两立体表面产生的交线称为相贯线。相贯线的形状取决于两相交立体的形状、大小及其相对位置。

　　相贯线具有下列基本性质。

① 相贯线是两回转体表面的共有线，也是两相交立体的分界线。相贯线上的所有点都是两回转体表面的共有点。

② 由于立体的表面是封闭的，因此相贯线在一般情况下是封闭的线框。

③ 相贯线的形状决定于回转体的形状、大小以及两回转体之间的相对位置。一般情况下相贯线是空间曲线，在特殊情况下是平面曲线或直线。

求两回转体相贯线的投影时，应先作出相贯线上一些特殊点的投影，如回转体投影的转向轮廓线上的点，对称的相贯线在其对称面上的点，以及最高、最低、最左、最右、最前、最后这些确定相贯线形状和范围的点，然后再求作一般点，从而作出相贯线的投影。具体作图可采用表面取点法或辅助平面法。

相贯线可见性判断的原则是：相贯线同时位于两个立体的可见表面上时，其投影才是可见的；否则就不可见。

3.5.1　表面取点法求相贯线

两个相交的曲面立体中，如果其中一个是柱面立体（常见的是圆柱面），且其轴线垂直于某投影面时，相贯线在该投影面上的投影一定积聚在柱面投影上，相贯线的其余投影可用表面取点法求出。

【例 3-14】　如图 3-24（a）所示，求直径不等、轴线垂直相交（正交）两圆柱的相贯线。

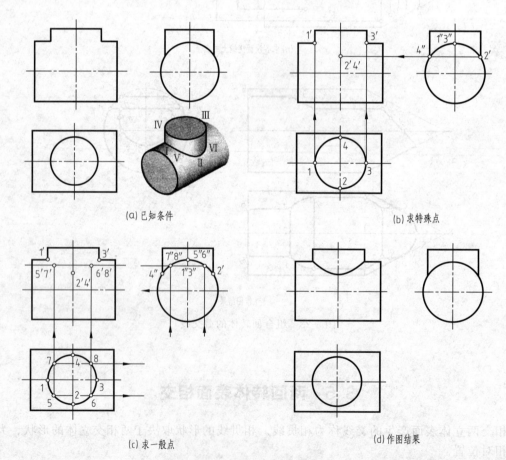

图 3-24　直径不等的两正交圆柱的相贯线

【解】　分析：由于两圆柱的轴线分别为铅垂线和侧垂线，两轴线垂直相交，其相贯线的水平投影就积聚在铅垂圆柱的水平投影圆上，侧面投影积聚在侧垂圆柱的侧面投影圆上。已知相贯线的两个投影即可求出其正面投影。

作图步骤如下。

① 求特殊点。先在相贯线的水平投影上定出 1、2、3、4 点，它们是铅垂圆柱最左、最右、最前、最后素线上的点的水平投影，再在相贯线的侧面投影上相应地作出 1″、2″、3″、4″。由这四点的两面投影，求出正面投影 1′、2′、3′、4′，可以看出，它们也是相贯线上的最高、最低点。

② 求一般点。在相贯线的水平投影上定出左右、前后对称的四点 5、6、7、8，求出它们的侧面投影 5″、6″、7″、8″；由这四点的两面投影，求出对应的正面投影 5′、6′、7′、8′。

③ 连接各点的正面投影，即得相贯线的正面投影。由于前半相贯线在两个圆柱的前半个圆柱面上，所以其正面投影 1′5′2′6′3′ 可见，而后半相贯线的正面投影 1′7′4′8′3′ 不可见，但与前半相贯线重合。

当两圆柱直径相差较大时，对于如图 3-24 所示的轴线垂直相交的两圆柱的相贯线，为了作图方便，常采用近似画法，即用一段圆弧代替相贯线，该圆弧的圆心在小圆柱的轴线上，半径为大圆柱的半径，如图 3-25 所示。

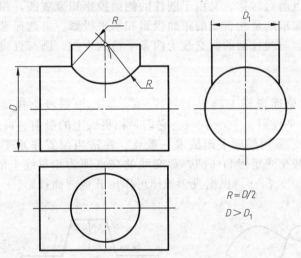

图 3-25　相贯线的近似画法

两轴线垂直相交的圆柱，在零件上是最常见的。两圆柱体相交有三种形式：两实心圆柱相交、圆柱孔与实心圆柱相交、两圆柱孔相交。圆柱体相交的常见三种形式如图 3-26 所示，其相贯线的分析和作图与例 3-14 相同。

从以上几种圆柱相贯线的作图结果可总结出以下规律。

① 当直径不等、轴线垂直相交的两圆柱相贯时，在圆柱面有积聚性的投影中，相贯线为已知，在两圆柱面均无积聚性的投影中（如图 3-26 所示的正面投影），相贯线待求。

② 相贯线总是发生在直径较小的圆柱周围（见图 3-26 正面投影）。

③ 相贯线总是向直径较大圆柱的轴线方向凸起（见图 3-26 正面投影）。

3.5.2　辅助平面法求相贯线

求两回转体相贯线比较普遍的方式是辅助平面法。所选择的辅助平面通常应为投影面的平行面或垂直面，并使得该面与两回转面交线的投影均为最简单的图线（直线段或圆）；每

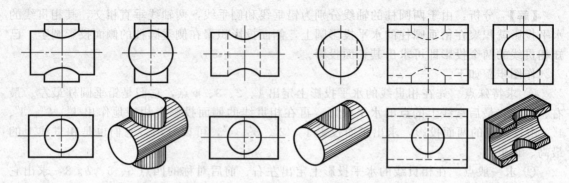

图 3-26　两圆柱相贯线的常见情况

一辅助平面截切该相贯体后所得的两组截交线的交点，是两回转体表面及截平面的共有点，即相贯线上的点；用多个辅助平面连续截切该相贯体，便可求得相贯线上一系列点的投影，最后将其连接成光滑的曲线。

【例 3-15】　如图 3-27（a）所示，求圆柱与圆锥的相贯线。

【解】　分析：圆柱与圆锥轴线垂直相交，相贯线为封闭的空间曲线。由于这两个立体前后对称，因此相贯线也前后对称。又由于圆柱的侧面投影积聚成圆，相贯线的侧面投影也必然重合在这个圆上。需求的是相贯线的正面投影和水平投影。可选择水平面作辅面平面，与圆锥面的截交线为圆，与圆柱面的截交线为两条平行的素线，圆与直线的交点即为相贯线上的点。

作图步骤如下。

① 求特殊点　在侧面投影上确定 1″、2″、3″、4″，根据投影规律，确定正面投影 1′、2′、3′、4′，再作出水平投影 1、2、3、4。它们是相贯线上的最前、最后、左、最右点。

② 求一般位置点　采用辅助平面法求一般点。在适当位置作水平面 P，该水平面与圆柱、圆锥相交得一组截交线矩形和纬圆，截交线的交点即为相贯线上的一般点 Ⅴ、Ⅵ、Ⅶ、Ⅷ，其水平投影为 5、6、7、8，根据投影规律可作出其他两面投影。

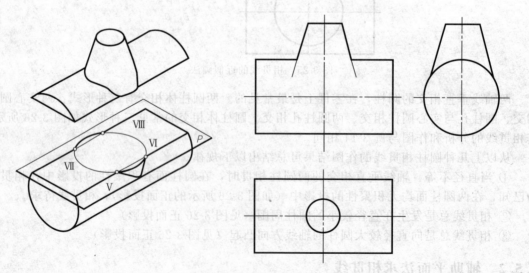

(a) 已知条件

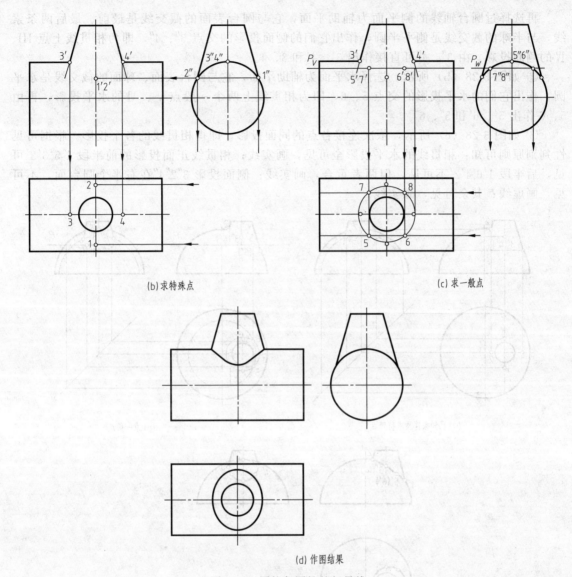

(b) 求特殊点　　　　　　　　　　　(c) 求一般点

(d) 作图结果

图 3-27　圆柱与圆锥的相贯线

③ 依次连接各点的同面投影　根据可见性判别原则可知，相贯线位于圆锥面和上半个圆柱面上，所以相贯线的正面投影和水平投影均可见。如图 3-27（d）所示。

【例 3-16】　如图 3-28（a）所示，求圆台与半球的相贯线

【解】　分析：从已知条件可以看出，圆台的轴线不通过球心，但圆台和球前后对称，相贯线是一条前后对称的封闭的空间曲线，前半段相贯线与后半段相贯线的正面投影重合。由于两个立体表面都没有积聚性投影，故其投影可采用辅助平面法求出。根据选择辅助平面的原则，对圆台而言，应选择通过圆台延伸后的锥顶或垂直于圆台轴线的平面；对球而言，应选择投影面的平行面。综合这两种情况，辅助平面除了可选择过圆台轴线的正平面和侧平面外，还应选择水平面。

作图步骤如下。

① 如图 3-28（a）所示，选择过圆台轴线的正平面为辅助平面，它与圆台表面相交于最左、最右两条素线，与球面相交于平行于正面的大圆，在它们的正面投影的相交处，作出相贯线上点Ⅰ、Ⅱ的正面投影 1′、2′，由 1′、2′ 可直接作出 1、2 和 1″、2″。

再选择过圆台轴线的侧平面为辅助平面，它与圆台表面的截交线是最前、最后两条素线，与半球的截交线是侧平半圆，作出它们的侧面投影的交点 3″、4″，即为相贯线上点 III、IV 的侧面投影。由 3″、4″可直接作出 3′、4′和 3、4。

② 如图 3-28（b）所示，选择水平面为辅助平面，它与圆台表面、球面的截交线是水平圆，作出它们的水平投影的交点 5、6，即为相贯线上两个一般点 V、VI 的水平投影，再由 5、6 作出 5′、6′和 5″、6″。

③ 如图 3-28（c）所示，依次连接各点的同面投影，即得相贯线的各个投影。根据可见性判别原则可知：相贯线的水平投影全可见，画实线；相贯线正面投影的前半段 1′5′3′2′ 可见，后半段 1′6′4′2′不可见，但两者重合，画实线；侧面投影 3″2″4″在右半个圆台面，不可见，画虚线；其余可见，画实线。

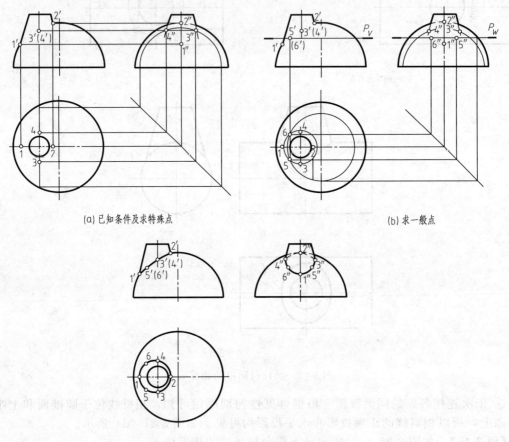

(a) 已知条件及求特殊点　　　　　　　　　　(b) 求一般点

(c) 作图结果

图 3-28　圆台与半球的相贯线

3.5.3　相贯线的特殊情况

在一般情况下，两回转体的相贯线是空间曲线，但在某些特殊情况下，也可能是平面曲线或直线。

① 两回转体轴线相交，且平行于同一投影面，若它们能公切于一个球，则相贯线是垂直于这个投影面的椭圆。

如图 3-29 所示，圆柱与圆柱、圆柱与圆锥、圆锥与圆锥相交，其轴线都分别相交，且平行于正面，并公切一个球，因此它们的相贯线都是垂直于正面的两个椭圆，连接它们正面投影的转向轮廓线的交点，得到两条相交直线，即为相贯线的正面投影。

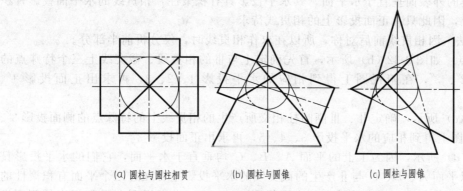

(a) 圆柱与圆柱相贯 (b) 圆柱与圆锥 (c) 圆柱与圆锥

图 3-29 圆柱、圆锥公切同一个球面的相贯线

② 两个同轴回转体的相贯线是垂直于轴线的圆，如图 3-30 所示。

③ 轴线平行的两圆柱的相贯线是两条平行的素线，如图 3-31 所示。

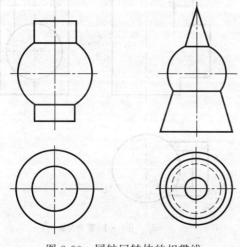

图 3-30 同轴回转体的相贯线

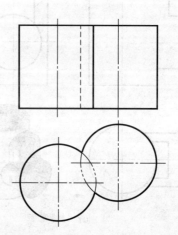

图 3-31 轴线平行的两圆柱的相贯线

3.6 多个立体表面相交

  三个或三个以上的立体相交，其表面形成的交线常称为组合相贯线。组合相贯线由几段相贯线组成，相贯体上每两个立体相贯产生一段相贯线，各段相贯线的连接点，则是相贯体上三个表面的共有点。因此，在画组合相贯线时，需要分别求出两两立体的相贯线、连接点，再综合考虑其组合相贯线。

  【例 3-17】 如图 3-32（a）所示，求组合相贯线。

  【解】

  ① 空间情况和投影分析 从图 3-32（a）可见，该相贯体由Ⅰ、Ⅱ、Ⅲ三部分组成，其中Ⅰ、Ⅱ是轴线垂直相交的两圆柱体，它们的表面相交产生相贯线。Ⅰ为带有半圆柱面的柱体，Ⅰ的左端面 A 和侧表面 B、C 均为平面，它们与Ⅱ相交产生的交线为求截交线的问题；Ⅰ上的侧表面 B、C 与Ⅲ相交产生的交线也是求截交线的问题；Ⅰ上的圆柱面与Ⅲ相交产生

相贯线。其中Ⅰ、Ⅱ的外表面垂直于侧面，故其侧面投影具有积聚性，相贯线的侧面投影皆积聚在其上。Ⅲ的外表面垂直于水平面，其水平投影具有积聚性，相贯线的水平面投影皆积聚在一段圆弧上，因此只有正面投影上的相贯线待求。

② 作图方法　因相贯线前后对称，所以在求作相贯线时，仅分析前半部分。

a. 求特殊点　如图 3-32（b）所示，首先确定Ⅰ与Ⅲ的相贯线、截交线上三个特殊点的侧面投影 1″、2″、3″，在俯视图上得到相应的水平投影 1、2、3，再求出正面投影 1′、2′、3′。

如图 3-32（c）所示，确定Ⅱ、Ⅲ俩圆柱相交所产生的相贯线上的特殊点的侧面投影 3″、4″、5″，在俯视图上得到相应的水平投影 3、4、5，再求出正面投影 3′、4′、5′。

如图 3-32（d）所示，因为Ⅰ上的平面 A、B、C 均垂直于水平面，它们的水平投影具有积聚性，所以平面 A、B、C 与Ⅱ产生的截交线的水平投影重合在这三个平面有积聚性的投影上。首先确定截交线上三个特殊点的水平投影 3、6、7，在左视图上得到相应的侧面投影 3″、6″、7″，再求出正面投影 3′、6′、7′。连接点 3′ 已在特殊点中求得。

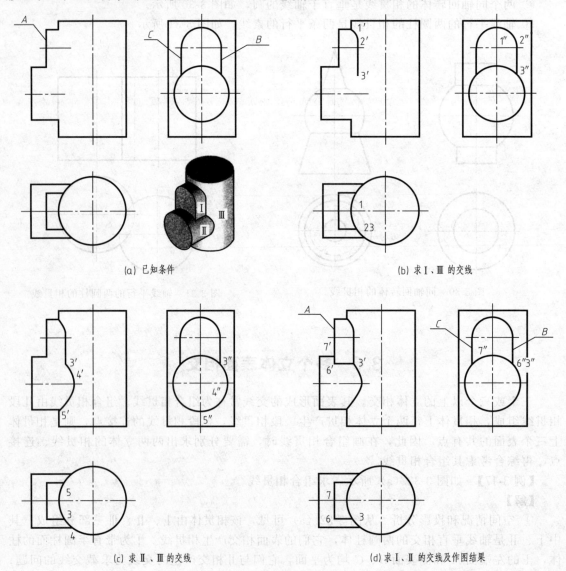

图 3-32　组合相贯线

b. 求一般点　求一般点的方法同前，本例略。

c. 连接各段相贯线，完成作图　按顺序连接主视图上各点，得相贯线的正面投影。作图结果如图 3-32（d）所示。

对于此类问题，一般是将参与相贯的各个单体两两之间的交线求出，最后考虑各单体之间的连接关系。

第4章

组合体的视图与尺寸标注

由两个以上的基本几何形体组成的较复杂的物体，称为组合体。在实践中机器的零部件可以看成是组合体。任何组合体总可以分解成若干个基本几何形体。本章将在前面所学知识的基础上，进一步研究如何应用正投影基本理论，解决组合体画图、读图及尺寸标注等问题。

4.1 组合体的分析

4.1.1 组合体的组合方式

组合体的组成方式有切割和叠加两种形式。常见的组合体则是这两种方式的综合。如图4-1所示的立体是叠加式组合体，它由长方体、三棱柱、圆柱筒叠加而成；如图4-2所示的立体是切割式组合体，它是长方体被U形槽、圆柱孔切割而形成的。

图4-1 叠加式组合体

图4-2 切割式组合体

4.1.2 组合体的表面连接关系

从组合体的整体来看，构成组合体的各基本体之间有一定的相对位置，并且相邻表面之间也存在一定的连接关系。其形式一般可分为平齐（共面）、相错、相切、相交等情况。

（1）平齐

当两基本体的表面平齐时，两表面为共面，因而视图上两基本体之间无分界线，如图4-3所示。

（2）相错

当两基本体的表面不平齐（相错）时，视图上两基本体之间必须画出它们的分界线，如图4-4所示。

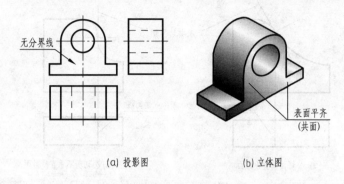

(a) 投影图 　　　　　(b) 立体图

图 4-3　表面平齐

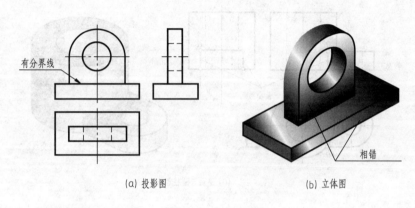

(a) 投影图 　　　　　(b) 立体图

图 4-4　表面相错

（3）相切

当两基本体的表面相切时，两表面在相切处光滑过渡，不应画出切线，如图 4-5 所示。

当两曲面相切时，则要看两曲面的公切面是否垂直于投影面。如果公切面垂直于投影面，则在该投影面上相切处要画线，否则不画线，如图 4-6 所示。

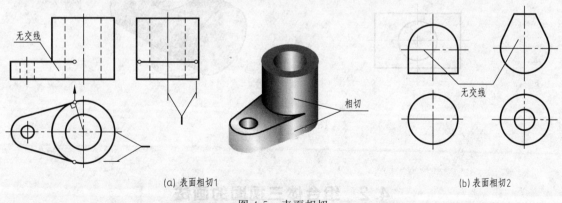

(a) 表面相切1　　　　　　　　　　　　　　　　(b) 表面相切2

图 4-5　表面相切

（4）相交

当两基本形体的表面相交时，相交处会产生不同形式的交线，在视图中应画出这些交线的投影，如图 4-7 所示。

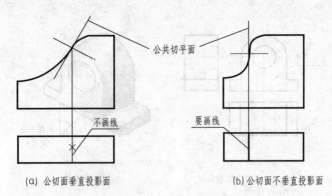

(a) 公切面垂直投影面　　　　　　(b) 公切面不垂直投影面

图 4-6　两曲面相切

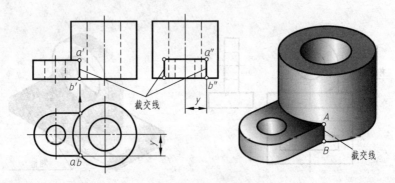

(a) 平面与圆柱相交

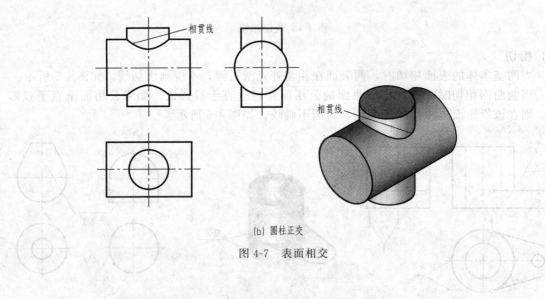

(b) 圆柱正交

图 4-7　表面相交

4.2　组合体三视图的画法

4.2.1　画组合体三视图的方法和步骤

(1) 形体分析

画图之前，首先应对组合体进行形体分析。形体分析法是解决组合体问题的基本方法。

所谓形体分析，就是假想将组合体按照其组成方式分解为若干基本形体，以便弄清楚它们的形状、相对位置和表面间的连接关系。这种分析方法称为形体分析法。

如图 4-8（a）所示，支座由底板（有两个圆形通孔）、圆柱筒、支承板和肋板四部分组成。其中，底板位于组合体的下部，起垫板的作用，它的右、后、上方是一圆柱筒；支承板与底板的后侧面共面平齐，上侧面与圆柱筒相切，右端与肋板相交；肋板与底板靠右侧面共面平齐，其上面与圆柱筒相交，起支撑作用，如图 4-8（b）所示。

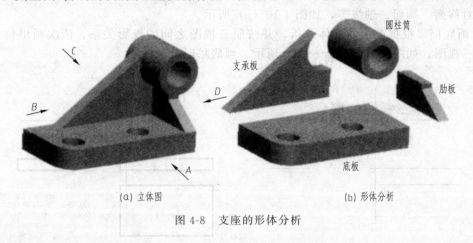

| (a) 立体图 | (b) 形体分析 |

图 4-8　支座的形体分析

（2）选择视图

选择视图首先要确定主视图。主视图方向确定后，其他视图的方向则随之确定。主视图的选择原则一般是：

① 正放原则　将组合体的主要表面或主要轴线放置在与投影面平行或垂直的位置。

② 形状特征原则　以最能反映该组合体各部分形状和相对位置特征的方向为主视图方向。

③ 清晰性原则　使主视图和其他两个视图上的虚线尽量少一些。

④ 其他原则　例如，尽量使画出的三视图长大于宽，这样既能符合习惯思维，也能突出主视图。

如图 4-8 所示支座，从前、后、左、右四个不同方向投影得到的视图如图 4-9 所示。经比较发现，"A"视图优于"C"视图，因为"C"视图上虚线多；"D"视图优于"B"视图，因为若"B"视图为主视图，则"C"视图为主视图，虚线较多；"A"视图和"D"视图都能比较好地反映支座各部分的形状特征，从图纸的使用来看，若"D"视图为主视图则画出的三视图长小于宽，适合选用竖放图纸，而以"A"视图为主视图画出的三视图长大于宽，适合选用横放图纸，显然应当选择"A"视图作为支座的主视图。这样，主视图确定了，其他视图也就随之确定了。

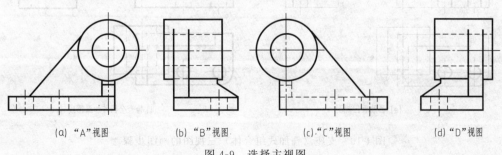

| (a)"A"视图 | (b)"B"视图 | (c)."C"视图 | (d)"D"视图 |

图 4-9　选择主视图

(3) 确定比例与图纸幅面

　　根据组合体的复杂程度和尺寸大小，应选择国家标准规定的比例和图纸幅面。在选择时，应充分考虑到视图、尺寸、技术要求及标题栏的大小和位置等。

(4) 画图

　　① 布置视图，画作图基准线　根据组合体的总体尺寸，通过简单计算将各视图均匀地布置在图框内。各视图位置确定后，用细点画线或细实线画出作图基准线。作图基准一般为底面、对称面、端面、轴线等，如图 4-10（a）所示。

　　② 画底稿　根据前面的形体分析，并按照三视图之间的投影关系，依次画出每个基本形体的三视图，如图 4-10（b）～（e）所示。画底稿时应注意：

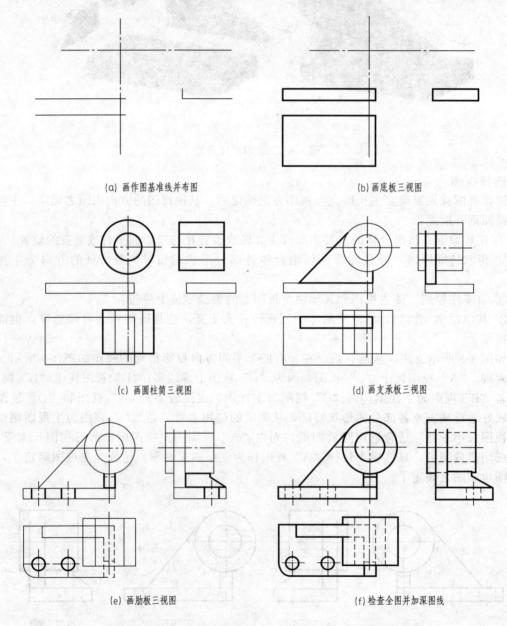

图 4-10　支座（叠加式组合体）三视图的画图步骤

　　a. 在画各基本形体的视图时，应先画主要形体，后画次要形体，如图中先画底板和圆柱筒，后画支承板、肋板。

　　b. 画每一个基本形体时，一般应该将三个视图对应着一起画。先画反映实形或有形状特征的视图，再按投影关系画其他视图，如图中底板先画俯视图，圆柱筒先画主视图，支承板先画主视图等。尤其要注意必须按投影关系正确地画出平齐、相切和相交处的投影，如图4-10（d）、（e）所示。

　　c. 画每一个基本形体时，先画粗略轮廓，后画细节结构；先画可见的部分，后画不可见的部分。

　　③ 检查、描图　检查底稿，改正错误，擦去多余图线，然后再描深，完成作图，如图4-10（f）所示。

4.2.2　画图举例

　　【例 4-1】　画出切割型组合体的三视图，如图 4-11（a）所示。

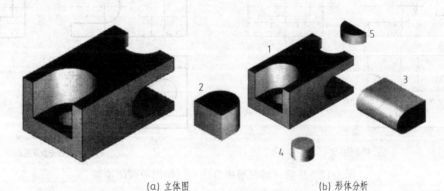

(a) 立体图　　　　　　　　　　　　(b) 形体分析

图 4-11　切割型组合体

　　【解】　如图 4-11（a）所示的物体，可以看作是由长方体 1 经过切割，切去基本体 2、3、4、5 而成的，如图 4-11（b）所示。它的形体分析方法及画图步骤与前面讲述的方法基本相同，只不过是各个基本体是一块块"切割"下来的，而不是"叠加"上去的。

　　作图时由一个简单的投影开始，按切割的顺序逐次画完全图。切割型组合体的画图过程如图 4-12 所示。

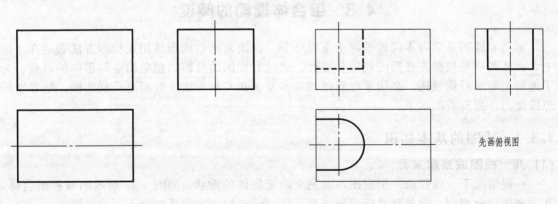

(a) 画长方体1的三视图　　　　　　　　　　　　(b) 切去形体2

图 4-12

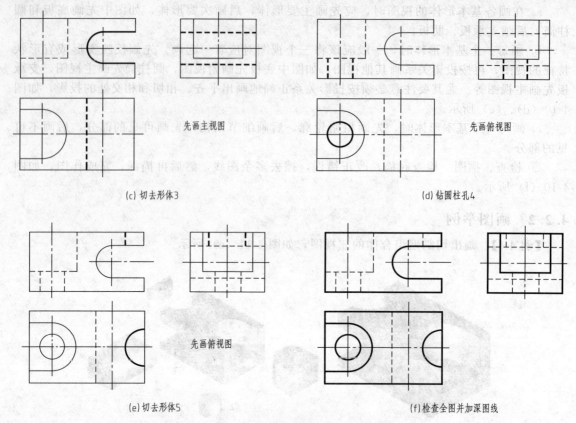

(c) 切去形体3   先画主视图

(d) 钻圆柱孔4   先画俯视图

(e) 切去形体5   先画俯视图

(f) 检查全图并加深图线

图 4-12 压块（切割型组合体）三视图的画图步骤

画切割型组合体三视图时应注意：

① 认真分析物体的形成过程，确定切面的位置和形状。

② 作图时应先画出切面有积聚性的投影，再根据切面与立体表面相交的情况画出其他视图。

③ 如果切平面为投影面垂直面，该面的另两投影应为类似形。

4.3 组合体视图的阅读

画图和读图是学习本课程的两个重要环节。画图是把空间形体用正投影方法表达在平面上，而读图则是根据正投影的规律和特性，通过对视图的分析，想象出空间形体的过程。为了能够正确地看懂视图，必须掌握看图的基本要领和基本方法，并通过反复实践，培养空间思维能力，提高看图水平。

4.3.1 读图的基本知识

(1) 几个视图联系起来看

一般情况下，仅仅由一个视图不能完全确定物体的形状。如图 4-13 所示的四种组合体，其主视图完全相同，但是联系俯视图来看，就知道它们表达的是四个不同的立体。

如图 4-14 所示的三组视图，它们的主、左视图都相同，但也表示了三种不同形状的物体。

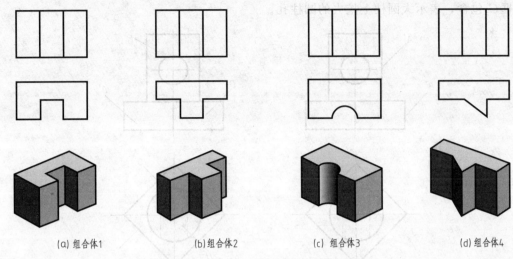

(a) 组合体1　　(b) 组合体2　　(c) 组合体3　　(d) 组合体4

图 4-13　一个视图不能确定物体的形状

由此可见，读图时，一般都要将几个视图联系起来阅读、分析和构思，才能弄清物体的形状。

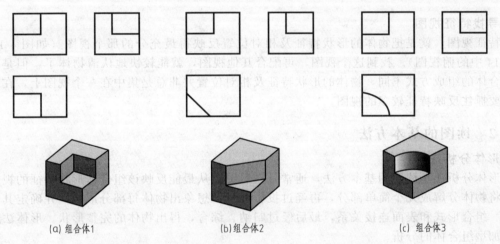

(a) 组合体1　　　　(b) 组合体2　　　　(c) 组合体3

图 4-14　几个视图联系起来看才能确定物体的形状

(2) 明确视图中线框和图线的含义

① 视图上的图线　视图上每条图线的含义可能是：

a. 曲面体的轮廓素线　如图 4-15 (a) 中的 A' 表示圆柱面的最左轮廓素线。

b. 两表面的交线　如图 4-15 (a) 中的 B' 表示四棱柱两侧面的交线。

c. 垂直面的积聚投影　如图 4-15 (a) 俯视图中四边形的四个边表示四棱柱四个侧面的积聚性投影；圆表示圆柱面的积聚性投影。

② 视图上的线框。

a. 视图上一个封闭的线框　表示物体上的一个表面 (平面或曲面)。如图 4-15 (b) 中的线框 C' 表示四棱柱的侧面。

b. 视图上相邻的两个封闭线框　一般情况下表示物体上位置不同的面。如图 4-15 (b) 中的线框 C' 与 D' 表示两个相交的表面；线框 C' 与 E' 表示的两个表面一前一后。

c. 视图上一个大封闭线框内所包含的各个小线框　一般情况下表示物体上的凸、凹关系或通孔。如图 4-15 (b) 中的线框 G 被线框 F 包含，表示四棱柱上凸起的圆柱；线框 H

被线框*G*包含，表示大圆柱上挖去的圆柱孔。

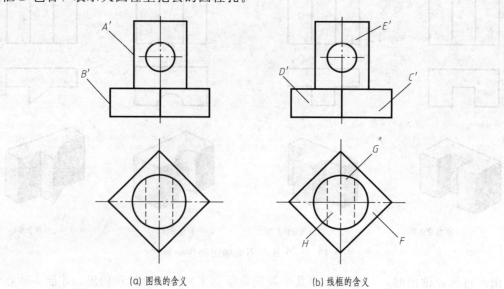

(a) 图线的含义　　　　　　　　　　(b) 线框的含义

图 4-15　图线和线框的含义

(3) 寻找特征视图

特征视图，就是把物体的形状特征及相对位置反映得最充分的那个视图（如图 4-13 和图 4-14 中的俯视图）。找到这个视图，再配合其他视图，就能较快地认清物体了。但是，由于组合体的组成方式不同，物体的形状特征及相对位置并非总是集中在一个视图上，在读图时，要抓住反映特征较多的视图。

4.3.2　读图的基本方法

(1) 形体分析法

形体分析法是读图的基本方法，通常是在看图时从最能反映该组合体形状特征的视图着手，将物体分解成几个简单部分，再经过投影分析，想象出物体每部分形状，并确定其相对位置、组合形式和表面连接关系，最后经过归纳、综合，得出物体的完整形状。形体法适用于叠加型组合体的分析。

【例 4-2】　读轴承座的三视图，如图 4-16 所示。

【解】　读图一般步骤如下。

① 抓住特征部分，从视图中分离出表示各基本形体的线框　如图 4-16 所示，主视图反映形体Ⅰ、Ⅱ的形状特征，左视图反映形体Ⅲ的形状特征，可将轴承座大致分为三部分，如图 4-16 (a) 所示。

② 根据投影想形状　将物体分解为几个组成部分之后，就应从体现每部分特征的视图出发，依据三等关系，在其他视图中找出对应投影，经过分析，想象出每部分的形状。

形体Ⅰ从主视图出发，根据三等关系，在其他视图中找出对应投影，经过分析，可知形体Ⅰ为长方体上部切掉一个半圆柱。经过同样的分析，形体Ⅱ为三棱柱。形体Ⅲ从左视图出发，结合主、俯视图中的对应投影，则为 L 型矩形板，钻有两个圆柱孔。如图 4-16 (b) ~ (d) 所示。

③ 综合起来想整体　想象出每部分的形状之后，再根据三视图搞清楚形体间的相对位置、组合形式和表面连接关系等，综合想出物体的完整形状。

通过对三视图的分析，可知长方体Ⅰ在底座Ⅲ上方，左右居中且靠后；肋板Ⅱ在长方体

Ⅰ左右两侧；三个形体后面均平齐，如图 4-16（e）所示。

一般情况下，用形体分析法看图能解决看图时所遇到的大多数问题，但是对于局部投影复杂之处，就需逐一分析线、面来认识物体。

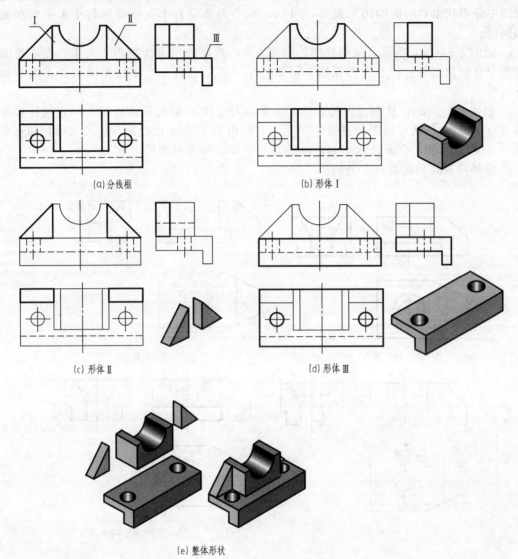

(a) 分线框　　　　　　　　　　　　　　　(b) 形体Ⅰ

(c) 形体Ⅱ　　　　　　　　　　　　　　　(d) 形体Ⅲ

(e) 整体形状

图 4-16　轴承座的读图方法

(2) 线面分析法

线面分析法读图，就是运用投影规律，通过对物体表面的线、面等几何要素进行分析，确定物体的表面形状、面与面之间的位置及表面交线，从而想象出物体的整体形状。线面分析法适用于切割型组合体的分析。

【例 4-3】　读压块的三视图，如图 4-17（a）所示。

【解】　读图一般步骤如下。

① 进行形体分析　压块三视图的外形均是有缺角和缺口的矩形，可初步认定该物体是由长方体切割而成且中间有一个阶梯圆柱孔。

② 进行线面分析　当物体被特殊平面切割时，视图上要较明显地反映切口的位置特征，并以此为依据，分清被切平面的空间位置。

a. 如图 4-17（a）所示，主视图左上方的缺角是用正垂面切出的；俯视图左端的前、后缺角是用铅垂面切出的；左视图下方前、后的缺块，是用正平面和水平面切出的。

b. 如图 4-17（b）所示，从主视图的斜线 a'（正垂面的积聚性投影）入手，在俯视图及左视图中分别找出对应的四边形投影，可知，A 平面是垂直于正面而倾斜于水平面和侧面的四边形。

c. 如图 4-17（c）所示，从俯视图的斜线 b（铅垂面的积聚性投影）入手，在主视图及左视图中分别找出对应的七边形投影，可知，B 平面是垂直于水平面而倾斜于正面和侧面的五边形。

d. 如图 4-17（d），从左视图的直线 c'' 入手，对应出 C 面的正面投影（一直线）和水平投影（矩形实形）；从左视图的直线 d'' 入手，对应出 D 面的正面投影（矩形实形）和水平投影（一直线）。可知，C 面是水平面，D 面是正平面，均为四边形。

e. 阶梯圆柱孔请读者自己分析。

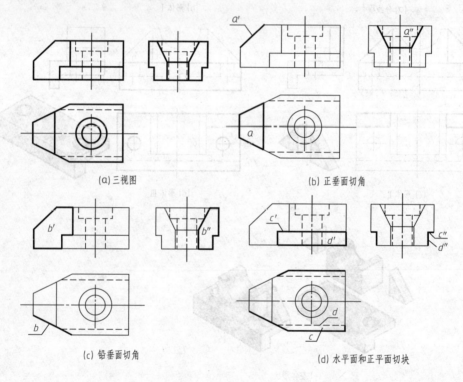

(a) 三视图　　　　　　　　　　　(b) 正垂面切角

(c) 铅垂面切角　　　　　　　　　(d) 水平面和正平面切块

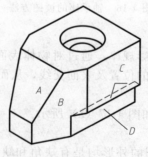

(e) 整体形状

图 4-17　压块的读图方法

③ 综合起来想整体　搞清楚各面的空间位置及几何形状之后，还应通过三视图对面与面之间的相对位置及其他细节做进一步的分析，进而综合出物体的完整形状，如图 4-17（e）所示。

通过以上的分析可知，看图时以形体分析法为主分析物体的大致形状与结构，以线面分析法为辅分析视图中难以看懂的线与线框，两者应有机地结合在一起。

(3) 由组合体的两视图补画第三视图

在看图练习中，常常要求由已知的两个视图补画第三个视图，这是检验和提高看图能力的方法之一，也是发展空间想象和思维能力的有效途径。

【例 4-4】　已知组合体的主视图、左视图如图 4-18（a）所示，补画俯视图。

【解】　① 将两个视图联系起来看，可看出该组合体由三部分组成，划分线框如图 4-18（a）所示。

② 想象各基本体的形状，分析基本体之间的相对位置，逐步补画俯视图。

a. 底板Ⅰ　根据已知条件，可判断出底板Ⅰ是长方体，根据三视图对应关系，画出底板的俯视图，如图 4-18（b）所示。

b. 架体Ⅱ　根据已知，架体在底板上方，且两者后面是平齐的，由反映圆柱特征的左视图可判断出架体上半部分为带孔的半圆柱，下半部分为矩形板，宽度等于上面大圆柱的直径，由主视图可得，该架体左右对称。据此，画出其俯视图，如图 4-18（c）所示。

c. 肋板Ⅲ　由左视图可判断肋板是三棱柱肋板，根据三视图投影关系，画出其俯视图，如图 4-18（d）所示。

③ 检查有无漏画或多余图线，按规定线型加深，完成该题。

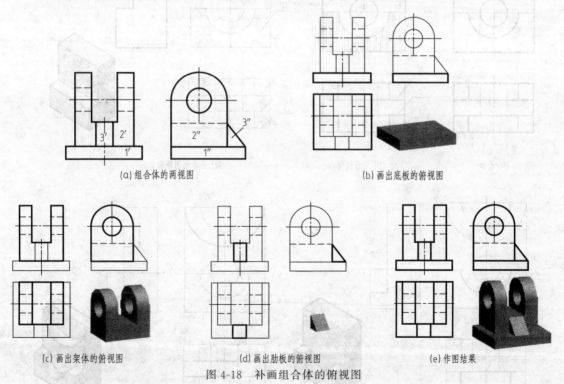

(a) 组合体的两视图　　　　　　　　　　(b) 画出底板的俯视图

(c) 画出架体的俯视图　　　　(d) 画出肋板的俯视图　　　　(e) 作图结果

图 4-18　补画组合体的俯视图

【例 4-5】　已知组合体的主视图、俯视图如图 4-19（a）所示，补画左视图。

【解】　①将两个视图联系起来看，可知该组合体是长方体经过切割形成的，将主视图划分线框，如图 4-19（b）所示。

② 运用线面分析法，对组合体进行形体分析，逐步补画左视图。如图 4-19（b）所示，封闭线框 a'、b'、c' 在俯视图中没有对应的类似形，所以它们的水平投影应积聚为直线；在主视图中的 a'、b'、c' 三个线框相邻，代表它们在不同的面上，同时根据它们在主视图中的高低位置，可以判断出该三个线框的俯视图应为直线 a、b、c，表示它们是三个互相平行的正平面。该组合体被分成前、中、后三层：前层和后层被切割去一块直径较小的半圆柱体，这两个半圆柱体的直径相等；中间被切割去一块直径较大的半圆柱体，直径与组合体等宽；另外，在中后层有一个圆柱形的通孔。画出其左视图，如图 4-19（c）～（g）所示。

③ 检查有无漏画或多余图线，按规定线型加深，完成该题，如图 4-19（h）所示。

【例 4-6】 已知座体的主视图、俯视图如图 4-20（a）所示，补画左视图。

【解】 ① 将两个视图联系起来看，划分线框，如图 4-20（a）所示。

② 对座体进行形体分析，逐步补画左视图。封闭线框 a'、b'、c' 在俯视图中分别对应 a、b、c，得知 A 是圆柱被正平面、U 形槽、圆柱孔切割而形成的；B 是长方体被 U 形槽切割而形成的，B 有两块，关于轴线对称分布在支座的左右两侧；C 是 U 形块被 U 形槽、圆柱孔切割而形成的。画图过程如图 4-20（a）～（d）所示。

③ 将三部分叠加，注意分析叠加时每个部分之间的连接关系，完成画图，如图 4-20（e）所示。

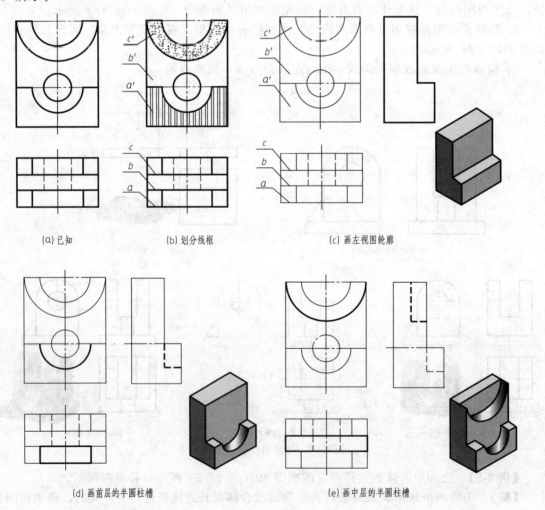

(a) 已知　　　　(b) 划分线框　　　　(c) 画左视图轮廓

(d) 画前层的半圆柱槽　　　　(e) 画中层的半圆柱槽

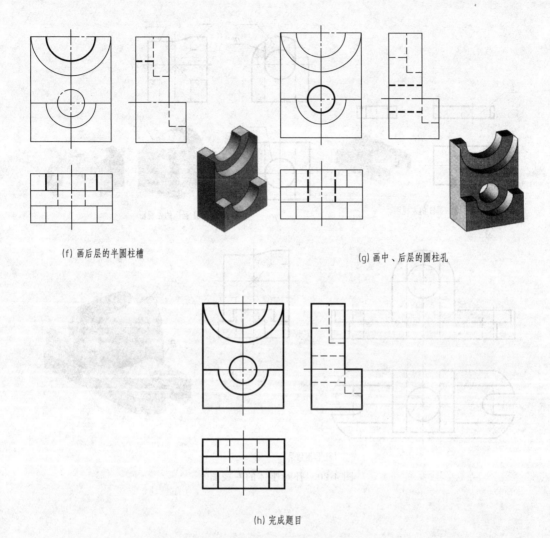

(f) 画后层的半圆柱槽

(g) 画中、后层的圆柱孔

(h) 完成题目

图 4-19　补画组合体的左视图

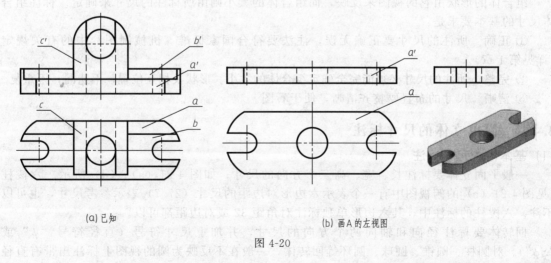

(a) 已知

(b) 画A的左视图

图 4-20

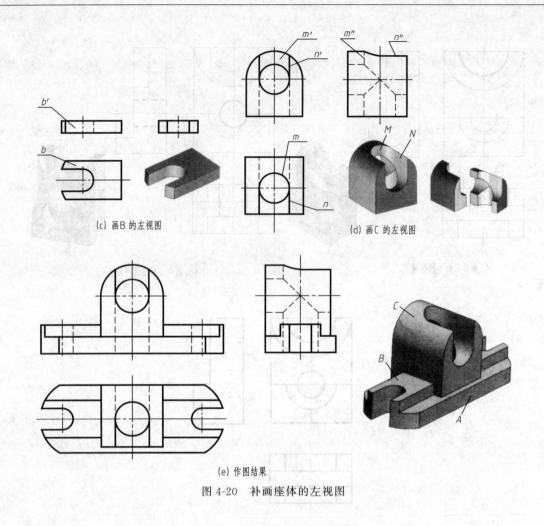

(c) 画B的左视图

(d) 画C的左视图

(e) 作图结果

图 4-20　补画座体的左视图

4.4　组合体视图的尺寸标注

　　组合体的形状由它的视图来反映，而组合体的大小则由所标注的尺寸来确定。标注组合体尺寸的基本要求是：

　　① 正确　所注的尺寸要正确无误，注法要符合国家标准《机械制图》中的有关规定（详见第1章）。

　　② 完整　所注的尺寸必须能完全确定组合体的大小、形状及相互位置，不遗漏，不重复。

　　③ 清晰　尺寸的布置要整齐清晰，便于看图。

4.4.1　简单立体的尺寸标注

(1) 基本体的尺寸标注

　　一般平面立体要标注长、宽、高三个方向的尺寸；如图 4-21（a）～（d）所示。六棱柱[见图 4-21（c）]的俯视图中有一个表示六边形对边距的尺寸（27.7）表示参考尺寸，也可以不注。六棱柱的标注中，其六边形单独标注对角距 32 或对边距都可以。

　　回转体要标注径向和轴向两个方向的尺寸，并加上尺寸符号（直径符号"ϕ"或"$S\phi$"）。对圆柱、圆锥、圆球、圆环等回转体，一般在不反映为圆的视图上标注出带有直径符号的直径和轴向尺寸，就能确定它们的形状和大小，其余视图可省略不画。如图 4-21（e）～（h）所示。

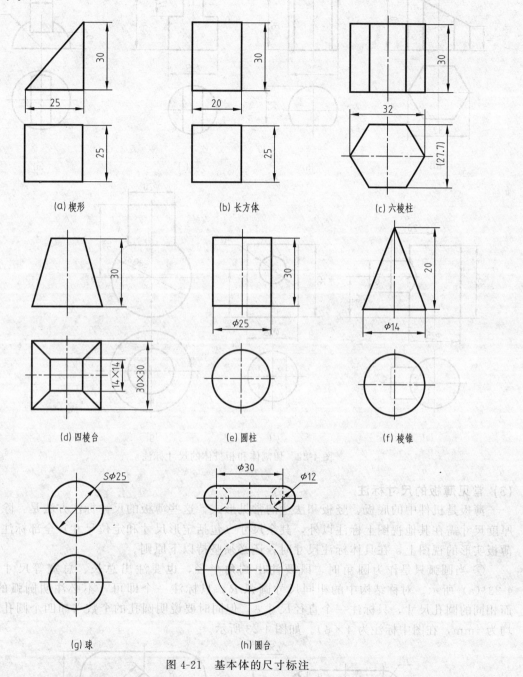

图 4-21　基本体的尺寸标注

（2）切割体和相贯体的尺寸标注

在标注切割体的尺寸时，除了需标注基本几何体的尺寸大小外，还应标注截平面的定位尺寸，不应标注截交线的大小尺寸。因为截平面与几何体的位置确定之后，截交线的形状和大小就确定了，若再注其尺寸，即属错误尺寸。如图 4-22（a）～（d）所示。

在标注相贯体的尺寸时，应标注两立体的定形尺寸和表示相对位置的定位尺寸，不应标注相贯线的尺寸，如图 4-22（e）～（g）所示。

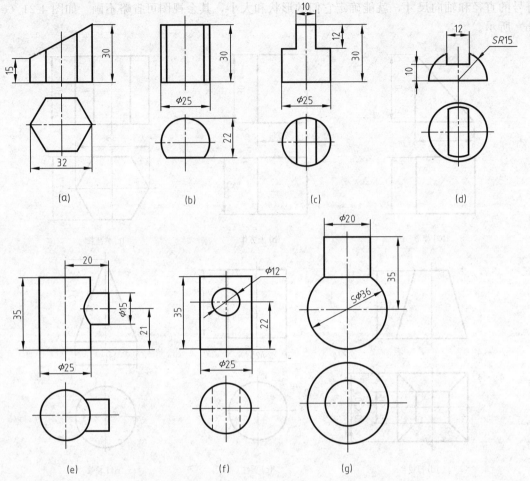

图 4-22　切割体和相贯体的尺寸标注

(3) 常见薄板的尺寸标注

薄板是机件中的底板、竖板和法兰的常见形式，这些薄板的尺寸标注方法是：除薄板的厚度尺寸需在其他视图上标注以外，其余尺寸（包括定形尺寸和定位尺寸）全部标注在反映薄板实形的视图上，在具体标注尺寸时，还必须坚持以下原则。

① 当圆弧只是作为圆角时，既要注出圆角半径，也要注出总长、总宽等尺寸，如图4-23（a）所示。对称结构中的相同尺寸圆弧 R，只标注一个即可，不必注明圆弧的个数；而相同的圆孔尺寸，只标注一个直径尺寸 ϕ，但同时要说明圆孔的个数（如四个圆孔的直径均为 4mm，在图中标注为 $4\times\phi$）。如图 4-23 所示。

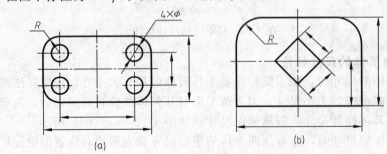

图 4-23　常见薄板的尺寸标注（一）

②　如果薄板上有若干个圆孔，一般需注出这些圆孔的中心距；如果圆孔是沿圆周分布的，则需要标注（用细点画线画出的）其定位圆的直径，如图 4-24 所示。

③　如果薄板的端面为回转面，一般不能标注其长度尺寸或宽度尺寸，而是标注其圆弧半径和圆心的定位尺寸，如图 4-25 所示。

④　对于平板上带有半圆形的长槽，一般只标注槽宽尺寸，而不标注圆弧的半径，如图 4-26 所示。

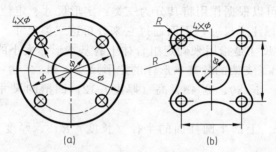

图 4-24　常见薄板的尺寸标注（二）

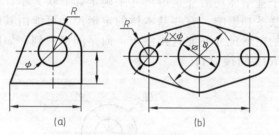

图 4-25　常见薄板的尺寸标注（三）

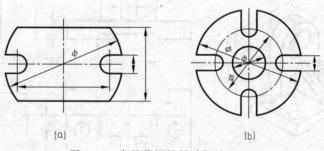

图 4-26　常见薄板的尺寸标注（四）

4.4.2　组合体的尺寸标注

组合体尺寸标注的核心内容，是用形体分析法来保证尺寸标注的完全正确、完整、清晰，既不多注尺寸、也不遗漏尺寸。

(1)　形体分析和尺寸基准

在组合体视图上标注尺寸，首先要在形体分析的基础上确定尺寸基准（简称基准）。

基准分为主要基准和辅助基准，要详尽讨论基准问题，需要涉及设计、制造、检测等多方面的知识，这有待于后续课程去逐步讨论。这里仅讨论在标注组合体定位尺寸时的主要基准选择。

因为组合体需要在长、宽、高三个方向标注尺寸，所以在每一个方向都应有一个尺寸基准。一般选取组合体的对称平面、底面、重要的端面、主要轴线等几何元素作为尺寸基准。

如图 4-27 所示的是一个支架的立体图和三视图，通过形体分析可看出它由三部分组成：底板、竖板和肋板。它在长度方向具有对称平面，在高度方向具有能使立体平稳放置的底面，在宽度方向上底板和竖板的后表面平齐（共面）。应选取支架的对称平面作为长度方向的尺寸基准；平齐的后表面作为宽度方向的尺寸基准；底面作为高度方向的尺寸基准。

(2) 尺寸的种类

组合体中的尺寸，可以根据作用将其分为三类：定形尺寸、定位尺寸和总体尺寸。如图 4-27 所示的组合体已经标注了尺寸，下面通过它来分析这三类尺寸。

① 定形尺寸　定形尺寸是指用来确定组合体上各基本形体大小的尺寸。

图 4-27 (b) 中注出了支架的各基本形体的定形尺寸，如：

a. 底板的定形尺寸　长 80、宽 48、高（厚度）12；凹槽的尺寸 40、4；4 个孔的尺寸 $4 \times \phi 10$。

b. 竖板的定形尺寸　上部半圆柱面的半径（长度）$R18$、厚度（宽度）14、圆柱孔直径 $\phi 18$。

c. 肋板的定形尺寸　三角形尺寸 28、20 和厚度 10。

一般情况下，每一个基本体均需要定形尺寸来确定其形状大小，但考虑到各基本形体组合以后形体之间的相互联系和影响，有些基本体的定形尺寸可能由其他基本体的某些尺寸代替，无需重复标注；有的定形尺寸不能直接注出，而是间接得到，如竖板的高度尺寸不单独注出，而是由 $48-12+R18$ 间接得到。

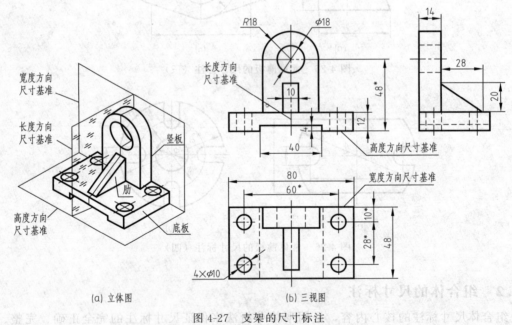

(a) 立体图　　　　　(b) 三视图

图 4-27　支架的尺寸标注

② 定位尺寸　定位尺寸是指确定构成组合体的各基本形体之间（包括孔、槽等）相对位置的尺寸。

图 4-27 (b) 中给出了各基本形体间的定位尺寸（标注 * 的尺寸），如：

a. 俯视图中的尺寸 60（长度）和 28（宽度），确定了底板上 4 个圆柱孔的中心距；尺寸 10 则确定了孔到后端面（宽度方向尺寸基准）的距离。

b. 主视图中的尺寸 48，确定了竖板上部圆柱孔的轴线距离底板底面（高度方向尺寸基准）的尺寸。

　　一般情况下，每一个基本体在三个方向均需定位，但考虑到各基本形体组合以后，其定位关系已经在视图中体现，因而可以不注，如竖板上的半圆柱面 $R18$ 和圆柱孔 $\phi18$ 的轴线及底板上的四个孔的轴线，均位于长度方向的对称平面上，一目了然，无需再注定位尺寸；肋板的位置在视图中也很清楚，无需再注定位尺寸。

　　③ 总体尺寸　总体尺寸是指用来确定组合体在长、宽、高三个方向的总长、总宽、总高的尺寸，如：

　　a. 总长　80。

　　b. 总宽　48。

　　c. 总高　$48+R18$。

　　总体尺寸有时就是某一基本体的定形尺寸，如 80 和 48 既是底板的长和宽，也是组合体的总长和总宽。

　　实际上，将组合体的尺寸分为定形尺寸、定位尺寸和总体尺寸，只是在对组合体进行尺寸标注时的一种分析方法和手段，其实各类尺寸并不是孤立的，它们可能同时兼有几类尺寸的功能（如底板的厚度尺寸 12 也是竖板和肋高度方向的定位尺寸，竖板的宽度 14 也是肋板宽度方向的定位尺寸等）。

(3) 组合体尺寸标注应注意的问题

　　① 尺寸应尽量标注在表示形体特征最明显的视图上　如图 4-27 中肋板的高度和宽度尺寸集中标注在反映形体特征的左视图上。

　　② 同一基本形体的定形尺寸和定位尺寸，尽可能标注在同一视图上　如图 4-27 中底板上的四个 $\phi10$ 的圆柱孔的定形尺寸 $4\times\phi10$，及其定位尺寸 28、10、60 集中标注在俯视图上。

　　③ 尺寸应尽量标注在视图的外侧，以保持图形的清晰　相互平行的尺寸应按"小尺寸在内，大尺寸在外"的原则排列。同一方向几个连续尺寸应尽量放在一条线上。如图 4-27 俯视图上的连续尺寸 10、28 排列在同一条直线上。

　　④ 尽量避免在虚线上标注尺寸　如图 4-27 中竖板的圆柱孔孔径 $\phi18$，若标注在俯、左视图上将从虚线引出，因此标注在主视图上。

　　⑤ 对称的定位尺寸应以尺寸基准对称面为对称直接注出，不应在尺寸基准两边分别注出　如图 4-27 俯视图中圆柱孔的定位尺寸 60 是以尺寸基准对称面为对称直接注出的。

　　⑥ 同心圆柱的直径尺寸尽量注在非圆视图上　如图 4-28 中圆柱筒的直径尺寸标注在左视图中；圆弧的半径尺寸则必须标注在投影为圆弧的视图上，如图 4-28 中底板上的半径尺寸 $R15$ 标注在投影为圆弧的俯视图上。

(4) 组合体尺寸标注实例

　　【例 4-7】　已知支座的三视图如图 4-28（a）所示，试为该三视图标注尺寸。

　　【解】　该三视图标注尺寸的方法与步骤如下。

　　① 形体分析　因前面已对该支座进行了形体分析，如图 4-8 所示，故在此不再重复。

　　② 选择尺寸基准　由于该组合体在前后、左右、上下三个方向上均不对称，所以，选择组合体底板的右端面作为左右方向尺寸基准，选择底板的后端面作为前后方向尺寸基准，选择底板的下底面为上下方向尺寸基准，如图 4-28（a）中的箭头所指。

　　③ 标注定形尺寸　底板的长 100、宽 55、厚 12，圆角半径 $R15$，圆孔直径 $2\times\phi15$；圆柱筒内径 $\phi30$、外径 $\phi55$、高 50；支承板的长 81、宽（厚）12、高（不能标注）；肋板下边长 12，上边长 26 及斜截面的高 12，肋板的高（不能标注），如图 4-28（b）所示。

　　④ 标注定位尺寸　由于底板的下端面、右端面、后端面分别与选择的尺寸基准重合，

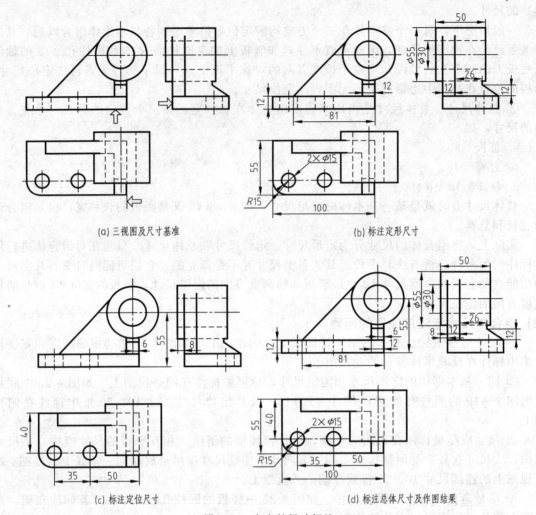

(a) 三视图及尺寸基准

(b) 标注定形尺寸

(c) 标注定位尺寸

(d) 标注总体尺寸及作图结果

图 4-28　支座的尺寸标注

故底板不需标注任何定位尺寸；底板上圆角与圆孔的定位尺寸，有左右方向的定位尺寸 50、35、前后方向的定位尺寸 40，上下方向不需定位尺寸；支承板在前后方向和左右方向不需定位尺寸，上下方向的定位尺寸 12（已有）；肋板只需左右方向的定位尺寸 6 即可；圆柱筒在左右方向的定位尺寸 6，前后方向和上下方向的定位尺寸分别是 8 和 55，如图 4-28（c）所示。

⑤ 标注总体尺寸　由于该支座上有一圆柱筒，组合体的右端面和上端面都是回转面，按照标注尺寸的基本要求，所以左右方向和上下方向的总体尺寸不能再标注。至于前后方向的总体尺寸 63（=8＋55）以不标注为宜，因为定位尺寸 8 和定形尺寸 55 与尺寸 63 相比更显重要，所以该组合体的总体尺寸不需标注，也不需要调整。最后的标注结果如图 4-28（d）所示。

第 **5** 章

轴测图

多面正投影图（三视图）能完整、准确地反映物体的形状和大小，且度量性好、作图简单，但立体感不强，只有具备一定读图能力的人才能看懂。

为了有助于看图，有时工程上还需采用一种立体感较强的辅助图样来表达机件，即轴测图。轴测图是用轴测投影的方法画出来的富有立体感的图形，它接近人们的视觉习惯，可以直接用三维实体表达产品设计，正越来越多地被用于工程设计。

5.1 轴测图的基础知识

(1) 轴测图的形成

将机件连同其直角坐标系，沿不平行于任一坐标平面的方向，用平行投影法将其投射在单一投影面 P（轴测投影面）上所得到的图形称为轴测图。

轴测图有正轴测图和斜轴测图之分：按投射方向与轴测投影面垂直的方法画出来的是正轴测图，如图 5-1（a）所示；按投射方向与轴测投影面倾斜的方法画出来的是斜轴测图，如图 5-1（b）所示。

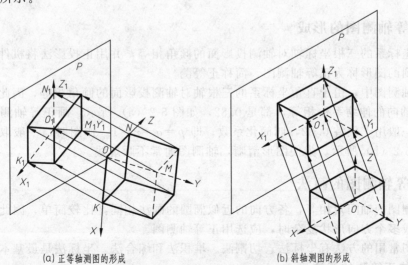

(a) 正等轴测图的形成　　　　　　　　　(b) 斜轴测图的形成

图 5-1　轴测图的形成

(2) 轴测轴、轴间角、轴向伸缩系数

① 轴测轴　空间直角坐标轴 OX、OY、OZ 在轴测投影面上的投影 O_1X_1、O_1Y_1、

O_1Z_1，称为轴测投影轴，简称轴测轴。

② 轴间角　轴测轴之间的夹角，称为轴间角。如$\angle X_1O_1Y_1$、$\angle Y_1O_1Z_1$、$\angle Z_1O_1X_1$。

③ 轴向伸缩系数　机件上平行于直角坐标轴的直线段投影到轴测投影面 P 上的长度与其相应的原长之比，称为轴向伸缩系数。

用 p、q、r 分别表示 OX、OY、OZ 轴的轴向伸缩系数。

（3）轴测图的种类

对于正轴测图或斜轴测图，按其轴向伸缩系数的不同可分为以下三种。

① 如 $p=q=r$，称为正（或斜）等轴测图，简称正（或斜）等测。

② 如 $p=r\neq q$，称为正（或斜）二等轴测图，简称正（或斜）二测。

③ 如 $p\neq q\neq r$，称为正（或斜）三测轴测图，简称正（或斜）三测。

在国家标准《机械制图》中，推荐采用正等测、正二测、斜二测三种轴测图。本书只介绍正等测和斜二测的画法。

（4）轴测图的基本性质

轴测投影属于平行投影，因此，轴测图具有平行投影的性质。

① 平行性。

a. 空间几何形体上平行于坐标轴的直线段，其轴测投影与相应的轴测轴平行。

b. 空间几何形体上相互平行的线段，其轴测投影也相互平行。

② 等比性。

a. 空间几何形体上相互平行的线段，其轴测投影长度比等于原线段的长度比。

b. 空间几何形体上平行于坐标轴的直线段，其轴测投影与原线段的长度比，就是该轴测轴的轴向伸缩系数或简化系数。因此，当确定了空间的几何形体在直角坐标系中的位置后，就可按选定的轴向伸缩系数或简化系数和轴间角作出它的轴测图。

5.2　正等轴测图

5.2.1　正等轴测图的形成

使直角坐标系的三根坐标轴对轴测投影面的倾角相等，并用正投影法将机件向轴测投影面投影所得到的图形称为正等轴测图，简称正等测。

在正等轴测图中，由于直角坐标系的三根轴对轴测投影面的倾角相等，因此，轴间角都是120°；各轴向的伸缩系数相等，都是 0.82，如图 5-2 （a）所示。画正等轴测图时，为了避免计算，一般用1代替0.82，叫简化系数，即 $p=q=r=1$。作图时，一般取 O_1Z_1 为铅垂线，如图 5-2 （b）所示。为使图形清晰，轴测图通常不画虚线。

5.2.2　正等轴测图的画法

正等轴测图的轴间角相等，各方向的近似椭圆的画法相同，比较简单，因此当形体上多个方向有圆或多个方向形状复杂时，应选用正等轴测图。

画轴测图常用的方法有坐标法、切割法、堆积法和综合法。坐标法是最基本的方法。

（1）平面立体正等测的画法

【例 5-1】　已知正六棱柱的视图，如图 5-3 （a）所示，画出它的正等测。

【解】

① 分析　由于正六棱柱的前后左右均对称，所以把坐标原点 O 选取在顶面六边形的中

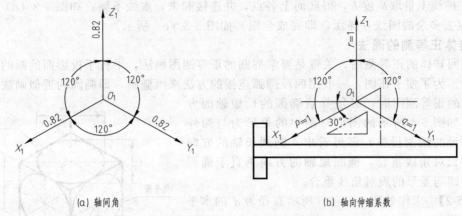

(a) 轴间角　　　　　　　　　　　(b) 轴向伸缩系数

图 5-2　正等测的轴间角和轴向伸缩系数

心，选取它的两条对称中心线分别作为 X 轴和 Y 轴，如图 5-3（a）所示；选取六棱柱外接圆柱的轴线（铅垂线）作为 Z 轴。这样选取坐标系有利于作图，且可避免画较多的不必要图线。

说明：坐标系的选择没有固定模式，只要便于按坐标定位和度量、方便作图即可。

② 作图步骤（坐标法）。

a. 画轴测轴 X_1、Y_1，交点为 O_1，在 X_1 轴上以 O_1 为对称点量取距离 a，得到 1_1、4_1 两点，用同样的方法在 Y_1 轴上量取距离 b，得到 7_1、8_1 两点，如图 5-3（b）所示。

b. 过 7_1、8_1 两点作 X_1 轴的平行线，并量取 $7_1 2_1 = 72$、$7_1 3_1 = 73$ 等，作出六边形的轴测投影，再过六边形的顶点向下画出可见的棱线，如图 5-3（c）所示。

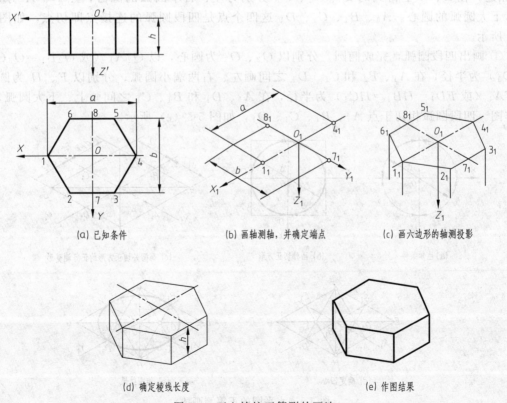

(a) 已知条件　　　　　(b) 画轴测轴，并确定端点　　　　(c) 画六边形的轴测投影

(d) 确定棱线长度　　　　　　　　　(e) 作图结果

图 5-3　正六棱柱正等测的画法

c. 在棱线上量取高度 h，得底面上各点，并连接起来，虚线不画。如图 5-3（d）所示。

d. 擦去多余的图线并描深，即完成全图。如图 5-3（e）所示。

（2）回转体正等测的画法

绘制回转体的正等测图，关键是要掌握圆的正等测图画法，平行于投影面的圆的正等测图为椭圆。为了便于作图，一般用四段圆弧连接的方法来画椭圆，即椭圆的近似画法。

作圆的正等测图时，必须弄清椭圆的长短轴的方向。分析如图 5-4 所示的图形（图中的菱形为与圆外切的正方形的轴测投影）即可看出，椭圆长轴的方向与菱形的长对角线重合，椭圆短轴的方向垂直于椭圆的长轴，即与菱形的短对角线重合。

【例 5-2】 求作如图 5-5（a）所示直径为 d 的水平圆的正等测。

【解】

① 确定坐标系，画出圆的外切正方形 $ABCD$ 切点分别为 A、B、C、D，正方形的边长为圆的直径 d，如图 5-5（b）所示。

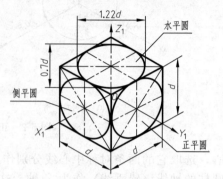

图 5-4 投影面平行圆的正等测

② 画出圆外切正方形的正等测菱形 在 O_1X_1、O_1Y_1 轴上分别取点 A_1、C_1、B_1、D_1，各点距圆心 O_1 均为 $d/2$。过 A_1、C_1 作平行于 Y_1 轴的直线，过 B_1、D_1 作平行于 X_1 轴的直线，各直线相交得到菱形 $EFGH$，将菱形的对角 E、G 和 F、H 相连，如图 5-5（c）所示。

③ 确定左、右小圆弧和上、下大圆弧的圆心 将 F、H 分别与对边中点 A_1、D_1、B_1、C_1 相连，在 E、G 上得到的交点 O_2、O_3 分别为左、右小圆弧的圆心；点 F、H 分别为上、下大圆弧的圆心。A_1、B_1、C_1、D_1 这四个点是四段圆弧的连接点即切点，如图 5-5（d）所示。

④ 画出四段圆弧，完成椭圆 分别以 O_2、O_3 为圆心，以 O_2A_1（或 $O_2B_1 = O_3C_1 = O_3D_1$）为半径，在 A_1、B_1 和 C_1、D_1 之间画左、右两端小圆弧；分别以 F、H 为圆心，以 FA_1（或 $FD_1 = HB_1 = HC_1$）为半径，在 A_1、D_1 和 B_1、C_1 之间画上、下大圆弧，完成作图。四段圆弧相切于点 A_1、B_1、C_1、D_1，如图 5-5（e）所示。

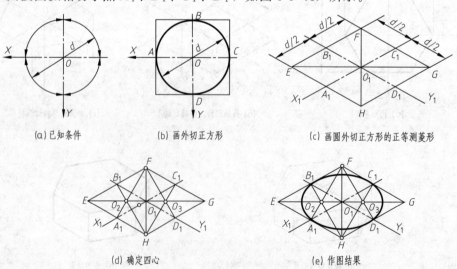

(a) 已知条件　　(b) 画外切正方形　　(c) 画圆外切正方形的正等测菱形

(d) 确定四心　　　　(e) 作图结果

图 5-5 水平圆的正等测画法

【例 5-3】 求作如图 5-6（a）所示圆柱的正等测。

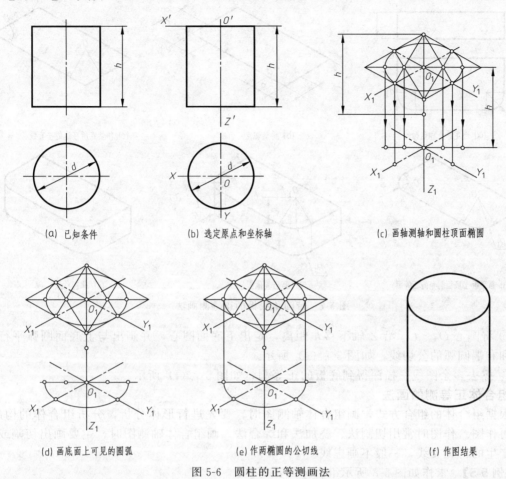

(a) 已知条件　　　　(b) 选定原点和坐标轴　　　　(c) 画轴测轴和圆柱顶面椭圆

(d) 画底面上可见的圆弧　　　　(e) 作两椭圆的公切线　　　　(f) 作图结果

图 5-6　圆柱的正等测画法

【解】

① 选定原点和坐标轴，如图 5-6（b）所示。

② 画轴测轴和圆柱顶面椭圆，作图方法参见例 5-2。将此椭圆前、左、右三段圆弧的圆心沿 Z 轴下移 h，并将长轴上的两个端点同时下移 h。这种将圆柱顶面椭圆各段圆弧的圆心按圆柱高度下移求得底面椭圆的方法称为移心法，如图 5-6（c）所示。

③ 画出底面上可见的圆弧，如图 5-6（d）所示。

④ 作两椭圆的公切线，如图 5-6（e）所示。

⑤ 擦去多余图线，描深得到圆柱体的正等测，如图 5-6（f）所示。

【例 5-4】 求作如图 5-7（a）所示带圆角的长方体底板的正等测。

【解】

① 选定原点和坐标轴，在投影图上根据圆角的半径 R，作出切点 a、b、c、d，如图 5-7（a）所示。

② 画出如图 5-7（b）所示的图形，根据 R 得到切点 A、B、C、D。

③ 分别以 A、B 和 C、D 各点作其所在边的垂直线，得到交点 O_1、O_2，如图 5-7（c）所示。

④ 分别以 O_1、O_2 为圆心，R_1 和 R_2 为半径作圆弧，得到平板上底面圆角的正等测，如图 5-7（d）所示。

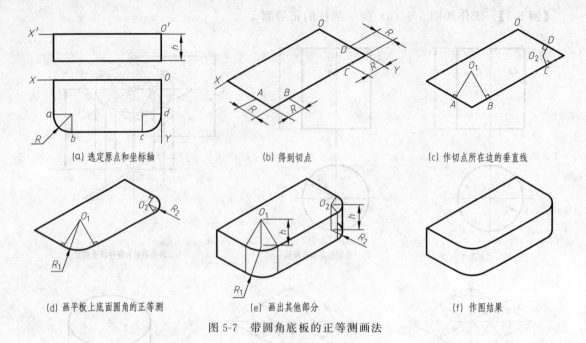

(a) 选定原点和坐标轴　　　　(b) 得到切点　　　　(c) 作切点所在边的垂直线

(d) 画平板上底面圆角的正等测　　(e) 画出其他部分　　(f) 作图结果

图 5-7　带圆角底板的正等测画法

⑤ 将圆心 O_1、O_2 沿 Z 轴下移 h 距离，定出下底面圆心，并画出与上底面圆弧平行的圆弧和右端圆弧的公切线，如图 5-7（e）所示。

⑥ 擦去多余图线，描深得到底板的正等测，如图 5-7（f）所示。

(3) 组合体正等测的画法

根据组合体的组合方式，画组合体轴测图时，要先进行形体分析，分析组合体的构成，然后再作图。作图时常用切割法、叠加法和综合法。画组合体轴测图时，主要画出切割或叠加时产生的可见交线，一般不画虚线。

【例 5-5】 求作如图 5-8 所示组合体的正等测。

【解】

① 分析　该组合体可以看成是长方体被切去某些部分后形成的。画轴测图时，可先画出完整的长方体，再画切割部分。首先在给定的视图上选定坐标系，如图 5-8 所示。

② 作图方法（切割式）。

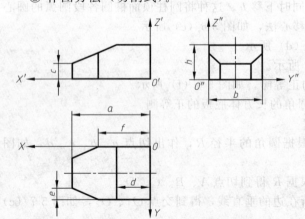

图 5-8　切割式组合体正等测坐标系的确定

a. 画出轴测轴，根据尺寸 a、b、h 作出完整的长方体，如图 5-9（a）所示。

b. 在相应棱线上，沿轴测轴方向量取尺寸 d 及 c，完成立体左上部被正垂面截切的轴测投影，如图 5-9（b）所示。

c. 在立体底边上相应位置量取尺寸 f 及 e，作出立体左端前后对称的两个铅垂面的轴测投影，如图 5-9（c）所示。

d. 擦去多余的作图线，描深后完成立体的正等测，如图 5-9（d）所示。

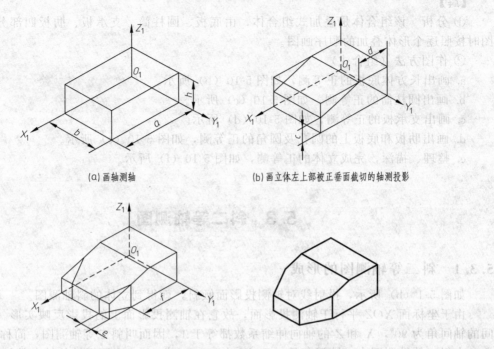

(a)画轴测轴　　　　　　　　　　　　　(b)画立体左上部被正垂面截切的轴测投影

(c)画立体左端两个铅垂面的轴测投影　　　　　　　　　(d)作图结果

图 5-9　切割式组合体正等测的画法

【例 5-6】　求作如图 5-10（a）所示组合体的正等测。

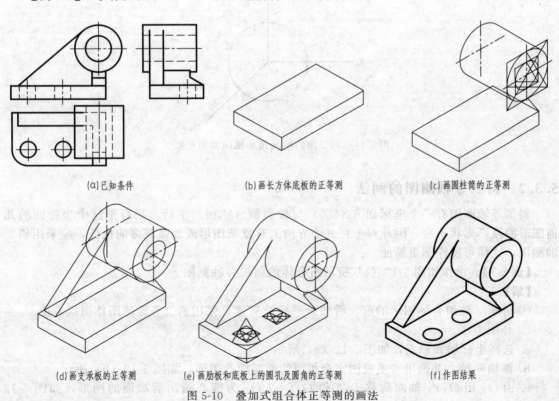

(a)已知条件　　　　(b)画长方体底板的正等测　　　　(c)画圆柱筒的正等测

(d)画支承板的正等测　　(e)画肋板和底板上的圆孔及圆角的正等测　　(f)作图结果

图 5-10　叠加式组合体正等测的画法

【解】

① 分析 该组合体是叠加式组合体，由底板、圆柱筒、支承板、肋板四部分组成。作图时按照逐个形体叠加的顺序画图。

② 作图方法（组合式）。

a. 画出长方体底板的正等测，如图 5-10（b）所示。

b. 画出圆柱筒的正等测，如图 5-10（c）所示。

c. 画出支承板的正等测，如图 5-10（d）所示。

d. 画出肋板和底板上的圆孔及圆角的正等测，如图 5-10（e）所示。

e. 整理、描深，完成立体的正等测，如图 5-10（f）所示。

5.3 斜二等轴测图

5.3.1 斜二等轴测图的形成

如图 5-1（b）所示，投射线对轴测投影面倾斜，就得到立体的斜轴测图。

由于坐标面 XOZ 平行于轴测投影面，故它在轴测投影面上的投影反映实形。X_1 和 Z_1 间的轴间角为 $90°$，X 和 Z 的轴向伸缩系数都等于 1，因而叫斜二等轴测图，简称斜二测。

在斜二等轴测图中，轴间角是：O_1X_1 与 O_1Z_1 成 $90°$，这两根轴的轴向伸缩系数 $p_1 = r_1 = 1$；O_1Y_1 与水平线成 $45°$，其轴向伸缩系数 $q_1 = 0.5$，如图 5-11 所示。

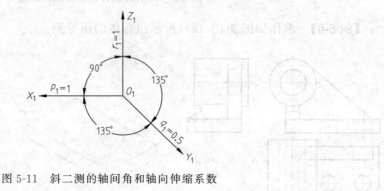

图 5-11 斜二测的轴间角和轴向伸缩系数

5.3.2 斜二等轴测图的画法

斜二等轴测图有一个坐标面（XOZ）与投影面（V 面）平行，平行于这个坐标面的几何图形的投影形状不变，因此对于在一个方向上有复杂图形或圆弧较多的机件，应采用斜二轴测图，这样可使作图更简便。

【例 5-7】 求作如图 5-12（a）所示组合体的斜二等轴测图。

【解】

① 分析 该组合体图示的前、后端面平行于 V 面，采用斜二等轴测图作图很方便。

② 作图方法。

a. 选择坐标轴和原点，如图 5-12（a）所示。

b. 画轴测轴，并画出与主视图完全相同的前端面的图形，如图 5-12（b）所示。

c. 由 O_1 沿 O_1Y_1 轴向后移 $L/2$ 得 O_2，以 O_2 为圆心画出后端面的图形，如图 5-12（c）所示。

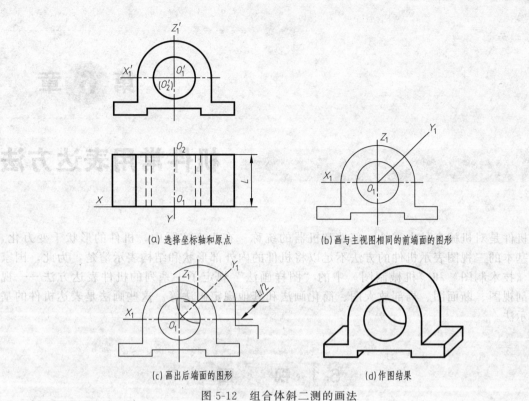

(a) 选择坐标轴和原点　　　　　　　(b) 画与主视图相同的前端面的图形

(c) 画出后端面的图形　　　　　　　(d) 作图结果

图 5-12　组合体斜二测的画法

d. 画出其他可见轮廓线以及圆弧的公切线，描深，完成作图，如图 5-12（d）所示。

第 **6** 章

机件常用表达方法

机件是对机械产品中零件、部件和机器的统称。在生产实际中，机件的形状千变万化，使用基本的三视图表示机件的方法不足以将机件的内外部形状和结构表示清楚，为此，国家标准《技术制图》和《机械制图》中的"图样画法"规定了一系列的机件表达方法——视图、剖视图、断面图、局部放大图、简化画法和其他规定画法等。这些画法是表达机件的基本表示法。

6.1 视　　图

根据国家标准，用正投影法将机件向投影面投射所得的图形称为视图，它主要用以表达机件的外部形状和结构。视图分为基本视图、向视图、斜视图和局部视图。

6.1.1 基本视图

当机件的外部形状较复杂时，为了清晰地表示出它的各个方向的形状，在原有三个投影面的基础上再增设三个投影面，构成一个正六面体。正六面体的六个面（投影面）称为基本投影面，机件向基本投影面投射所得的视图称为基本视图。除了主视图、俯视图、左视图外，在增设的三个投影面上得到的视图分别为：
① 右视图——从右向左投射所得视图。
② 仰视图——从下向上投射所得视图。
③ 后视图——由后向前投射所得视图。
六个基本投影面展开的方法如图 6-1（a）所示，六个基本视图的配置关系如图 6-1（b）所示。
当基本视图按基本配置关系配置时，六个基本视图之间仍然保持着与三视图相同的投影规律，即：
① 主、俯、仰、（后）：长对正。
② 主、左、右、后：高平齐。
③ 俯、左、仰、右：宽相等。
实际绘图时，并不是每一个机件都要画六个基本视图，而是根据机件的复杂程度，选用适当的基本视图。
如图 6-2（a）所示为一阀体，阀体的左、右两端面的形状不同，如选用主视图、俯视图和左视图三个视图表达，阀体右端面的结构形状必须在左视图中用虚线表达，如图 6-2（b）所示。若增加一个右视图，就可以清晰地表达阀体右端面的结构形状了，如图 6-2（c）所

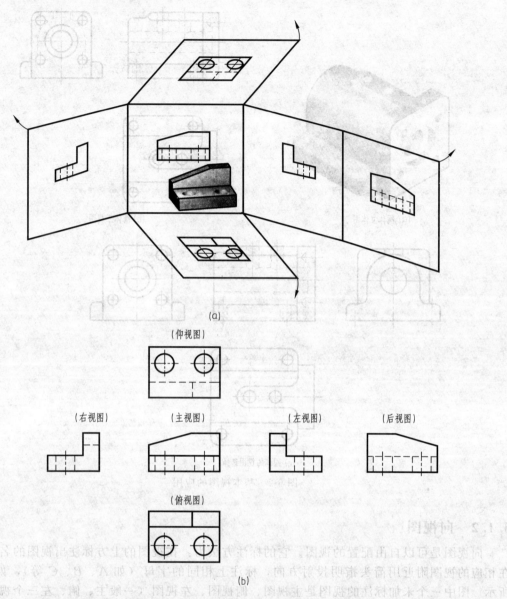

(a)

（仰视图）

（右视图）　　（主视图）　　（左视图）　　（后视图）

（俯视图）

(b)

图 6-1　六个基本投影面及其展开

示。比较这两种表达方案，可以看出，用四个基本视图表达阀体，比用三视图表达阀体
更好。

国家标准规定，绘制机械图样时，应首先考虑看图方便，在完整、清晰地表达机件
各部分形状的前提下，力求作图简便。视图一般只画机件的可见部分，必要时（如不画
出不可见部分，则局部形状不能表达清楚）才画出不可见部分。阀体的视图［见图 6-2
（c）］就是按照这个规定绘制的：主视图中的虚线是表达内部形状不可缺少的，必须画出；
左视图中，反映阀体内部形状和右端形状的虚线省略不画；在右视图中，反映阀体内部
结构和左端形状的虚线省略不画；在主视图、左视图和右视图中，阀体的内部形状已经
表达清楚了，俯视图中也无需再画出表达内部结构的虚线。因此阀体的俯视图、左视图
和右视图均为外形图。

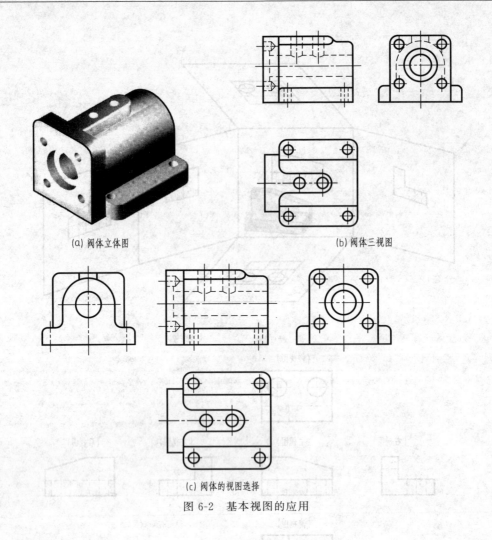

(a) 阀体立体图

(b) 阀体三视图

(c) 阀体的视图选择

图 6-2　基本视图的应用

6.1.2　向视图

向视图是可以自由配置的视图。它的标注方法为：在视图的上方标注出视图的名称，并在相应的视图附近用箭头指明投射方向，标注上相同的字母（如 A、B、C 等），如图 6-3 所示。图中三个未加标注的视图是主视图、俯视图、左视图（一般主、俯、左三个视图的位

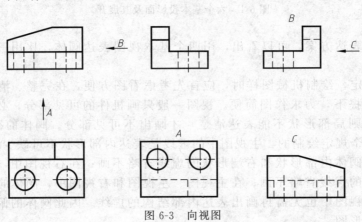

图 6-3　向视图

置保持基本配置不变，其他视图可适当调整位置)。

6.1.3　局部视图

将机件的某一部分向基本投影面投射所得到的图形，称为局部视图，如图 6-4 所示。局部视图是不完整的基本视图，利用局部视图可以减少基本视图的数量，使表达简洁、重点突出。

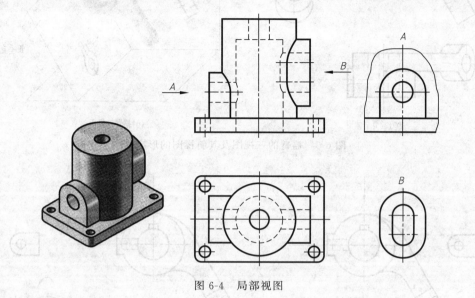

图 6-4　局部视图

局部视图的画法和标注应符合如下规定。

① 在相应的视图上用带字母的箭头指明所表示的投影部位和投影方向，并在局部视图上方用相同的字母标明"×"。

② 局部视图可按基本视图的配置形式配置，这时不需标注。也可按向视图的配置形式配置，并标注，如图 6-4 中的"B"。

③ 当局部视图按投影关系配置、中间又没有其他图形隔开时，可省略标注，如图 6-4 中的"A"可省略标注。

④ 局部视图的断裂边界用波浪线表示，如图 6-4 中的"A"。如果所表示的图形结构完整、且外轮廓线又封闭时，则波浪线可省略，如图 6-4 中的"B"。

6.1.4　斜视图

将机件向不平行于任何基本投影面的平面投射所得的视图，称为斜视图。

如图 6-5 所示的机件，其左端的耳板是倾斜结构，在俯、左视图上均不能反映实形，这既给画图和看图带来困难，又不便于标注尺寸。这时，可选用一个平行于倾斜部分的投影面 H_1（这里为正垂面），在该投影面上作出倾斜部分的投影，即为斜视图。由于斜视图常用于表达机件上倾斜部分的实形，所以斜视图一般采用局部视图的画法，在画出实形后，用波浪线将未投射部分去除，如图 6-6（a）所示。

斜视图通常按向视图的配置形式配置并标注［见图 6-6（a）］。必要时，允许将斜视图旋转配置，此时应标注旋转符号"⌒"，该符号是半径为字高的圆弧，且箭头指向与图形的旋转方向一致，同时表示该视图名称的字母应靠近旋转符号的箭头端，如图 6-6（b）所示。也允许将旋转角度标注在字母之后。

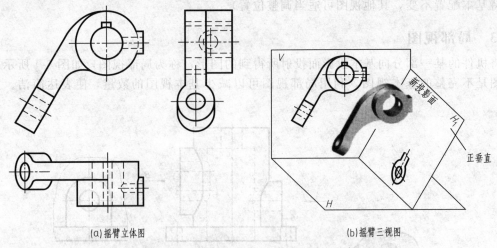

(a)摇臂立体图　　　　　　　　　　　　　　　(b)摇臂三视图

图 6-5　摇臂的三视图及其斜视图的形成

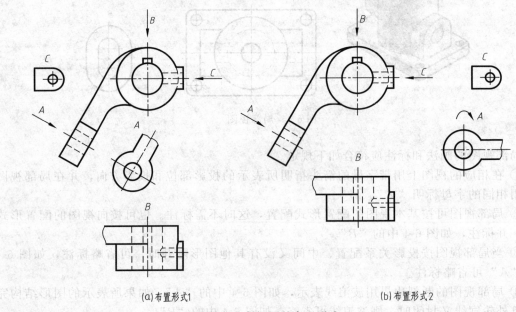

(a)布置形式1　　　　　　　　　　　　　　　(b)布置形式2

图 6-6　斜视图的布置形式

6.2　剖　视　图

当机件内部的结构形状较复杂时，在画视图时就会出现较多的虚线，如图 6-7（b）所示，这不仅影响视图的清晰，给看图带来困难，也不便于画图和标注尺寸。为了清楚地表达机件内部的结构形状，在技术图样中常采用剖视图这一表达方法。

6.2.1　剖视图的概念

假想用剖切平面在适当的部位剖开机件，将处在观察者和剖切平面之间的部分形体移去，而将剩余的部分向投影面投射，这样得到的图形称为剖视图，简称剖视，如图 6-7（d）

所示。如图 6-7（c）所示为机件的剖视图。由于剖切，机件内部原来不可见的形状变为可见，虚线变成了实线。

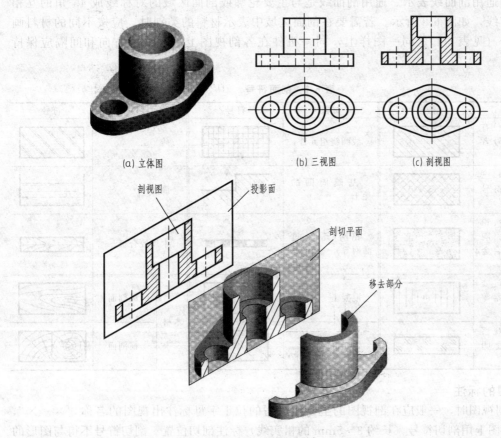

(a) 立体图　　　　　　　　(b) 三视图　　　　　　　(c) 剖视图

(d) 剖视图的形成

图 6-7　剖视图的概念

6.2.2　剖视图的画法和标注

(1) 剖视图的画法

① 确定剖切面的位置　为了能表达机件完整的内部形状，剖切平面一般应通过机件内部结构的对称平面或轴线。如图 6-7（c）所示的主视图采用的剖切平面，通过了机件的前后对称平面（正平面）。

② 画剖视图　剖切平面剖切到的机件断面轮廓和其后面的可见轮廓线，都用粗实线画出，如图 6-7（c）所示。

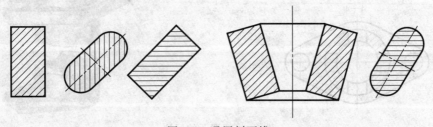

图 6-8　通用剖面线

③ 画剖面符号　为了区分机件的空心部分和实心部分，在剖面区域中要画出剖面符号。机件的材料不同，其剖面符号也不同。国家标准规定：当不需在剖面区域中表示材料的类别时，可采用通用剖面线表示。通用剖面线是与主要轮廓或剖面区域的对称线成 45°角的互相平行的细实线，如图 6-8 所示。若需要在剖面区域中表示材料的类别时，应按不同的材料画出剖面符号（见表 6-1）。同一图样上，同一机件在各剖视图上剖面线的方向和间隔应保持一致。

表 6-1　剖面符号

材料	符号	材料	符号	材料	符号
金属材料(已有规定剖面符号者除外)		线圈绕组元件		砖	
非金属材料(已有规定剖面符号者除外)		基础周围的泥土		液体	
型砂、填砂、粉末冶金、砂轮、陶瓷刀片、硬质合金刀片等		格网(筛网、过滤网等)		木质胶合板	
转子、电枢、变压器和电抗器等的叠钢片		混凝土		木材　纵剖面	
玻璃及供观察用的其他透明材料		钢筋混凝土		横剖面	

(2) 剖视图的标注

① 画剖视图时，一般应在剖视图的上方用大写的拉丁字母标注出视图的名称"×—×"，在相应的视图上用剖切符号（长约 3~5mm 的粗实线）标注剖切位置。剖切符号不得与图形的轮廓线相交，在剖切符号的附近标注出相同的大写字母，字母一律水平书写。在剖切符号的外侧画出与其垂直的细实线和箭头表示投射方向，如图 6-9 主视图所示。

② 当剖视图按投影关系配置、中间又无其他图形隔开时，可省略箭头，如图 6-9 中的

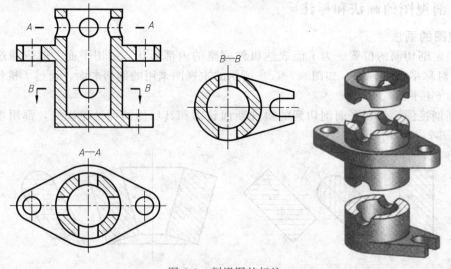

图 6-9　剖视图的标注

A—A 剖视图。

  ③ 当单一的剖切平面通过机件的对称平面或基本对称平面，且剖视图按投影关系配置，中间又没有其他图形隔开时，可省略标注，如图 6-9 中的主视图省略标注。

（3）画剖视图应注意的问题

  ① 假想剖切　由于剖切是假想的，当机件的某个视图画成剖视图后，其他视图仍应按完整机件画出，如图 6-7（c）所示的俯视图。

  ② 细虚线处理　凡剖视图中已经表达清楚的结构，在其他视图中的虚线就可以省略不画，但必须保留那些不画就无法表达机件形状结构的虚线。

  ③ 画剖视图时，剖切平面后的可见轮廓线必须全部画出，不得遗漏，如表 6-2 所示。

表 6-2　剖视图中容易漏线的示例

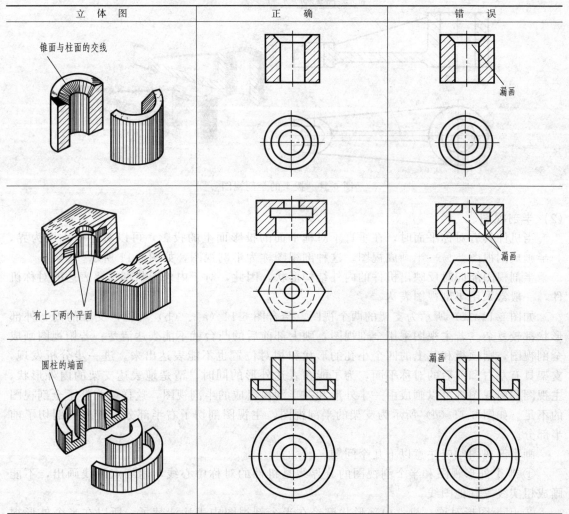

立 体 图	正 确	错 误

6.2.3　剖视图的种类和应用

  按剖切面剖开机件的范围不同，剖视图可分为全剖视图、半剖视图和局部剖视图三种。

（1）全剖视图

  用剖切平面完全地剖开机件所得到的视图，称为全剖视图。如图 6-9 所示的三个视图均为全剖视图。

全剖视图主要用于表达内部形状复杂外形简单或外形虽然复杂但已经用其他视图表达清楚的机件。

全剖视图的标注按前述原则处理。

如图 6-10 所示是一个拨叉的全剖视图，拨叉的左右两端用水平薄板连接，并用肋板加强连接。按国家标准的规定，对于机件的肋（起支承和连接作用的薄板）等结构，如按纵向剖切（即剖切平面通过肋的对称平面），则这些结构不画剖面线，用粗实线作为分界线将它与相邻的部分隔开（图 6-10 中肋板与圆柱的分界线是圆柱的转向轮廓线）。肋的其他剖切的画法将在图 6-37 中详细介绍。

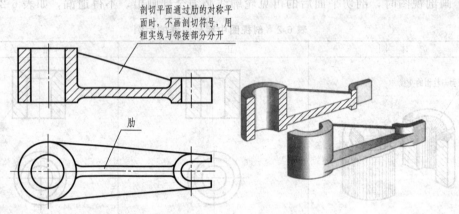

剖切平面通过肋的对称平面时，不画剖切符号，用粗实线与邻接部分分开

肋

图 6-10 拨叉的全剖视图

（2）半剖视图

当机件具有对称平面时，在垂直于对称平面的投影面上的投影，可以对称中心线为界，一半画成剖视图，另一半画成视图，这种剖视图称为半剖视图，如图 6-11 所示。

半剖视图能同时反映出机件的内外结构形状，因此，对于内外形状都需要表达的对称机件，一般常采用半剖视图表达。

如图 6-11（c）所示为支架的两个视图，结合图 6-11（a）、（b）可见，支架的内、外部形状都较复杂。若主视图采用全剖视图，则上部前后的凸台就不能表达清楚；若俯视图画成全剖视图，则顶板和其上的四个小孔的形状和相对位置也不能表达出来。进一步分析发现，支架具有左右和前后的对称平面，为了能在表达外形的同时，清楚地表达支架的内外形状，主视图和俯视图都可以画成由一半外形和一半剖视组成的半剖视图，这样就弥补了全剖视图的不足。如图 6-11（d）所示为支架的半剖视图，主视图剖切了右半部分，俯视图剖切了前半部分。

画半剖视图时应注意以下几个问题。

① 半个外形视图和半个剖视图的分界线是机件的对称中心线，用细点画线画出，不能画成粗实线等其他图线。

② 因为图形对称，机件内部形状已经在半个剖视图中表达清楚了，所以在半个外形视图中不再画出表示内部形状的虚线。

③ 半剖视图的标注方法和省略标注情况与全剖视图完全相同。

（3）局部剖视图

用剖切平面局部地剖开机件所得的剖视图，称为局部剖视图。

局部剖视图是一种比较灵活的表达方法，通常用于下列情况。

① 当不对称机件的内、外形状均需要表达，或者只有局部结构的内形需剖切表示，而

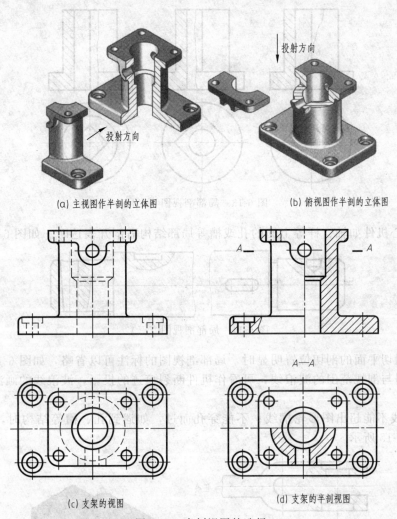

(a) 主视图作半剖的立体图　　　　　　　　　(b) 俯视图作半剖的立体图

(c) 支架的视图　　　　　　　　　　(d) 支架的半剖视图

图 6-11　半剖视图的选择

又不宜采用全剖视时，如图 6-12 所示。

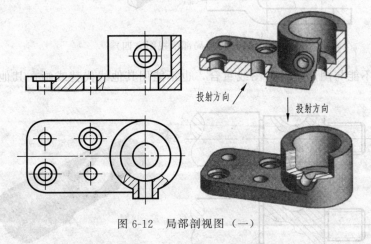

图 6-12　局部剖视图（一）

② 当对称机件的轮廓线与中心线重合，不宜采用半剖视时。如图 6-13 所示。

图 6-13　局部剖视图（二）

③ 当实心机件如轴、杆等上面的孔或槽等局部结构需剖开表达时。如图 6-14 所示。

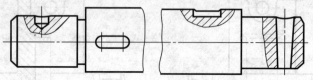

图 6-14　局部剖视图（三）

当单一剖切平面的剖切位置明显时，局部剖视图的标注可以省略，如图 6-12 所示。

表示视图与剖视范围的波浪线，可看作机件断裂痕迹的投影，波浪线的画法应注意以下几点。

① 波浪线不能超出图形轮廓线；不能穿孔而过，如遇到孔、槽等结构时，波浪线必须断开。如图 6-15 所示。

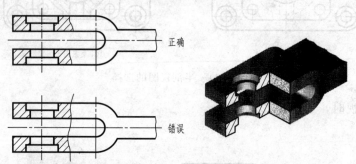

图 6-15　局部剖视图（四）

② 波浪线不能与图形中任何图线重合，也不能用其他线代替或画在其他线的延长线上。如图 6-16 所示。

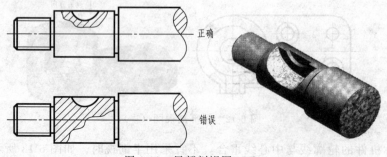

图 6-16　局部剖视图（五）

6.2.4　剖切面的种类

国家标准规定了多种剖切面和剖切方法，画剖视图时，应根据机件内部结构形状的特点和表达的需要选用不同的剖切面和剖切方法。

(1) 单一剖切面

单一剖切面有以下两种情况。

① 用一个平行于某基本投影面的平面作为剖切平面，称为单一剖，前面介绍的全剖视图、半剖视图、局部剖视图均为用单一剖切平面剖切而得到的。

② 用一个不平行于任何基本投影面的剖切平面剖开机件的方法称为斜剖，所画出的剖视图称为斜剖视图。斜剖适用于表达机件倾斜部分的内部形状。如图 6-17 中的 "$A—A$" 剖视即为斜剖视图。

采用斜剖时，标注不能省略。采用斜剖得到的剖视图，最好按投影关系配置［如图 6-17（a）中左上方的 $A—A$］，也允许放置在其他位置。在不至于引起误解时，也可将剖视图转正画出，旋转的方向和角度由表达需要来决定，但在被旋转的剖视图上方，应该用旋转符号标明旋转方向。

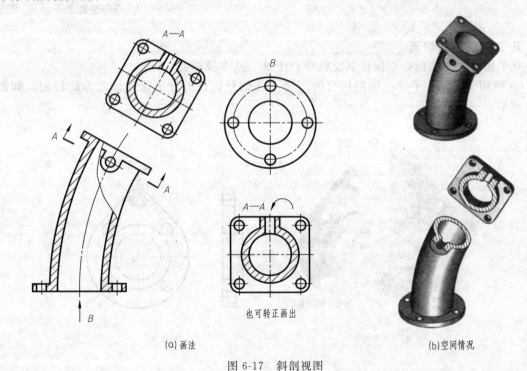

(a) 画法　　　　　　　　　　　　　　　　　　(b) 空间情况

图 6-17　斜剖视图

(2) 几个平行的剖切面

用两个或多个互相平行的剖切平面把机件剖开的方法，称为阶梯剖，如图 6-18 所示。阶梯剖适用于表达机件内部结构的中心线排列在两个或多个互相平行的平面内的情况。

采用阶梯剖画剖视图时，虽然各平行的剖切平面不在一个平面上，但剖切后所得到的剖视图应看作是一个完整的图形，在剖视图中，不能画出各剖切平面的分界线。同时，要正确选择剖切平面的位置，在图形内不应出现不完整的要素。仅当机件上两个要素在图形上具有公共对称中心线或轴线时，才可以各画一半，此时，不完整要素应以对称中心线或轴线为界，如图 6-19 所示。

阶梯剖不能省略标注：在剖切面的起、止和转折处用剖切符号表示剖切位置；并在剖切符号附近注写相同的字母，当空间狭小时，转折处可省略字母，如图 6-18 所示；同时用箭头指明投射方向，当剖视图的配置符合投影关系、中间又无图形隔开时，可省略箭头。

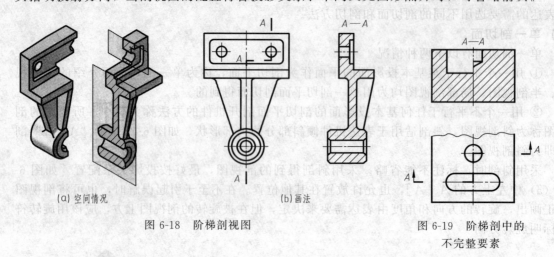

(a) 空间情况　　　　　　　　　　　(b) 画法

图 6-18　阶梯剖视图

图 6-19　阶梯剖中的
不完整要素

(3) 几个相交的剖切面

几个相交的剖切面必须保证其交线垂直于某一基本投影面。

① 两相交的剖切平面　用两相交的剖切平面剖开机件的方法通常称之为旋转剖，如图 6-20 所示。

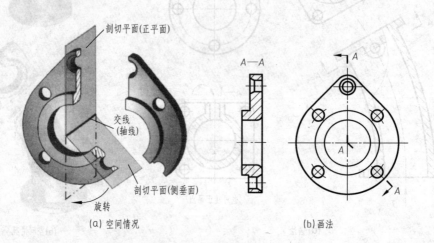

(a) 空间情况　　　　　　　　　　　(b) 画法

图 6-20　旋转剖视图（一）

采用这种剖切方法画剖视图时，先假想按剖切位置剖开机件，然后将被剖切面剖开的结构及有关部分旋转到与选定的投影面平行后再进行投影，如图 6-20 所示。在剖切平面后的其他结构一般应按原来的位置投影（如图 6-21 中的油孔）。

当剖切后产生不完整要素时，如图 6-22 所示的臂，应将此部分按不剖绘制。

旋转剖可用于表达轮、盘类机件上的一些孔、槽等结构，也可用于表达具有公共轴线的非回转体机件，如图 6-20 所示。旋转剖的标注规定与阶梯剖相同。

② 几个相交的剖切平面和柱面　将用几个相交的剖切平面和柱面剖开机件的方法通常称为复合剖，如图 6-23 所示。

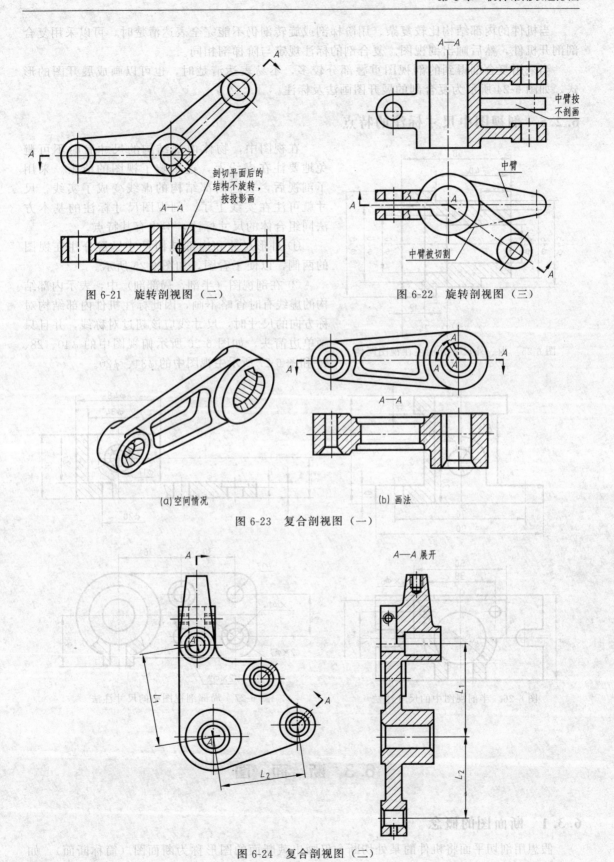

图 6-21　旋转剖视图（二）

中臂按
不剖画

图 6-22　旋转剖视图（三）

剖切平面后的
结构不旋转，
按投影画

A—A

中臂

中臂被切割

(a) 空间情况

(b) 画法

图 6-23　复合剖视图（一）

A—A 展开

图 6-24　复合剖视图（二）

121

当机件的内部结构比较复杂、用阶梯剖或旋转剖仍不能完全表达清楚时，可以采用复合剖剖开机件，然后画出剖视图。复合剖的标注规定与阶梯剖相同。

当采用复合剖得到的剖视图重叠部分较多，不易表达清楚时，也可以画成展开图的形式。如图 6-24 所示为复合剖的展开图画法及标注。

6.2.5 剖视图中尺寸标注的特点

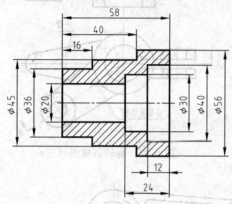

图 6-25 内、外尺寸分别注在视图两侧

在视图中，物体内部结构的尺寸有时不可避免地要注在虚线上，这影响了视图的清晰。采用了剖视后，表达内部结构的虚线变成了实线，尺寸就可注在实线上了。剖视图尺寸标注的基本方法同组合体的尺寸标注，但也有其特点。

① 外形尺寸和内部结构尺寸尽量分注在视图的两侧，以便于看图，如图 6-25 所示。

② 在剖视图（半剖、局部剖）中，表示内部结构的虚线有时省略不画，因此标注机件内部结构对称方向的尺寸时，尺寸线应该超过对称线，并且只画单边箭头，如图 6-26 所示俯视图中的 $\phi40$、28、40 和图 6-27 所示主视图中的 $\phi34$、$\phi20$。

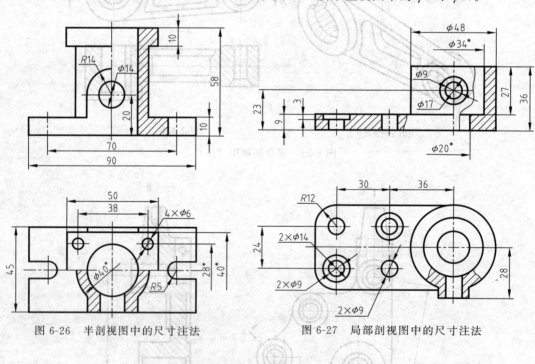

图 6-26 半剖视图中的尺寸注法   图 6-27 局部剖视图中的尺寸注法

6.3 断 面 图

6.3.1 断面图的概念

假想用剖切平面将机件的某处切断，仅画出截断面的图形称为断面图（简称断面）。如

图 6-28 所示。通常要在断面图上画出剖面符号。适用情况：当机件上存在某些常见的结构，如筋、轮辐、孔、槽等，这时可配合视图需要画出这些结构的断面。

断面图与剖视图的区别：断面图仅画出机件断面的图形，如图 6-28（b）所示；剖视图则要画出剖切平面以后的所有部分的投影，如图 6-28（c）所示。

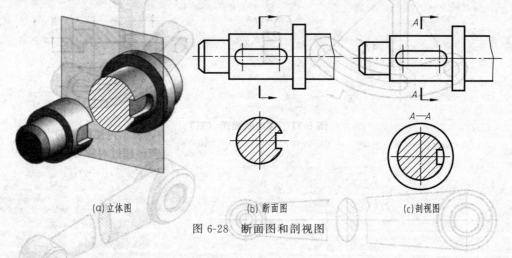

(a)立体图　　　(b) 断面图　　　(c)剖视图

图 6-28　断面图和剖视图

6.3.2　断面图的分类

断面图分为移出断面图和重合断面图两种。

(1) 移出断面图

画在视图轮廓之外的断面图称为移出断面图，如图 6-29 所示。为了能表达断面机件的实形，剖切平面应垂直于被剖切结构的主要轮廓线。

① 移出断面的画法要点。

a. 移出断面的轮廓线用粗实线画出，断面上画出剖面符号。移出断面应尽量配置在剖切符号或剖切平面迹线的延长线上，如图 6-29 所示。有时为了合理布置图面，也可以配置在其他适当的位置，如图 6-30 所示。

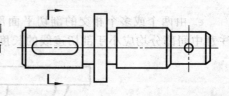

图 6-29　移出断面图（一）

b. 当剖切平面通过由回转面形成的圆孔、圆锥坑等结构的轴线时，这些结构应按剖视画出，如图 6-30 所示。

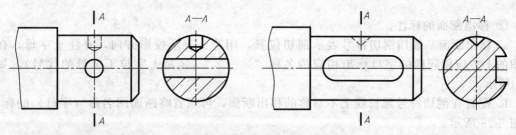

图 6-30　移出断面图（二）

c. 当剖切平面通过非回转面、会导致出现完全分离的断面时，这样的结构也应按剖视画出，如图 6-31 所示。

d. 当断面图形对称时，移出断面也可画在视图的中断处，如图 6-32 所示。

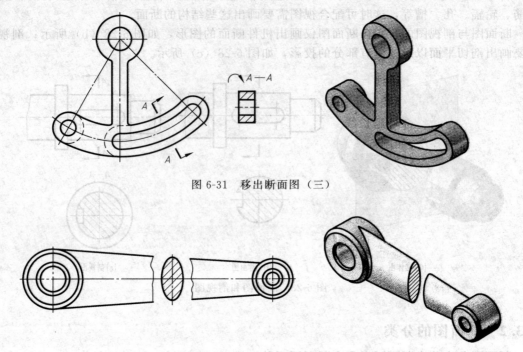

图 6-31　移出断面图（三）

图 6-32　移出断面图（四）

　　e. 由两个或多个相交的剖切平面剖切得出的移出断面，在中间必须断开；画图时还应注意中间部分均应小于剖切迹线的长度。如图 6-33 所示。

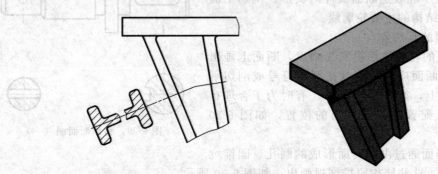

图 6-33　移出断面图（五）

　　② 移出断面的标注。

　　a. 移出断面一般用剖切符号表示剖切位置，用箭头表示投影方向，并注上字母，在断面图的上方应用同样的字母标出相应的名称"×—×"（×是大字拉丁字母的代号），如图 6-30 所示。

　　b. 配置在剖切符号延长线上不对称的移出断面，可以省略断面图名称（字母）的标注，如图 6-29 所示。

　　c. 按投影关系配置的不对称移出断面及不配置在剖切符号延长线上的对称移出断面图均可省略前头，如图 6-30 所示。

　　d. 配置在剖切平面迹线延长线上的对称移出断面图（只需在相应视图上用点画线画出剖切位置）和配置在视图中断处的移出断面图，均不必标注。如图 6-29、图 6-33 所示。

(2) 重合断面图

按投影关系画在视图中位于中断处的轮廓内的断面，称为重合断面。如图 6-34 所示。

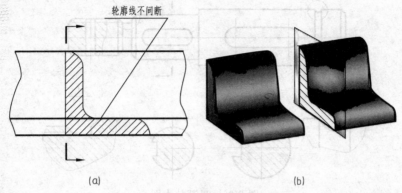

图 6-34　重合断面图（一）

① 重合断面的画法　重合断面的轮廓线用细实线绘制。当视图中的轮廓线与重合断面的图形重叠时，视图中的轮廓线仍需完整地画出，不可间断。如图 6-34 所示。

② 重合断面的标注　配置在剖切符号上的不对称重合断面图，必须用剖切符号表示剖切位置，用箭头表示投影方向，但可以省略断面图的名称（字母）的标注，如图 6-34 所示。对称的重合断面图只需在相应的视图中用点画线画出剖切位置，其余内容不必标注。如图 6-35 所示。

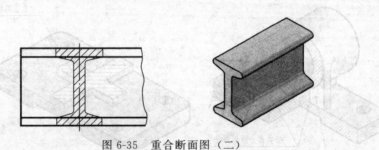

图 6-35　重合断面图（二）

6.4　其他表达方法

6.4.1　局部放大图

机件上某些细小结构在视图中表达得还不够清楚，或不便于标注尺寸时，可将这些部分用大于原图形所采用的比例画出，这种图称为局部放大图，如图 6-36 所示。

① 局部放大图可以画成视图、剖视或剖面，它与被放大部分的表达方式无关，局部放大图应尽量配置在放大部位的附近。

② 在原视图上用细实线圈出被放大的部位。当机件上只有一个被放大的部位时，只需在局部放大图的上方注明所采用的比例。而当同一机件上有多个被放大的部位时，必须用罗马数字依次标明被放大的部位，并在局部放大图的上方标注出相应的罗马数字和所采用的比例。

③ 同一机件上不同部位的局部放大图，当被放大部分的图形相同或对称时，只需画出一个。

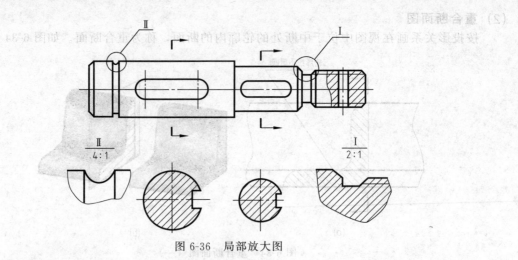

图 6-36 局部放大图

6.4.2 简化画法

简化画法是在能够准确表示机件形状和机构的前提下，力求绘图和读图简便的一些表达方法，在绘图中应用比较广泛，包括规定画法、省略画法、示意画法等在内的图形表达方法。现将国标所规定的一些常用的简化画法简介如下。

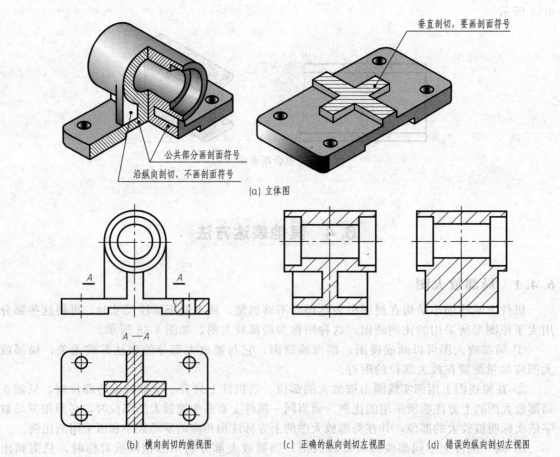

图 6-37 肋的剖视图画法

① 对于物体上的肋、轮辐及薄壁等，如按纵向（剖切平面平行于它们的厚度方向）剖切时，这些结构都不画剖面符号，而且用粗实线将它与其相邻部分分开，如图 6-37 （b） 中的左视图及图 6-38 中主视图上的肋板。但若按横向（剖切平面垂直于肋、轮辐及薄壁厚度方向）剖切时，这些结构应按规定画出剖面符号，如图 6-37 （b） 中的俯视图。

② 当物体回转体上均匀分布的肋、轮辐和孔等结构不处于剖切平面上时，可将这些结构旋转到剖切平面上按对称形式画出，如图 6-38 （a） 所示。注意，如图 6-38 （b） 所示的画法是错误的。

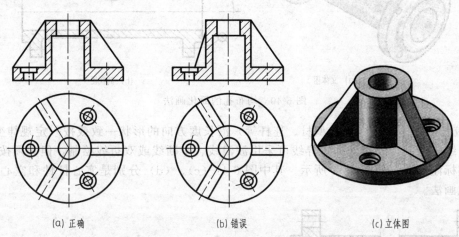

(a) 正确　　　　　　　(b) 错误　　　　　　　(c) 立体图

图 6-38　均匀分布的孔、肋的剖视图画法

③ 当物体具有若干相同结构（孔、齿、槽等）、并按一定规律分布时，只需画出几个完整的结构，其余用细实线连接，如图 6-39 （b）、（c） 所示；或用对称中心线表示孔的中心位置，但在图中必须注明该结构的总数，如图 6-39 （a） 所示。注意：画出少量孔要能保证标注孔间或孔组列间的定位尺寸。

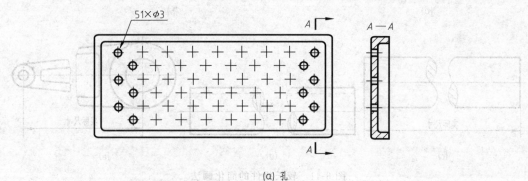

(a) 孔

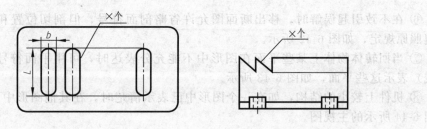

(b) 槽　　　　　　　　　　　　　　　(c) 齿

图 6-39　相同要素简化画法

④ 圆柱形法兰和类似物体上均匀分布的孔，可按图 6-40 所示的方法绘制。

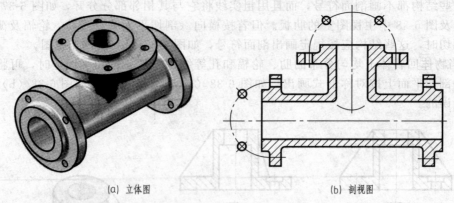

(a) 立体图　　　　　　　　　　　　(b) 剖视图

图 6-40　均布孔的简化画法

⑤ 较长的物体（轴、杆、型材、连杆等）沿长度方向的形状一致或按一定规律变化时，可断开后缩短绘制，断裂处的边界线可采用波浪线、中断线或双折线绘制，但必须按原来的实际长度标注尺寸，如图 6-41 所示。其中图 6-41（c）、（d）分别是实心杆件和空心杆件折断的简化画法。

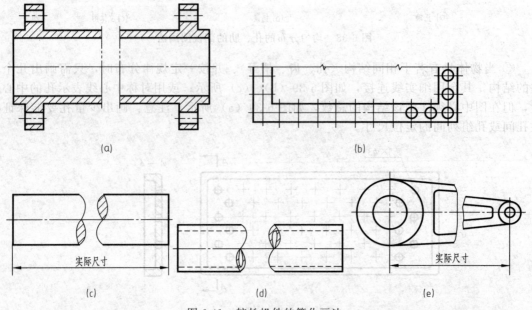

(a)　　　　　　　　　　　　　　　　(b)

(c)　　　　　　　　　　(d)　　　　　　　　　　(e)

图 6-41　较长机件的简化画法

⑥ 在不致引起误解时，移出断面图允许省略剖面符号，但剖切位置和断面图的标注必须遵照原规定，如图 6-42 所示。

⑦ 当回转体物体上某些平面在图形中不能充分表达时，可用平面符号（两条相交的细实线）表示这些平面，如图 6-43 所示。

⑧ 机件上较小的结构，如在一个图形中已表示清楚时，在其他图形中可以简化或省略，如图 6-44 所示的主视图。

⑨ 圆柱形物体上的孔、键槽等较小结构产生的表面交线，其画法允许简化，但必须有一个视图能清楚表达这些结构的形状，如图 6-45 所示。

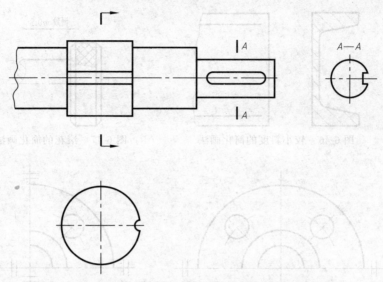

图 6-42 移出断面图的简化画法 （一）

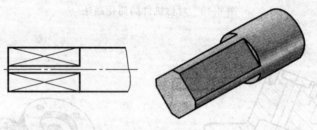

图 6-43 移出断面图的简化画法 （二）

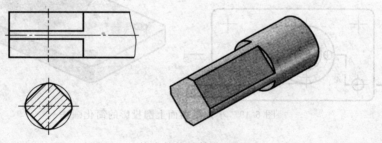

图 6-44 较小结构的简化画法

⑩ 机件上斜度和锥度不大的结构，若在一个视图中已表达清楚时，在其他视图上可按小端画出，如图 6-46 所示。

⑪ 网状物、编织物机件的滚花部分，可在轮廓线附近用粗实线示意画出，并在零件图上或技术要求中注明这些结构的具体要求，如图 6-47 所示。

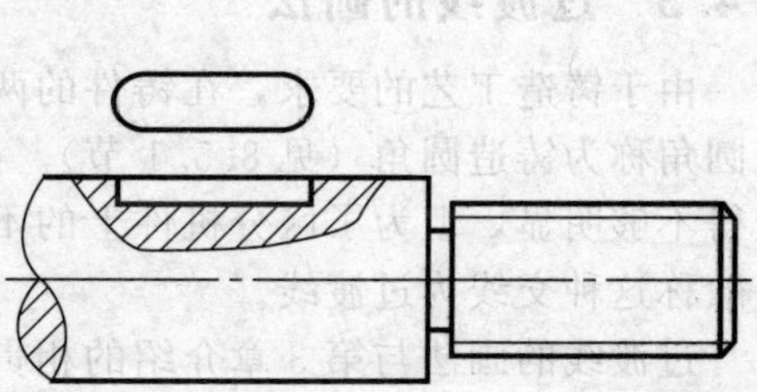

图 6-45 较小结构表面交线的简化画法

⑫ 在不致引起误解时，对于对称机件的视图可以只画一半或四分之一，并在对称中心线的两端画出两条与其垂直的平行细实线，如图 6-48 所示。

⑬ 与投影面倾斜角度小于或等于 30°的圆或圆弧，其投影可以用圆或圆弧代替，如图 6-49所示。

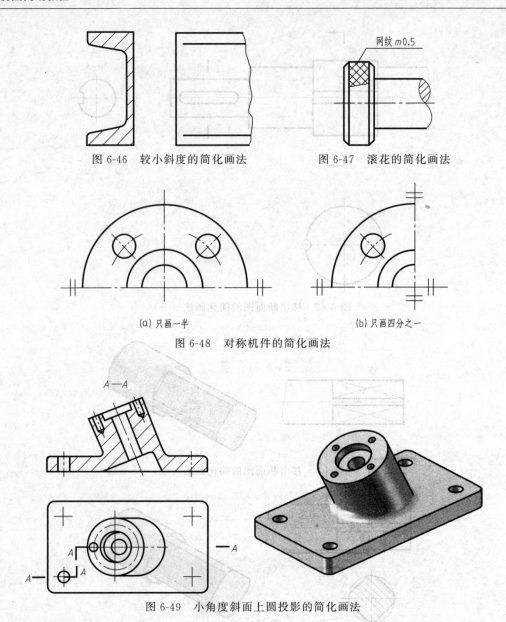

网纹 *m*0.5

图 6-46 较小斜度的简化画法   图 6-47 滚花的简化画法

(a) 只画一半   (b) 只画四分之一

图 6-48 对称机件的简化画法

A—A

图 6-49 小角度斜面上圆投影的简化画法

6.4.3 过渡线的画法

由于铸造工艺的要求，在铸件的两个表面之间常常用一个不大的圆弧面进行圆角过渡，该圆角称为铸造圆角（见 8.5.1 节）。由于铸造圆角的影响，使铸件表面的相贯线和截交线变得不够明显，但为了区分机件上的不同表面和便于看图，在图样上仍然要画出这些交线，一般称这种交线为过渡线。

过渡线的画法与第 3 章介绍的相贯线和截交线的画法完全相同，只是这些交线在图中不与铸造圆角的轮廓线相交，且用细实线画出。

① 如图 6-50（a）所示，当两曲面相交时，过渡线不应与圆角轮廓接触；如图 6-50（b）所示，当两曲面的轮廓线相切时，过渡线在切点附近应断开。

② 在画平面与平面或平面与曲面的过渡线时，应该在转角处断开，并加画过渡圆弧，其弯曲方向与铸造圆角的弯曲方向一致。如图 6-51 所示。

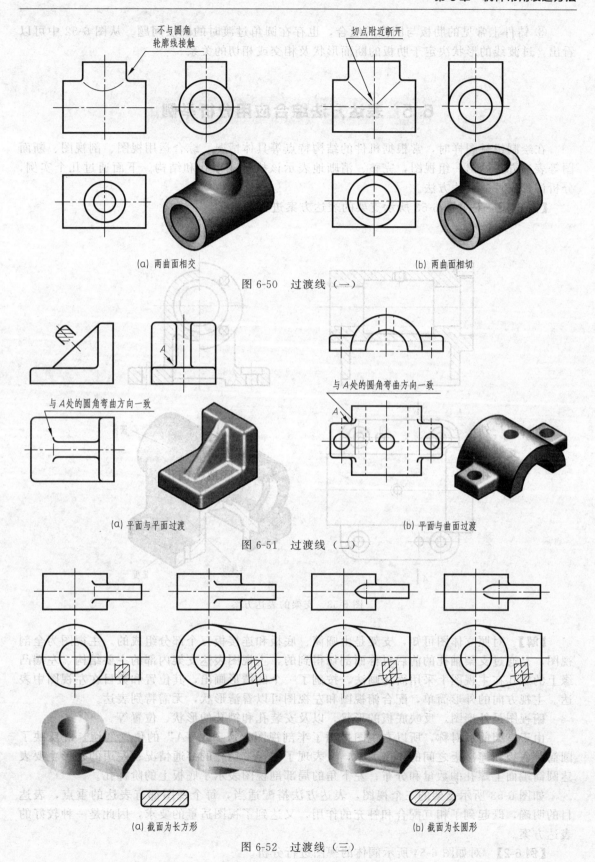

（a）两曲面相交　　　　　　　　　　　　　（b）两曲面相切

图 6-50　过渡线（一）

（a）平面与平面过渡　　　　　　　　　　　　（b）平面与曲面过渡

图 6-51　过渡线（二）

（a）截面为长方形　　　　　　　　　　　　　（b）截面为长圆形

图 6-52　过渡线（三）

③ 铸件上常见的肋板与圆柱的组合，也存在圆角过渡时的画法问题。从图 6-52 中可以看出，过渡线的形状决定于肋板的断面形状及相交或相切的关系。

6.5 表达方法综合应用分析举例

在绘制机械图样时，常根据机件的结构特点等具体情况，综合运用视图、剖视图、断面图等表达方法画出一组视图，完整、清晰地表示该机件的形状和结构。下面通过几个实例，分析讨论机件的表达方法。

【例 6-1】 对如图 6-53 所示支架的表达方案进行分析。

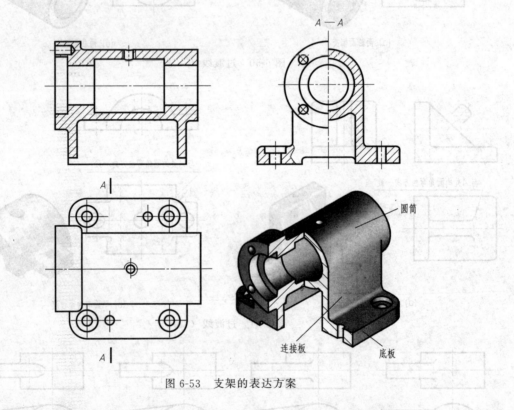

图 6-53 支架的表达方案

【解】 对照立体图可知，支架是由圆筒、底板和连接板三个部分组成的。主视图为全剖视图，是通过支架轴孔的前后对称面剖切得到的，主视图表达支架内部的主要结构。左端凸缘上的螺孔在主视图上采用简化画法，按剖了一个的情形画出，其位置和数目在左视图中表达。主视方向的外形简单，配合俯视图和左视图可以看清形状，无需特别表达。

俯视图是外形图，反映底板的形状，以及安装孔和销孔的形状、位置等。

由于支架前后对称，所以左视图采用了半剖视图。从"A—A"的位置剖切，既反映了圆筒、底板和连接板之间的连接关系，又表现了底板上销孔的穿通情况；左边的外形主要表达圆筒端面上螺孔的数量和分布；左下角的局部剖视图表示了底板上的阶梯孔。

如图 6-53 所示支架的三个视图，表达方法搭配适当，每个视图都有表达的重点，表达目的明确，既起到了相互配合和补充的作用，又达到了视图适量的要求，因此是一种较好的表达方案。

【例 6-2】 对如图 6-54 所示阀体的视图进行分析。

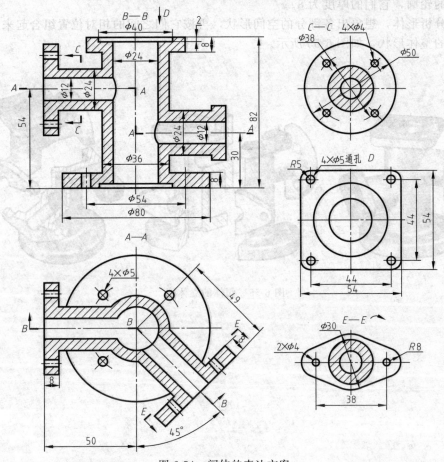

图 6-54　阀体的表达方案

【解】

① 图形分析　阀体的表达方案共有五个图形：两个基本视图（全剖主视图 "B—B"、全剖俯视图 "A—A"）、一个局部视图（"D" 向）、一个局部剖视图（"C—C"）和一个斜剖的全剖视图（"E—E 旋转"）。

主视图 "B—B" 是采用旋转剖画出的全剖视图，表达阀体的内部结构形状；俯视图 "A—A" 是采用阶梯剖画出的全剖视图，着重表达左、右管道的相对位置，还表达了下连接板的外形及 $4 \times \phi 5$ 小孔的位置。

"C—C" 局部剖视图，表达左端管连接板的外形及其上 $4 \times \phi 4$ 孔的大小和相对位置；"D" 向局部视图，相当于俯视图的补充，表达了上连接板的外形及其上 $4 \times \phi 5$ 孔的大小和位置。因右端管与正投影面倾斜 $45°$，所以采用斜剖画出 "E—E" 全剖视图，以表达右连接板的形状。

② 形体分析　由图形分析中可见，阀体的构成大体可分为管体、上连接板、下连接板、左连接板和右连接板五个部分。

管体的内外形状通过主、俯视图已表达清楚，它是由中间一个外径为 36、内径为 24 的竖管，左边一个距底面 54、外径为 24、内径为 12 的横管，右边一个距底面 30、外径为 24、内径为 12、向前方倾斜 $45°$ 的横管三部分组合而成。三段管子的内径互相连通，形成有四个通口的管件。

阀体的上、下、左、右四块连接板形状大小各异，这可以分别由主视图以外的四个图形看清它们的轮廓，它们的厚度为 8。

通过分析形体，想象出各部分的空间形状，再按它们之间的相对位置组合起来，便可想象出阀体的整体形状，如图 6-55 所示。

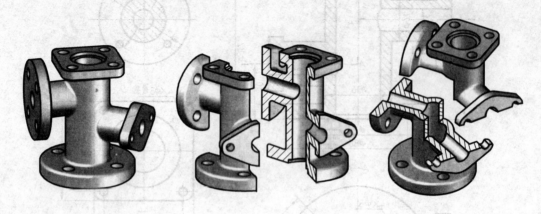

图 6-55　阀体的立体图

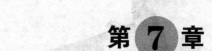

第 **7** 章

标准件和常用件

在各种机械设备中，广泛应用螺钉、螺母、螺柱、轴承、垫片、键、销、齿轮、弹簧、轴承等通用零件。为了便于组织专业化生产，提高生产效率，国家标准对某些零件的结构形状、尺寸标记、技术要求等都制定了统一标准，称为标准件（工程上常见的标准件有螺纹及螺纹紧固件、键、销、轴承等）；也有的只是部分进行了标准化，如齿轮、弹簧等。

本章主要介绍常见标准件和常用件的结构、规定画法、代号和标记。

7.1 螺 纹

7.1.1 螺纹的基本知识

(1) 螺纹的形成

螺纹是在圆柱或圆锥表面上沿螺旋线形成的、具有相同剖面的连续凸起和沟槽。

在圆柱表面上加工的螺纹称为圆柱螺纹；在圆锥表面上加工的螺纹称为圆锥螺纹。在圆柱（或圆锥）外表面形成的螺纹称外螺纹，在圆柱（或圆锥）内表面形成的螺纹称为内螺纹。

螺纹通常是车削而成的。如图 7-1（a）、（b）所示为车削外螺纹和内螺纹的情况，将工件夹在车床的卡盘上，卡盘带动工件做匀速旋转，同时螺纹车刀沿工件轴线做匀速直线运动，当螺纹车刀给工件一个适当的切削深度时，便在工件表面形成了螺纹。如图 7-1（c）所示为碾压外螺纹。如图 7-1（d）所示为手工加工内螺纹，对于直径较小的螺孔，可以先用钻头钻出光孔，再用丝锥攻螺纹制成内螺纹。由于钻头端部接近于 120°，所以孔的锥顶角画成 120°。

(2) 螺纹的要素

螺纹有五个要素：牙型、直径、螺距、线数和旋向。内、外螺纹一般是旋合在一起使用的，只有当螺纹的五个要素完全相同时，才能够正确旋合。

① 牙型　在通过螺纹轴线的断面上，螺纹的轮廓形状称为螺纹牙型。常用的螺纹牙型有三角形、梯形、锯齿形等，如图 7-2（a）所示。

② 螺纹的直径　螺纹的直径有大径、中径和小径，如图 7-2（b）所示。

a. 大径（公称直径）　与外螺纹牙顶或与内螺纹牙底重合的假想圆柱面的直径，称为螺纹的大径。外螺纹的大径用 d 表示，内螺纹的大径用 D 表示。代表螺纹规格的直径称为公称直径，公制螺纹的大径即为公称直径。

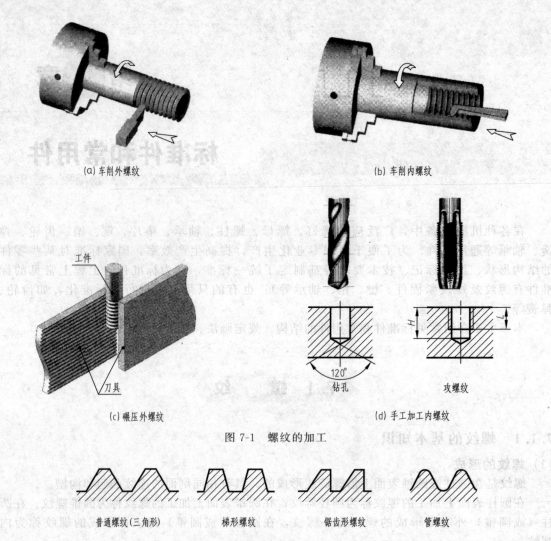

(a) 车削外螺纹   (b) 车削内螺纹

工件

刀具

120°

钻孔   攻螺纹

(c) 碾压外螺纹   (d) 手工加工内螺纹

图 7-1　螺纹的加工

普通螺纹(三角形)　　　梯形螺纹　　　锯齿形螺纹　　　管螺纹

(a) 螺纹的牙型

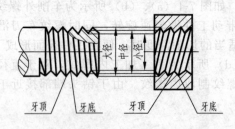

大径　中径　小径

牙顶　牙底　　牙顶　　牙底

(b) 螺纹的直径

图 7-2　螺纹的牙型和直径

　　b. 小径　与外螺纹牙底或与内螺纹牙顶重合的假想圆柱面的直径，称为螺纹的小径。外螺纹的小径用 d_1 表示，内螺纹的小径用 D_1 表示。

　　c. 中径　假想在大径和小径之间有一圆柱面，其母线上螺纹牙型的凸起宽度与沟槽宽度相等，此母线所形成圆柱的直径称为螺纹中径。外螺纹的中径用 d_2 表示，内螺纹的中径用 D_2 表示。

　　③ 线数　线数是指同一圆柱表面生成螺纹的条数，用 n 表示。只有一条螺纹时称为单

线螺纹；两条或两条以上在轴向等距分布的螺纹称为双线或多线螺纹，如图7-3所示。

④ 螺距和导程　螺纹相邻两牙在中径线上对应两点间的距离称为螺距，用 P 表示。同一条螺纹上相邻两牙在中径线上对应两点间的距离，称为导程，用 P_h 表示。单线螺纹的导程等于螺距，螺距、导程和线数之间的关系为：$P_h = nP$，如图7-4所示。

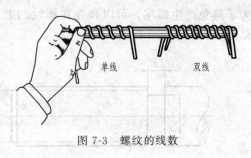

图 7-3　螺纹的线数

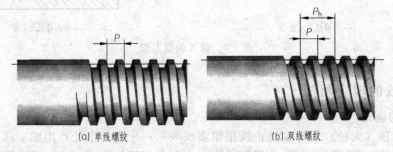

（a）单线螺纹　　　（b）双线螺纹

图 7-4　螺纹的导程和螺距

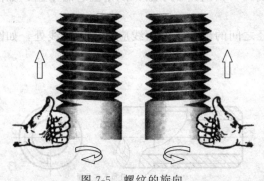

图 7-5　螺纹的旋向

⑤ 旋向　螺纹分为右旋螺纹和左旋螺纹两种。内外螺纹旋合时，顺时针旋转旋入的螺纹，称为右旋螺纹；逆时针旋转旋入的螺纹，称为左旋螺纹。工程上使用右旋螺纹较多。从外观来观察螺纹，螺纹左边高、右边低的为左旋螺纹；螺纹右边高、左边低的为右旋螺纹。如图7-5所示。

国家标准对螺纹的牙型、直径和螺距做了统一规定：凡该三项符合国家标准的螺纹，称为标准螺纹；凡牙型符合标准，而大径、螺距不符合标准的螺纹，称为特殊螺纹；凡牙型不符合标准的螺纹，称为非标准螺纹，矩形螺纹即为非标准螺纹。

(3) 螺纹的局部结构

① 螺纹端部　为了便于装配并防止螺纹端部损坏，常将螺纹的端部加工成规定的形状，如倒角、倒圆等，如图7-6所示。

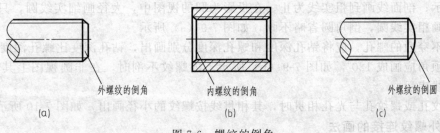

外螺纹的倒角　　　内螺纹的倒角　　　　　外螺纹的倒圆

（a）　　　　　　　（b）　　　　　　　（c）

图 7-6　螺纹的倒角

② 螺纹退刀槽　在车削螺纹时，刀具接近螺纹末尾处需逐渐离开工作表面时，会出现一段不完整的螺纹，称为螺纹的收尾，简称螺尾，螺尾是一段不能正常工作的部分。因此，

为了避免产生螺尾，可以预先在螺纹的末尾处加工出退刀槽，如图 7-7 所示。退刀槽的尺寸见附录。

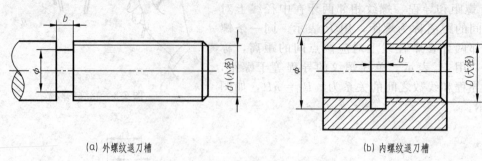

(a) 外螺纹退刀槽　　　　　　　　(b) 内螺纹退刀槽

图 7-7　螺纹的退刀槽

7.1.2　螺纹的规定画法

(1) 外螺纹的画法

螺纹的牙顶（大径）及螺纹终止线用粗实线表示；牙底（小径）用细实线表示（小径近似地画成大径的 0.85 倍），小径的细实线应画入倒角（近似为 0.15d）或者倒圆内。在投影为圆的视图中，大径画粗实线圆，小径画细实线圆，只画约 3/4 圈，倒角圆省略不画，如图 7-8 (a) 所示。

在剖视图中，螺纹终止线只画出大径和小径之间的部分，剖面线应画到粗实线处，如图 7-8 (b) 所示。

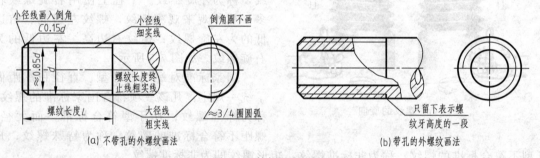

(a) 不带孔的外螺纹画法　　　　　　(b) 带孔的外螺纹画法

图 7-8　外螺纹的画法

(2) 内螺纹的画法

内螺纹一般画成剖视图，其牙顶（小径）及螺纹终止线用粗实线表示；牙底（大径）用细实线表示；剖面线画到粗实线为止。在投影为圆的视图中，大径画细实线圆，只画约 3/4 圈，小径画粗实线圆，倒角圆省略不画，如图 7-9 (a) 所示。

对于不穿通的螺孔，应将钻孔深度和螺孔深度分别画出，钻孔深度比螺孔深度深 0.5D。底部的锥顶角应画成 120°，如图 7-9 (b) 所示。内螺纹不剖时，在非圆视图上其大径和小径均用虚线表示。

两螺纹孔或螺纹孔与光孔相贯时，其相贯线按螺纹的小径画出，如图 7-10 所示。

(3) 内、外螺纹连接的画法

用剖视图表示一对内外螺纹连接时，其连接部分应按外螺纹绘制，其余部分仍按各自的规定画法绘制，如图 7-11 所示。但表示内、外螺纹大、小径的粗细实线必须分别对齐，且与倒角大小无关。

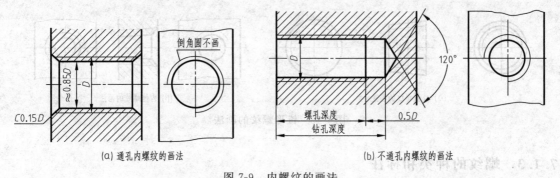

(a) 通孔内螺纹的画法   (b) 不通孔内螺纹的画法

图 7-9 内螺纹的画法

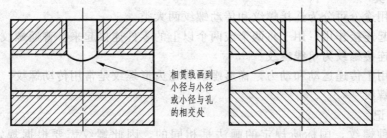

图 7-10 螺纹孔相贯线的画法

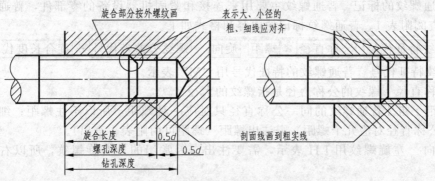

图 7-11 内、外螺纹连接的画法

（4）螺纹牙型的表示方法

当需要表示螺纹牙型时，可采用局部剖视图、局部放大图等进行绘制，如图 7-12 所示。

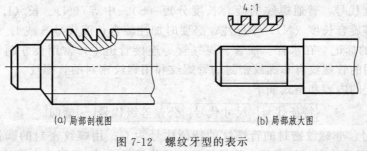

(a) 局部剖视图   (b) 局部放大图

图 7-12 螺纹牙型的表示

（5）锥形螺纹的画法

对内、外锥螺纹，其螺纹部分在投影为圆的视图中，只需画出一端螺纹视图，如图7-13所示。

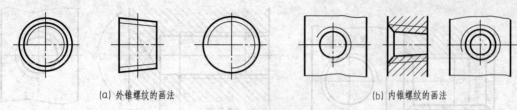

(a) 外锥螺纹的画法   (b) 内锥螺纹的画法

图 7-13 锥形螺纹的画法

7.1.3 螺纹的种类和标注

(1) 螺纹的种类

螺纹按其用途分可分为连接螺纹和传动螺纹两大类。

连接螺纹起连接作用，用于将两个或两个以上的零件连接起来。普通螺纹和管螺纹是常用连接螺纹，连接螺纹为单线螺纹。

传动螺纹用于传递运动和动力，梯形螺纹和锯齿形螺纹是常用传动螺纹，传动螺纹有单线螺纹和多线螺纹。

(2) 螺纹的标记

不论是何种螺纹，国标所规定的画法是相同的，因此螺纹需要根据规定标记来加以区别。

① 普通螺纹的标记 普通螺纹主要用来连接和紧固机器设备的零部件，普通螺纹的有关参数可查阅附表 1。普通螺纹标记的内容和格式如下。

$$\boxed{螺纹特征代号}\ \boxed{公称直径}\times\boxed{螺距}\ \boxed{旋向}-\boxed{螺纹公差带代号}-\boxed{旋合长度代号}$$

a. 螺纹特征代号 普通螺纹的特征代号用"M"表示。

b. 公称直径 螺纹的公称直径是指螺纹的大径。

c. 螺距 粗牙普通螺纹的同一公称直径只对应一种螺距，所以不注螺距；细牙普通螺纹的同一公称直径对应几个螺距，需注出螺距（螺距可由附表 1 查出）。

d. 旋向 左旋螺纹用 LH 表示，需要注出。因常用的是右旋螺纹，所以右旋螺纹不标注。

e. 螺纹公差带代号 指螺纹的允许误差范围（可参阅有关标准），由表示公差等级的数字和表示基本偏差的字母组成。内螺纹的基本偏差用大写字母表示（如 6H），外螺纹的基本偏差用小写字母表示（如 6g）。顶径指外螺纹的大径或内螺纹的小径。当中径和顶径公差带相同时，只注一个代号。

f. 旋合长度代号 普通螺纹的旋合长度分短（S）、中等（N）、长（L）三种。在一般情况下均为中等旋合长度（N），不标注；必要时加注旋合长度代号 S 或 L。

② 管螺纹的标记 在水管、油管、煤气管等连接管道中，常用英寸制管螺纹或英寸制锥管螺纹。常用的管螺纹有非螺纹密封的管螺纹和用螺纹密封的管螺纹。

管螺纹标记的内容和格式如下。

$$\boxed{特征代号}\ \boxed{尺寸代号}\ \boxed{公差等级代号}-\boxed{旋向}$$

a. 特征代号 非螺纹密封的管螺纹的特征代号为 G；用螺纹密封的圆锥内管螺纹的特征代号是 R_C；用螺纹密封的圆柱内管螺纹的特征代号是 R_P；与圆柱内螺纹配合的圆锥外管螺纹的特征代号是 R_1；与圆锥内螺纹配合的圆锥外管螺纹的特征代号是 R_2。

b. 尺寸代号 管螺纹的尺寸代号用英寸表示，不是管螺纹的公称直径。非螺纹密封的管螺纹的大径、小径和螺距等参数可由附表 3 查出。

c. 公差等级代号　非螺纹密封的外管螺纹的公差等级分为 A 级和 B 级，需标注；内管螺纹的公差等级只有一种，不需标注。用螺纹密封的管螺纹内、外螺纹的公差等级均只有一种，不需标注。

d. 旋向　左旋螺纹用 LH 表示，需要注出。右旋螺纹不标注。

③ 梯形螺纹和锯齿形螺纹的标记　梯形螺纹用来传递双向动力，如机床的丝杠。梯形螺纹的直径和螺距系列、基本尺寸可查阅附表 2。锯齿形螺纹用来传递单向动力，如螺旋千斤顶中螺杆上的螺纹。锯齿形螺纹的直径和螺距系列、基本尺寸可查阅有关标准。

梯形螺纹和锯齿形螺纹的标记的内容和格式如下。

| 螺纹特征代号 | 公称直径 | × | 导程（P 螺距） | 旋向 | — | 螺纹公差带代号 | — | 旋合长度代号 |

a. 螺纹特征代号　梯形螺纹的特征代号为"Tr"；锯齿形螺纹的特征代号为"B"。

b. 公称直径　公称直径指螺纹的大径。

c. 螺距和导程　单线螺纹只注螺距，多线螺纹要注导程和螺距。在单线螺纹中，导程（P 螺距）一项写为螺距。

d. 旋向　旋向分为左旋和右旋。右旋时不标旋向，左旋时标注"LH"。

e. 螺纹公差带代号　公差带代号只注中径公差带代号。

f. 旋合长度代号　旋合长度分为中等旋合长度（N）和长旋合长度（L）两种。旋合长度为中等旋合长度时，不用标注"N"。

(3) 螺纹的标注

① 普通螺纹、梯形螺纹、锯齿形螺纹标注采用尺寸式标注，管螺纹的标注采用指引线形式，都从大径线引出标注，如表 7-1 所示。

表 7-1　常用螺纹的标注示例

螺纹种类		标注图例	标记说明
普通螺纹 M	粗牙	M20-5g6g	粗牙普通螺纹,公称直径 20mm,右旋(不标注),中径和顶径公差带代号分别为 5g 和 6g,中等旋合长度(N 不注)
		M20LH-6H-L	粗牙普通螺纹,公称直径 20mm,左旋(LH),中径和顶径公差带代号均为 6H,旋合长度为 L(长)
	细牙	M20×1.5-5g6g	细牙普通螺纹,公称直径 20mm,螺距 1.5mm,右旋,中径和顶径公差带代号分别为 5g 和 6g,中等旋合长度

螺纹种类		标注图例	标记说明
管螺纹	非螺纹 密封 G	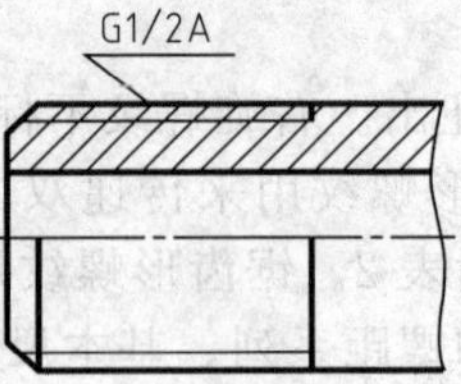 G1/2A	非螺纹密封的外管螺纹,尺寸代号 1/2in,公差等级为 A 级,右旋(不注)
		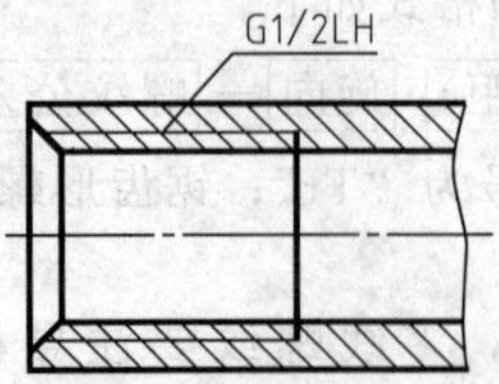 G1/2LH	非螺纹密封的内管螺纹,尺寸代号 1/2in,左旋
	用螺纹密封 R_C R_P R_1 R_2	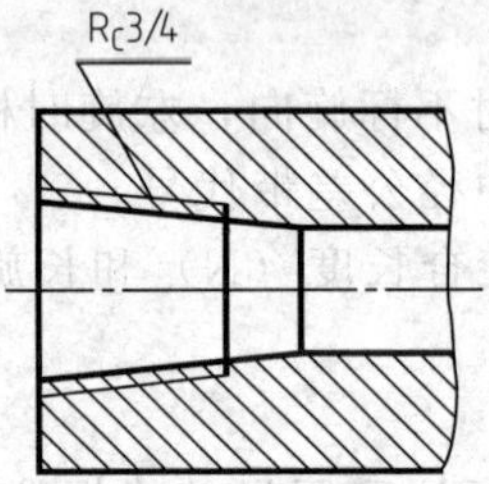 R_C3/4	螺纹密封的圆锥内管螺纹,尺寸代号 3/4in,右旋
梯形螺纹 Tr	单线	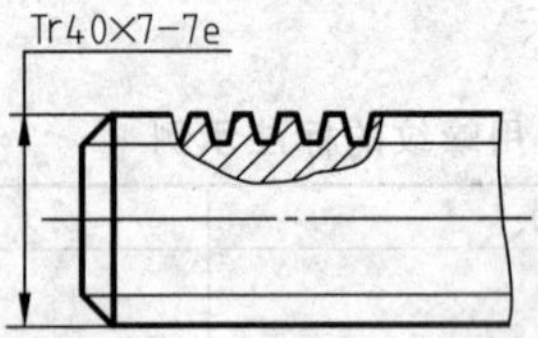 Tr40×7-7e	梯形螺纹,公称直径 40mm,螺距 7mm,右旋(不标注),中径公差带代号为 7e(外螺纹用小写字母,内螺纹用大写字母),中等旋合长度(N 不注)
	多线	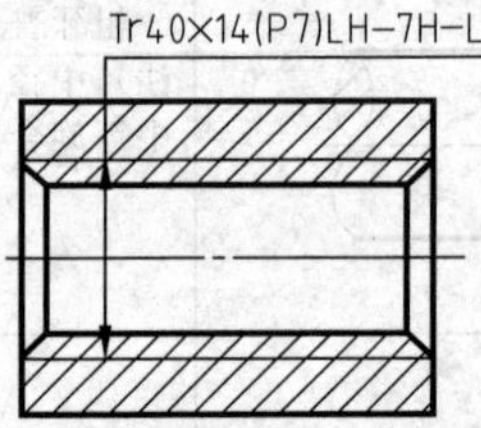 Tr40×14(P7)LH-7H-L	梯形螺纹,公称直径 40mm,导程 14mm,螺距 7mm(双线),左旋,中径公差带代号为 7H,旋合长度为 L(长)
锯齿形 螺纹 B	单线	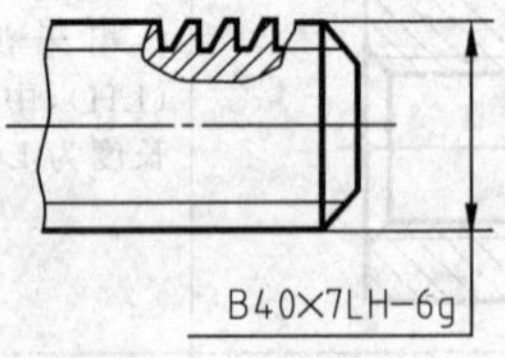 B40×7LH-6g	锯齿形螺纹,公称直径 40mm,螺距 7mm,左旋,中径公差带代号为 6g,中等旋合长度 N 不注
	多线	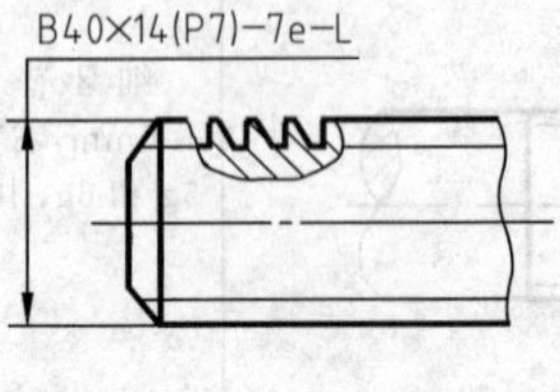 B40×14(P7)-7e-L	锯齿形螺纹,公称直径 40mm,导程 14mm,螺距 7mm,右旋,中径公差带代号为 7e,旋合长度为 L(长)

②　螺纹副（内、外螺纹装配在一起）标记中的公差带代号用斜线分开，左边表示内螺纹公差带代号，右边表示外螺纹公差带代号，如图 7-14 所示。

③　特殊螺纹的标注应在牙型符号前加注"特"字，并注出大径和螺距，如图 7-15（a）所示。非标准螺纹的标注应注出螺纹的大径、小径、螺距和牙型的尺寸，如图 7-15（b）所示。

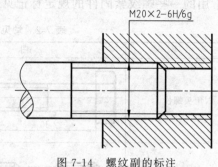

图 7-14　螺纹副的标注

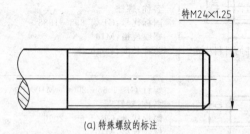

(a) 特殊螺纹的标注

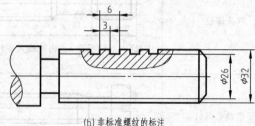

(b) 非标准螺纹的标注

图 7-15　特殊螺纹和非标准螺纹的标注

7.2　螺纹紧固件

7.2.1　常用螺纹紧固件的种类及标记

(1) 螺纹紧固件的种类

螺纹紧固件是运用一对内、外螺纹的连接作用来连接和紧固一些零部件。常见的螺纹紧固件有螺栓、双头螺柱、螺钉、螺母、垫圈等，如图 7-16 所示。螺纹紧固件是标准件，其尺寸、结构形状、材料和技术要求均已标准化。

开槽盘头螺钉	内六角圆柱头螺钉	十字槽沉头螺钉	开槽锥端紧定螺钉	六角头螺栓
双头螺柱	六角螺母	六角开槽螺母	平垫圈	弹簧垫圈

图 7-16　常见螺纹紧固件

(2) 螺纹紧固件的规定标记

常用螺纹紧固件的完整标记由以下各项组成：名称、国标编号、规格尺寸、产品形式、性能等级或材料等级、产品等级、扳拧形式和表面处理。一般主要标注前四项。

常用的一些螺纹紧固件的规定标记见表 7-2。

表 7-2　常见螺纹紧固件的规定标记

名　称	图　例	规定标记及说明
六角头螺栓		螺栓 GB/T 5780—2000　M8×30 名称:螺栓 国标代号:GB/T 5780—2000 螺纹规格:M8 公称长度:30mm
双头螺柱	注:旋入端的长度 b_m 由被旋入零件的材料决定。	螺柱 GB/T 898—1988　M10×45 名称:螺柱 国标代号:GB/T 898—1988 螺纹规格:M10 公称长度:45mm
开槽盘头螺钉		螺钉 GB/T 65—2000　M10×50 名称:螺钉 国标代号:GB/T 65—2000 螺纹规格:M10 公称长度:50mm
开槽沉头螺钉		螺钉 GB/T 68—2000　M10×50 名称:螺钉 国标代号:GB/T 68—2000 螺纹规格:M10 公称长度:50mm
开槽锥端紧定螺钉		螺钉 GB/T 71—1985　M12×35 名称:螺钉 国标代号:GB/T 71—1985 螺纹规格:M12 公称长度:35mm
六角螺母		螺母 GB/T 6170—2000　M12 名称:螺母 国标代号:GB/T 6170—2000 螺纹规格:M12
平垫圈		垫圈 GB/T 97.1—2002　10—140HV 名称:垫圈 国标代号:GB/T 97.1—2002 公称尺寸:φ10.5 螺纹规格:10(M10) 性能等级:140HV(硬度)级
标准弹簧垫圈		垫圈 GB/T 93—1987　12 名称:垫圈 国标代号:GB/T 93—1987 公称尺寸:φ12.2 螺纹规格:12(M12)

7.2.2 常用螺纹紧固件的规定画法

螺纹紧固件是标准件，所以根据它们的规定标记，就可以从附表或有关标准中查到它们的结构形式和全部尺寸。画螺纹紧固件时，可以查表按实际尺寸和结构画图；但为了方便作图，一般采用按比例作图的方法。此时，所有尺寸都是按照与螺纹大径 d 或 D 成一定比例来确定的，所以这种画法也称为比例画法。比例画法一般分为近似画法与简化画法两种，在画装配图时可以采用其中一种。六角螺母、螺栓、双头螺柱等常用螺纹紧固件的近似画法及简化画法见表 7-3。

表 7-3 常用螺纹紧固件的近似画法及简化画法

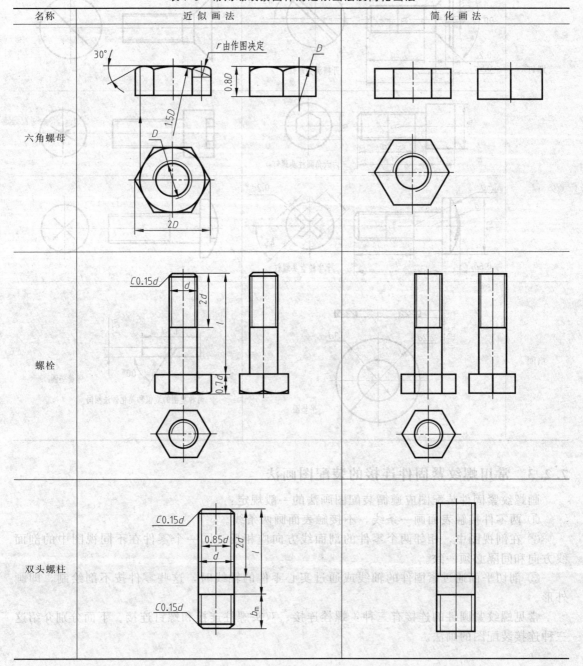

名称	近似画法	简化画法
六角螺母		
螺栓		
双头螺柱		

名称	近 似 画 法	简 化 画 法
螺钉	开槽盘头螺钉 开槽沉头螺钉 内六角圆柱头螺钉 十字槽盘头螺钉	
垫圈	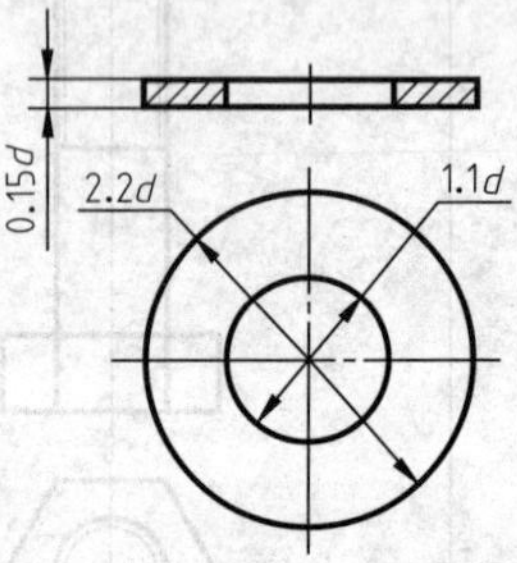 平垫圈	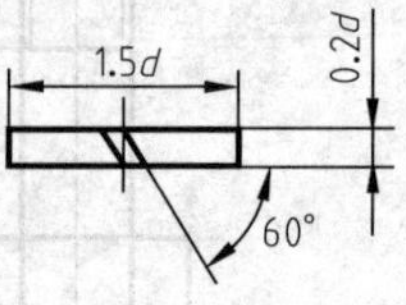 两种垫圈的近似和简化画法相同 弹簧垫圈

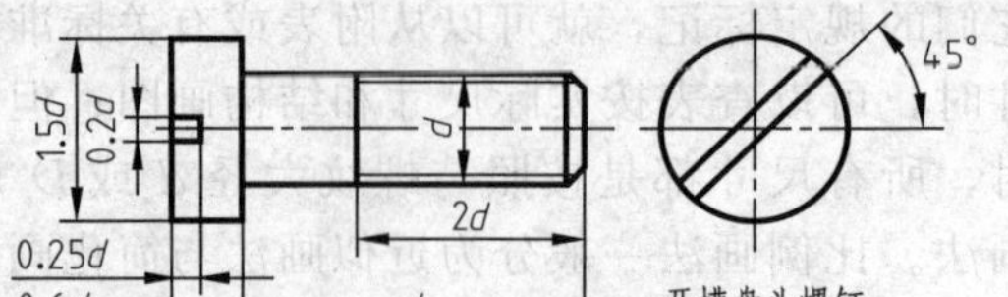

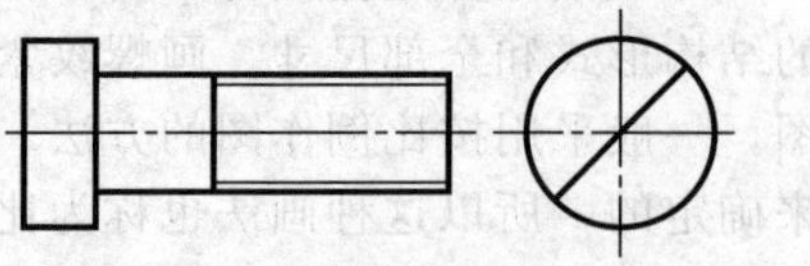

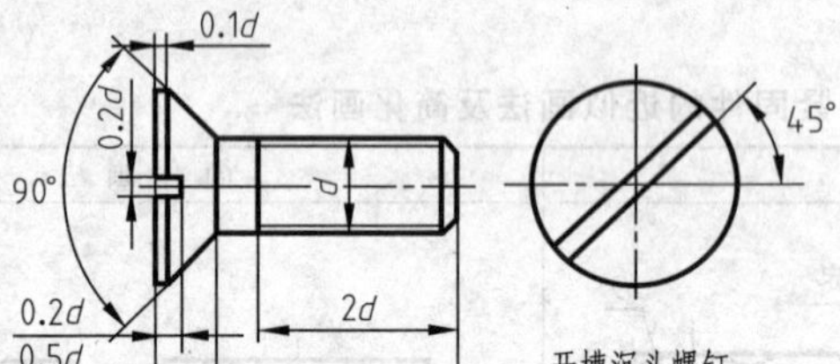

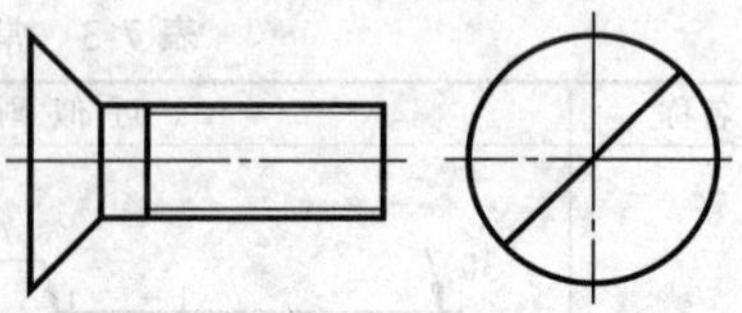

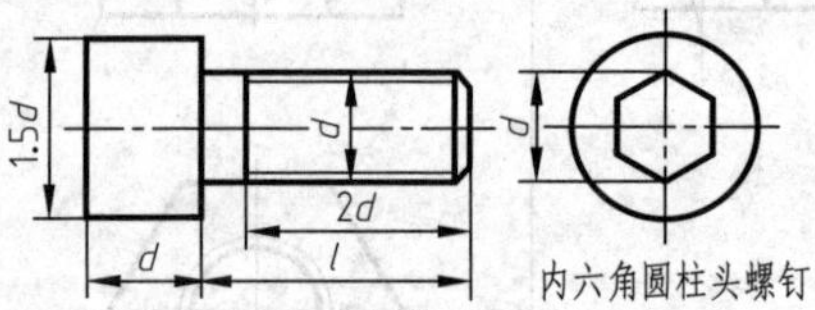

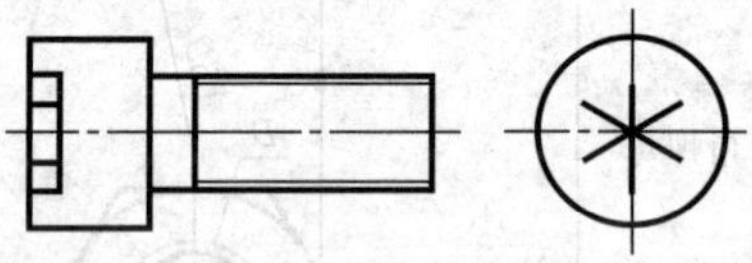

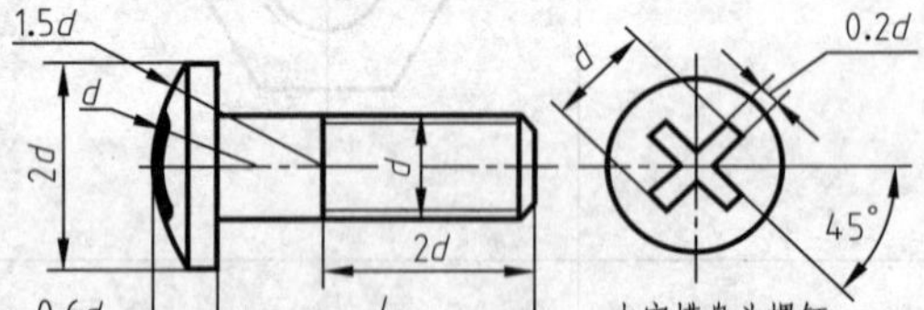

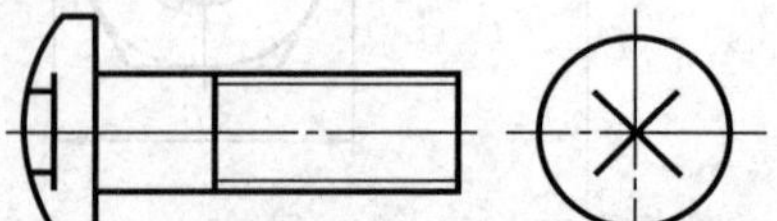

7.2.3 常用螺纹紧固件连接的装配图画法

画螺纹紧固件装配图应遵循装配图画法的一般规定：

① 两零件接触表面画一条线，不接触表面画两条线。

② 在剖视图中，相邻两个零件的剖面线方向应相反；同一个零件在不同视图中的剖面线方向和间隔必须一致。

③ 剖切平面通过紧固件的轴线或通过实心零件的轴线时，这些零件按不剖绘制，即画外形。

常见螺纹紧圆件的连接有三种：螺栓连接、双头螺柱连接和螺钉连接。下面分别介绍这三种连接装配图的画法。

（1）螺栓连接装配图的画法

① 画法　螺栓用来连接不太厚的、并允许钻成通孔的零件。螺栓连接由螺栓、螺母、垫圈组成，用螺栓连接两块板的装配示意图如图 7-17 所示。如图 7-18（b）、（c）所示的是螺栓连接装配图的画法，一般主视图采用全剖视图，俯视图和左视图采用外形图。

如图 7-18（a）所示的是螺栓连接前的情况，被连接的两块板上钻有直径略大于螺纹大径的孔（孔径≈1.1d，设计时可按螺纹大径由相关国标或附表 4 选用）。连接时，先将两块被连接板上的孔对准，再将螺栓穿入孔中，使螺栓头部抵住被连接板的下表面，然后在螺栓的上部套上平垫圈，以增加支承面积并防止被连接板的上表面损伤，最后用螺母拧紧。

如图 7-18（b）所示的是螺栓连接装配图的近似画法。在近似画法中，螺栓、螺母和垫圈均采用如图 7-18（a）或表 7-3 所示的近似画法；如图 7-18（c）所示的是螺栓连接装配图的简化画法，在简化画法中，螺栓、螺母和垫圈均采用表

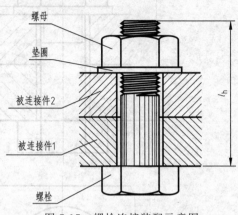

图 7-17　螺栓连接装配示意图

7-3 所示的简化画法［主要尺寸与图 7-18（a）相同］。在简化画法中，螺栓头部、螺母和螺栓上螺纹的倒角都省略不画，在机器或部件的装配图中常用这种画法。

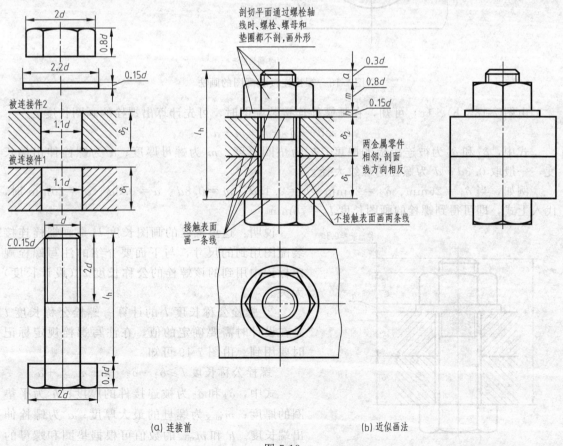

(a) 连接前　　　　　　　　　　　　　　(b) 近似画法

图 7-18

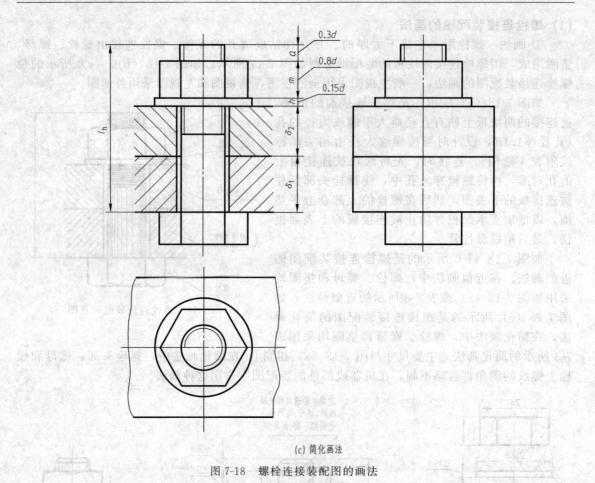

(c) 简化画法

图 7-18　螺栓连接装配图的画法

由图 7-18（b）、（c）可知，在画螺栓连接装配图时，可先计算出螺栓的画图长度 l_h

$$l_h = \delta_1 + \delta_2 + h + m + a$$

式中，δ_1 和 δ_2 为被连接板的厚度；h 为垫圈厚度；m 为螺母厚度；a 为螺栓伸出端长度，一般取 $0.3d$；d 为螺栓的螺纹大径。

例如，当 $\delta_1 = 26mm$、$\delta_2 = 25mm$、$h = 0.15d$、$m = 0.8d$、$a = 0.3d$、$d = 20mm$ 时，代入上式，即可得到螺栓的画图长度 $l_h = 76mm$。

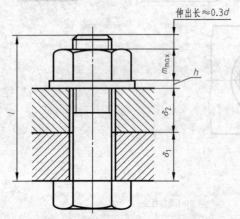

图 7-19　螺栓公称长度 l 的计算

说明：这里螺栓的画图长度 l_h 是画螺栓连接装配图用到的尺寸，与下面要介绍的注写螺栓规定标记中用到的该螺栓的公称长度 l（设计长度）无关。

② 螺栓公称长度 l 的计算　　螺栓公称长度 l 是在设计时需要确定的值，在注写螺栓规定标记时要用到。由图 7-19 可知

螺栓公称长度 $l \geqslant \delta_1 + \delta_2 + h + m_{max} + a$

式中，δ_1 和 δ_2 为被连接件的厚度；h 为平垫圈的厚度；m_{max} 为螺母的最大厚度；a 为螺栓伸出端长度。h 和 m_{max} 的数值可根据垫圈和螺母的国标号查附表 10、附表 9 或国标得到。由上式计

算出 l 的数值后, 再由附表 4 或相应国标确定 l 的具体数值。

【例 7-1】 用螺栓 (GB/T 5780—2000 M12×l)、垫圈 (GB/T 97.1—2002 12) 和螺母 (GB/T 6170—2000 M12), 连接厚度 $\delta_1＝20$mm 和 $\delta_2＝30$mm 的两个零件, 试求出螺栓的公称长度 l, 并写出螺栓的规定标记。

【解】 由附表 10 和附表 9 查得 $h＝2.5$mm, $m_{max}＝10.8$mm, 则螺栓的公称长度 l 应为

$$l \geqslant \delta_1 + \delta_2 + h + m_{max} + a = 20 + 30 + 2.5 + 10.8 + 0.3 \times 12 = 66.9\text{mm}$$

查附表 4, 当螺纹规格 $d＝$M12 时, l 的商品规格范围是 50~120mm, 但并不是说在此区间的每一个尺寸都可以选择, 还必须由 l 系列选出有产品生产的尺寸数值, 由 l 系列可选取螺栓的公称长度 $l＝70$mm。

因此, 螺栓的规定标记应为 "螺栓 GBT 5780—2000 M12×70"。

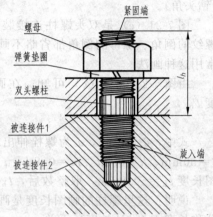

图 7-20　双头螺柱连接装配示意图

(2) 双头螺柱连接装配图的画法

① 画法　当两个被连接零件中, 有一个太厚不能钻成通孔或不宜采用螺栓连接时, 可采用双头螺柱连接。双头螺柱连接由双头螺柱、螺母、垫圈组成。用双头螺柱连接两个零件的装配示意图, 如图 7-20 所示, 双头螺柱拧入被连接零件的一端称为旋入端; 与垫圈、螺母连接的一端称为紧固端。

在双头螺柱连接的装配图中, 一般主视图采用全剖视图, 俯视图和左视图采用外形图。

图 7-21 (a) 是双头螺柱连接前的情况, 先在较薄的连接件上钻出一个直径约为 1.1d

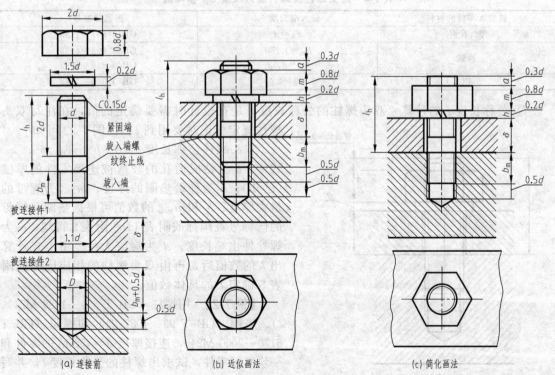

(a) 连接前　　(b) 近似画法　　(c) 简化画法

图 7-21　双头螺柱连接装配图的画法

（d 为螺柱公称直径）的孔，在较厚的零件上加工出螺纹盲孔，将双头螺柱的旋入端旋进螺纹盲孔中，将较薄的零件套入双头螺柱，再穿过零件通孔的紧固端，套上弹簧垫圈（弹簧垫圈有防松作用，也可用平垫圈），再拧上螺母即可。

图 7-21（b）为双头螺柱连接装配图的近似画法，在近似画法中，双头螺柱、螺母和弹簧垫圈均采用图 7-21（a）或表 7-3 所示的近似画法；从图 7-21（b）中可以看出，双头螺柱连接的上半部与螺栓连接相似，下部画法注意［见图 7-21（b）、（c）］：①旋入端的螺纹终止线要与螺孔的上表面平齐，即图中旋入端的螺纹终止线要与螺孔的上表面重合；②旋入端的旋入深度 b_m 与螺孔深度相差 $0.5d$；③螺孔深度与钻孔深度相差 $0.5d$ 且底部有 120°的锥角（钻头角）。

图 7-21（c）是双头螺柱连接装配图的简化画法，在简化画法中，双头螺柱头部倒角、螺纹的倒角、螺母的倒角都省略不画，且在下部省略了钻孔深度，在机器或部件的装配图中常用这种画法。

由图 7-21（b）、（c）可知，在画双头螺柱连接的装配图时，可先计算螺柱的画图长度 l_h

$$l_h = \delta + h + m + a$$

式中，δ 为已知，a 为螺栓伸出端长度，一般取 $0.3d$。d 为螺柱的螺纹大径。例如，当 $\delta = 30mm$、$h = 0.2d$、$m = 0.8d$、$a = 0.3d$、$d = 16mm$ 时，代入上式，即可得到螺柱的画图长度 $l_h = 50.8mm$，取整数后，$l_h = 51mm$。

说明：这里螺柱的画图长度是画螺柱连接装配图用到的尺寸，与下面要介绍的该螺柱的公称长度 l（设计长度）无关。

由图 7-21 还可看到，在画双头螺柱连接装配图时，旋入端的螺纹长度 b_m 的尺寸也是需要知道的，它与被旋入零件的材料有关。b_m 的值可参照表 7-4 选取。

表 7-4　双头螺柱及螺钉旋入深度 b_m 参考值

被旋入零件的材料	旋入端长度 b_m	国家标准号
钢、青铜	$b_m = d$	GB/T 897—1988
铸铁	$b_m = 1.25d$	GB/T 898—1988
	$b_m = 1.5d$	GB/T 899—1988
铝	$b_m = 2d$	GB/T 900—1988

② 公称长度 l 的计算　双头螺柱的公称长度 l 是在设计时需要确定的值，在注写双头螺柱规定标记时要用到 l。由图 7-22 可知

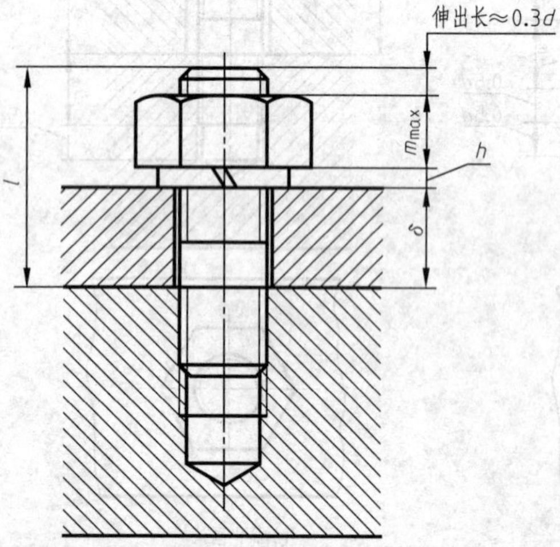

双头螺柱公称长度 $l \geqslant \delta + h + m_{max} + a$

式中，δ 为钻成通孔的较薄被连接零件的厚度（已知）；h 为弹簧垫圈的厚度；m_{max} 为螺母的最大厚度；h 和 m_{max} 的数值可根据垫圈和螺母的国标号查国标或附表 11 和附表 9 得到；a 为螺栓伸出端长度；d 为螺纹大径。由上式计算出 l 的数值后，再由双头螺柱的相应国标或附表 5 确定 l 的具体数值。

【例 7-2】　用螺柱（GB/T 899—1988 M24×l）、垫圈（GB/T 93—1987 24）和螺母（GB/T 6170—2000 M24），连接厚度 $\delta = 45mm$ 的零件和一块厚板零件，试求出螺柱的公称长度 l，并写出螺柱的规定标记。

图 7-22　双头螺柱公称长度 l 的计算

【解】　由附表 11 和附表 9 查得 $h=6$mm，$m_{max}=21.5$mm，则螺柱的公称长度 l 应为

$$l \geqslant \delta + h + m_{max} + a = 45 + 6 + 21.5 + 0.3 \times 24 = 79.7\text{mm}$$

查附表 5，当螺纹规格 $d=$M24 时，从 l（系列）可知当 $l \geqslant 79.7$mm 时，应选 $l=80$mm。因此，双头螺柱的规定标应记为"螺柱 GB/T 899—1988 M24×80"。

(3) 螺钉连接装配图的画法

螺钉按用途分为连接螺钉和紧定螺钉两类。螺钉的形式、尺寸及规定标记，可查阅附表 6～附表 8 或有关国家标准。螺钉连接中的几种螺钉的近似画法和简化画法见表 7-3。

① 连接螺钉连接的装配图画法　螺钉连接一般用于受力不大且不经常拆卸的地方。如图 7-23 所示的是常见的两种螺钉连接装配图的简化画法（螺钉用如表 7-3 所示简化画法）。

如图 7-23（a）所示为开槽圆柱头螺钉连接的简化画法；如图 7-23（b）所示为开槽沉头螺钉连接的简化画法。在连接螺钉装配图中，旋入螺孔一端的画法与双头螺柱相似，但螺纹终止线必须高于螺孔孔口，以使连接可靠。在螺钉连接中，螺孔部分有的是通孔，有的是盲孔，是盲孔时与双头螺柱连接的下部画法相同〔见图 7-21（a）、（b）〕；也可省略钻孔深度，如图 7-23 所示。

注意：在俯视图中，螺钉头部螺丝刀槽按规定画成与水平线倾斜 45°，而主视图中的螺丝刀槽正对读者。

由图 7-23 可知，螺钉的公称长度 $l \geqslant \delta + m_{max}$。其中，$\delta$ 为钻有通孔的较薄被连接件的厚度，旋入长度 b_m 的确定与双头螺柱连接时相同（见表 7-4）。计算出公称长度 l 的数值后，由相应附表最终确定公称长度 l。为了使螺钉头能压紧被连接件，螺钉的螺纹终止线应画在螺孔的端面之上〔见图 7-23（a）〕，或在螺杆的全长上画出螺纹〔见图 7-23（b）〕。

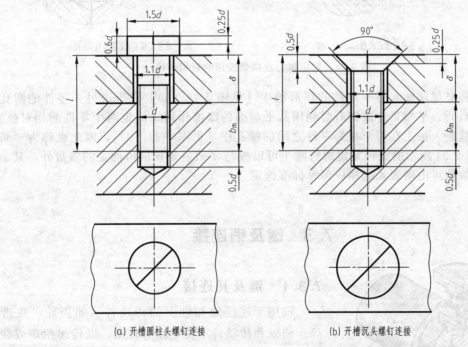

(a) 开槽圆柱头螺钉连接　　　　　　(b) 开槽沉头螺钉连接

图 7-23　螺钉连接装配图的简化画法

② 紧定螺钉连接的装配图画法　紧定螺钉主要用来防止两相配合零件之间发生相对运动。如图 7-24 所示为紧定螺钉连接装配图的近似画法。

常用的紧定螺钉分为锥端、柱端和平端三种。使用时，锥端紧定螺钉旋入一个零件的螺纹孔中，将其尾端压进另一零件的凹坑中〔见图 7-24（a）〕；柱端紧定螺钉旋入一个零件的

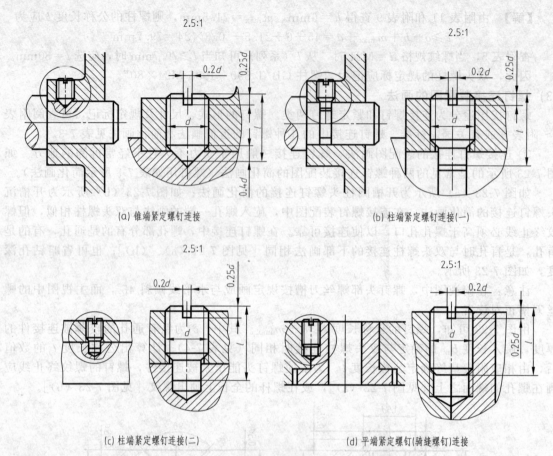

2.5:1

2.5:1

(a) 锥端紧定螺钉连接

(b) 柱端紧定螺钉连接(一)

2.5:1

2.5:1

(c) 柱端紧定螺钉连接(二)

(d) 平端紧定螺钉(骑缝螺钉)连接

图 7-24　紧定螺钉连接装配图的近似画法

螺纹孔中，将其尾端插入另一零件的环形槽中［见图 7-24（b）］或压进另一零件的圆孔中［见图 7-24（c）］；平端紧定螺钉有时利用其平端面的摩擦作用来固定两个零件的相对位置，也常将其骑缝旋入加工在两个相邻零件之间的螺孔中［见图 7-24（d）］，因此也称为"骑缝螺钉"。如图 7-24 所示的三种紧定螺钉除了可以按与 d 成一定比例可确定的参数外，其余各部分参数的数值可由附表 8 或相应国家标准选定。

7.3　键及销连接

7.3.1　键及其连接

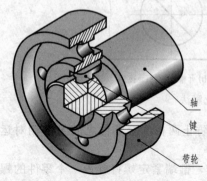

图 7-25　键的作用

键用于连接轴和轴上的传动件（如齿轮、皮带轮等）使轴和传动件不发生相对转动，以传递扭矩或旋转运动，如图 7-25 所示。

常用键的形式有普通平键、半圆键和钩头楔键，普通平键分 A 型、B 型、C 型，如图 7-26 所示。

键是标准件，表 7-5 给出了它们的形式、尺寸标记和连接画法。

图 7-25 标注：轴　键　带轮

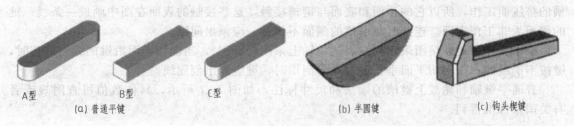

图 7-26　常用键的形式

表 7-5　常用键的种类、形式、标记和连接画法

名称及标准	形式及主要尺寸	标　记	连 接 画 法
普通平键 A 型 GB/T 1096—2003		键 $b \times h \times L$ GB/T 1096—2003	
半圆键 GB/T 1099.1—2003		键 $b \times d_1$ GB/T 1099—2003	
钩头楔键 GB/T 1565—2003		键 $b \times L$ GB/T 1565—2003	

(1) 普通平键连接

普通平键使用时，键的两侧面是工作面，连接时与键槽的两个侧面接触，键的底面也与轴上键槽的底面接触，因此在绘制键连接的装配图时，这些接触的表面画成一条线；键的顶面为非工作表面，连接时与孔上键槽的顶面不接触，应画出间隙。

普通平键有 A 型、B 型、C 型三种，普通平键及键槽的规格尺寸等可根据轴径大小查附表 12 或有关国家标准得到。

(2) 半圆键连接

半圆键形似半圆，可以在键槽中摆动，以适应轮毂键槽底面形状，常用于锥形轴端且连接负荷不大的场合。

(3) 钩头楔键连接

钩头楔键的顶面有 1∶100 的斜度，装配时需打入键槽内，它依靠键的顶面和底面与键槽的挤压而工作，所以它的顶面和底面与键槽接触，这些接触的表面在图中画成一条线；键的侧面为非工作表面，连接时与键槽的侧面不接触，应画出间隙。

综上所述，键连接图采用剖视表达（轴上采用局部剖），当剖切平面沿键的纵向剖切时，键按不剖绘制；当剖切平面垂直键的纵向剖切时，键应画出剖面线。

普通平键轴和轮毂上键槽的画法和尺寸标注，如图 7-27 所示，具体数值可查附表或者有关国家标准得到。

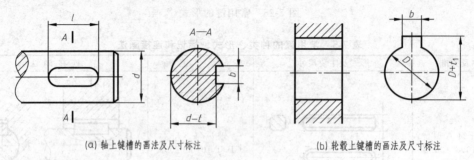

(a) 轴上键槽的画法及尺寸标注   (b) 轮毂上键槽的画法及尺寸标注

图 7-27　普通平键连接的画法

7.3.2　销及其连接

销的种类较多，通常用于零件间的连接或定位。常用的销有圆柱销、圆锥销和开口销，开口销常与槽型螺母配合使用，起防松作用。

销是标准件。表 7-6 给出了圆柱销、圆锥销、开口销的主要尺寸、标记和连接画法。

表 7-6　销的种类、形式、标记和连接画法

名称及标准	形式及主要尺寸	简化标记	连接画法
圆柱销 GB/T 119.1—2000	d　l	销 GB/T 119.1 A $d \times l$	
圆锥销 GB/T 117—2000	1:50　d　l	销 GB/T 117 A $d \times l$	
开口销 GB/T 91—2000	l　d	销 GB/T 91 $d \times l$	

注意：画销连接图时，当剖切平面通过销的轴线时，销按不剖绘制，轴取局部剖，如表7-6 右边的连接图所示。

圆柱销和圆锥销的装配要求较高，销孔一般要在被连接件装配后同时加工。这一要求，需用"装配时作"或"与 X 件同钻铰"字样在零件图上注明。锥销孔的公称直径指小端直径，标注时可采用旁注法，如图 7-28 所示。锥销孔加工时按公称直径先钻孔，再用定值铰刀扩铰成锥孔，如图 7-29（a）、（b）所示。

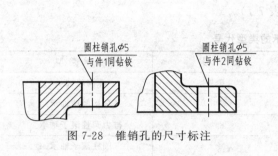

图 7-28　锥销孔的尺寸标注

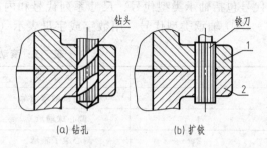

图 7-29　锥销孔的加工
1—工件 1；2—工件 2

7.4　滚 动 轴 承

轴承分为滚动轴承和滑动轴承，是常见的支承件，用来支承轴。滚动轴承是标准件，具有结构紧凑、摩擦阻力小、转动灵活、便于维修等特点，在机械设备中广泛应用。它一由外圈、内圈、滚动体及保持架组成，如图 7-30 所示。其外圈装在机座的孔内，内圈套在转动的轴上。一般外圈固定不动，内圈随轴一起转动。

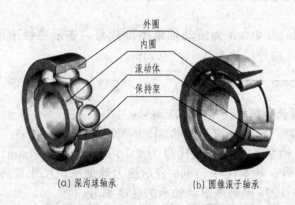

（a）深沟球轴承　　　（b）圆锥滚子轴承　　　（c）推力球轴承

图 7-30　滚动轴承的结构

7.4.1　滚动轴承的类型

滚动轴承按其所能承受的力的方向可分为如下三种。

① 向心轴承　主要承受径向力，如图 7-30（a）所示的深沟球轴承。

② 向心推力轴承　能同时承受径向力和轴向力，如图 7-30（b）所示的圆锥滚子轴承。

③ 推力轴承　只能承受轴向力，如图 7-30（c）所示的推力球轴承。

7.4.2 滚动轴承的代号及规定标记

滚动轴承的代号和分类可分别查阅 GB/T 272—1993《滚动轴承　代号方法》和 GB/T 271—2008《滚动轴承　分类》。

(1) 滚动轴承的基本代号

当游隙为基本组、公差等级为 C 级时，滚动轴承常用基本代号表示。滚动轴承的基本代号包括轴承类型代号、尺寸系列代号和内径代号。

① 轴承类型代号　用数字或字母表示（见表 7-7）。

表 7-7　滚动轴承的类型代号

代　　号	轴 承 类 型	代　　号	轴 承 类 型
0	双列角接触球轴承	6	深沟球轴承
1	调心球轴承	7	角接触球轴承
2	调心滚子轴承	8	推力圆柱滚子轴承
3	圆锥滚子轴承	N	圆柱滚子轴承
4	双列深沟球轴承	U	外球面球轴承
5	推力球轴承	QJ	四点接触球轴承

② 尺寸系列代号　由轴承的宽（高）度系列代号（一位数字）和外径系列代号（一位数字）左、右排列组成。

③ 内径代号　当 $10mm \leqslant$ 内径 $d \leqslant 495mm$ 时，代号数字 00、01、02、03 分别表示内径 $d=10mm$、$d=12mm$、$d=15mm$ 和 $d=17mm$；代号数字大于等于 04，则代号数字乘以 5，即为轴承内径 d 的尺寸的毫米数值。

例如，轴承的基本代号为 6201。其中，6 为滚动轴承类型代号，表示深沟球轴承；2 为尺寸系列代号，实际为 02 系列，深沟球轴承左边为 0 时可省略；01 为内径代号，内径尺寸为 12mm。

例如，轴承的基本代号为 30308。其中，3 为滚动轴承类型代号，表示圆锥滚子轴承；03 为尺寸系列代号；08 为内径代号，内径尺寸为 $8 \times 5 = 40mm$。

(2) 滚动轴承的规定标记

滚动轴承的规定标记为

滚动轴承　基本代号　标准编号

例如，滚动轴承 6204　GB/T 276—2013；滚动轴承 51306　GB/T 301—1995。

其中基本代号 6204 表示深沟球轴承，尺寸系列代号为 2，内径尺寸为 20mm，GB/T 276—2013 则是该滚动轴承的标准编号；基本代号 51306 表示推力球轴承，尺寸系列代号为 13，内径尺寸为 30mm，GB/T 301—1995 则是该滚动轴承的标准编号。

7.4.3　滚动轴承的画法（见表 7-8）

滚动轴承是标准部件，由专门工厂生产，使用单位一般不必画出其部件图。在装配图中，必须在明细表中注出轴承的代号，可根据国标规定采用通用画法、特征画法及规定画法，其具体的画法和规定见表 7-8。在同一图样中一般只采用其中一种画法。无论采用哪种画法，在画图时应先根据轴承代号由相应国家标准查出其外径 D、内径 d 和宽度 B 后，按表 7-8 的比例关系绘制。其中三种滚动轴承的尺寸等可查阅附表 19～附表 21。

表 7-8 常用滚动轴承的画法

轴承类型	结构形式	通 用 画 法	特 征 画 法	规 定 画 法	承载特征
深沟球轴承 GB/T 276— 2013 6000 型			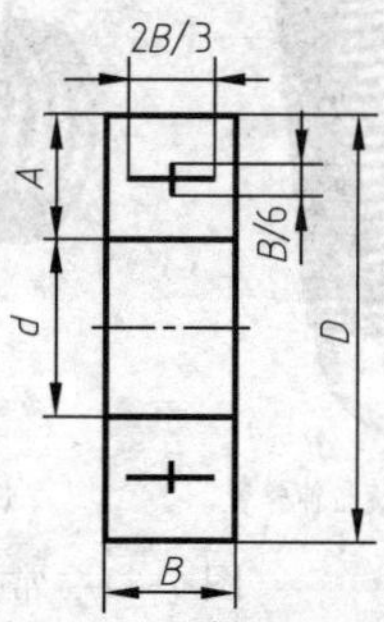	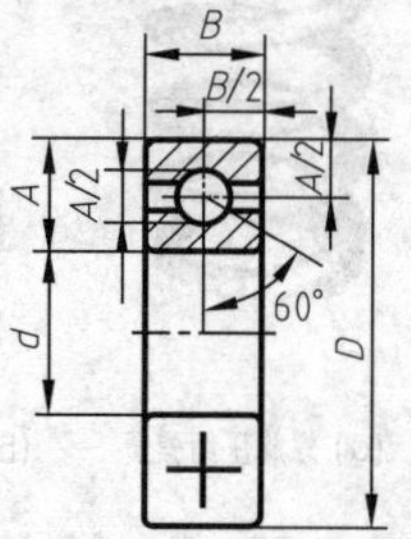	主要承受径向载荷
圆锥滚子轴承 GB/T 273.1— 2003 3000 型		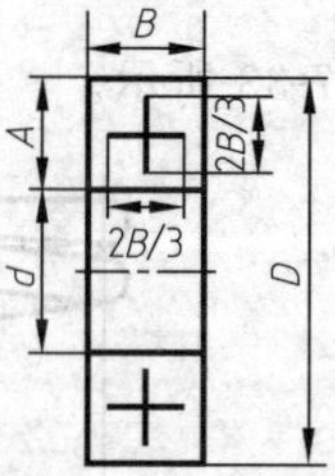	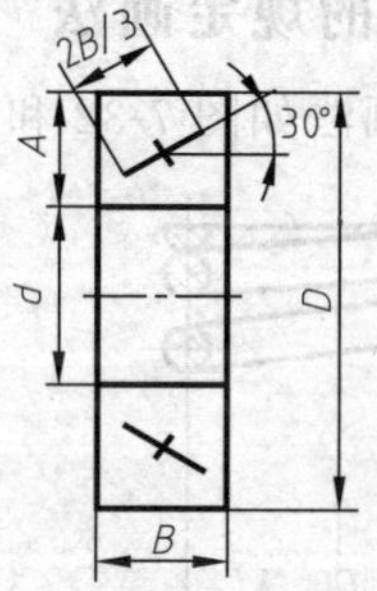	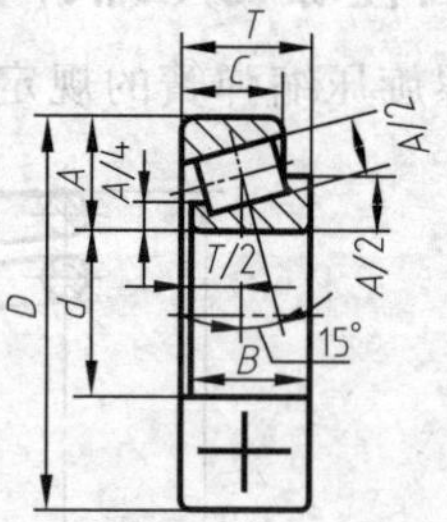	可同时承受径向和轴向载荷
推力球轴承 GB/T 301— 1995 5900 型			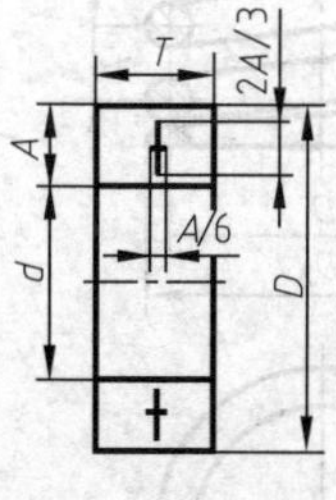	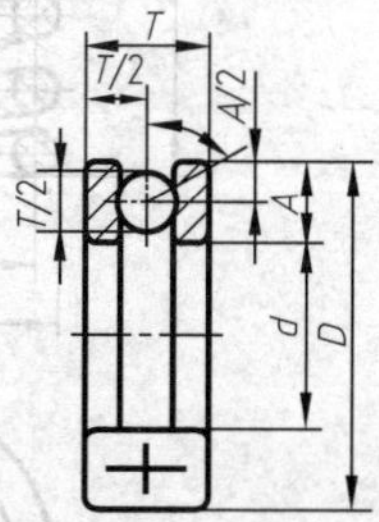	承受单方向的轴向载荷
三种画法的选用		当不需要确切的表示滚动轴承的外形轮廓、承载特性和结构特性时采用	当需要较形象的表示滚动轴承的结构特征时采用	滚动轴承的产品图样、产品样本、产品标准和产品使用说明书中采用	

注：通用画法、特征画法和规定画法均指滚动轴承在所属装配图中的剖视图画法。

7.5 弹 簧

在机器或设备中弹簧的使用也很多，弹簧是一种标准件，它的作用是减振、夹紧、储能和测力等。其特点是当外力去除后能立即恢复原状。

弹簧的种类很多，常见的有螺旋弹簧和蜗卷弹簧等，如图 7-31 所示。本节将介绍普通圆柱螺旋压缩弹簧的有关知识。圆柱螺旋压缩弹簧的尺寸和参数由 GB/T 2089—2009 规定。

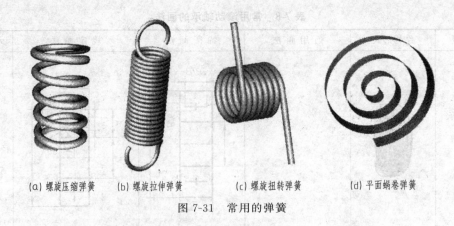

(a) 螺旋压缩弹簧　　(b) 螺旋拉伸弹簧　　　(c) 螺旋扭转弹簧　　　(d) 平面蜗卷弹簧

图 7-31　常用的弹簧

7.5.1　圆柱螺旋压缩弹簧的规定画法

圆柱螺旋压缩弹簧的规定画法如图 7-32 和图 7-33 所示。

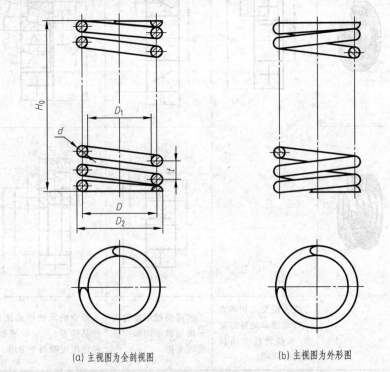

(a) 主视图为全剖视图　　　　　　　(b) 主视图为外形图

图 7-32　圆柱螺旋压缩弹簧的规定画法

① 在平行于螺旋弹簧轴线的投影面的视图中，各圈的轮廓画成直线，如图 7-32 所示。

② 螺旋弹簧均可画成右旋，对必须保证的旋向要求应在"技术要求"中注明。

③ 螺旋压缩弹簧如要求两端并紧且磨平时，不论支承圈的圈数多少和末端贴紧情况如何，均按图 7-32 所示的支承圈数为 2.5 圈的形式绘制，必要时也可按支承圈的实际结构绘制。

④ 有效圈数在 4 圈以上的螺旋弹簧中间部分可省略。圆柱螺旋弹簧中间部分省略后，允许适当缩短图形的长度。

⑤ 在装配图中，被弹簧挡住的结构一般不画出，可见部分应从弹簧的外轮廓线或从弹

簇钢丝剖面的中心线画起，如图 7-33（a）所示。

⑥ 在装配图中，如弹簧钢丝（簧丝）断面的直径在图形上小于或等于 2mm 时，允许用示意图表示，如图 7-33（b）所示；当弹簧被剖切时，簧丝的断面也可以涂黑表示。

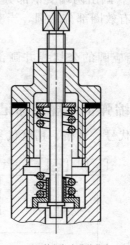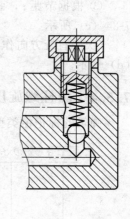

(a) 不画挡住部分零件轮廓　　(b) 弹簧示意图画法

图 7-33　圆柱螺旋压缩弹簧在装配图中的画法

7.5.2　圆柱螺旋压缩弹簧的术语、代号及尺寸关系

弹簧的参数及尺寸关系如图 7-32（a）所示。

① 材料直径 d　制造弹簧的钢丝直径。

② 弹簧直径　弹簧中径 D 为弹簧的平均直径；弹簧内径 D_1 为弹簧的最小直径，$D_1 = D - d$；弹簧外径 D_2 为弹簧的最大直径，$D_2 = D + d$。

③ 节距 t　除支承圈外，两相邻有效圈截面中心线的轴向距离。

④ 圈数　n 有效圈数 n 为弹簧上能保持相同节距的圈数。支承圈数 n_2 为使弹簧受力均匀，放置平稳，一般将弹簧的两端并紧、磨平。这些圈数工作时起支承作用，称为支承圈。支承圈一般有 1.5 圈、2 圈、2.5 圈三种，后两种较常见。总圈数 n_1 是有效圈数与支承圈数之和，称为总圈数，即 $n_1 = n + n_2$。

⑤ 自由高度 H_0　弹簧在不受外力作用时的高度，$H_0 = nt + (n_2 - 0.5)d$。

⑥ 展开长度 L　制造弹簧时坯料的长度，$L = n_1 \sqrt{(\pi D)^2 + t^2}$。

7.5.3　圆柱螺旋压缩弹簧画图步骤

若已知弹簧的中径 D、簧丝直径 d、节距 t、有效圈数 n 和支承圈数 n_2，先算出自由高度 H_0，然后按以下步骤作图。

① 以 D 和 H_0 为边长，画出矩形，如图 7-34（a）所示。

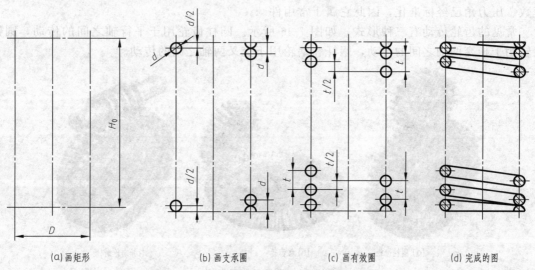

(a) 画矩形　　　(b) 画支承圈　　　(c) 画有效圈　　　(d) 完成的图

图 7-34　圆柱螺旋压缩弹簧的画图步骤

② 根据材料直径 d，画出两端支承部分的圆和半圆，如图 7-34（b）所示。

③ 根据节距 t，画有效圈部分的圆，当有效圈数在 4 圈以上，可省略中间的几圈，如图 7-34（c）所示。

④ 按右旋方向作相应圆的公切线并画剖面线，完成后的圆柱螺旋压缩弹簧如图 7-34（d）所示。

7.5.4　圆柱螺旋压缩弹簧的规定标记

弹簧的标记由类型代号、规格、精度代号、旋向代号和标准号组成，如图 7-35 所示。

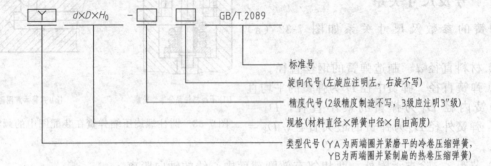

图 7-35　圆柱螺旋压缩弹簧的规定标记

例如，YA 型弹簧，材料直径为 1.2mm，弹簧中径为 8mm，自由高度为 40mm，精度等级为 2 级，左旋、两端并紧冷卷压缩弹簧，其规定标记为

$$YA\ 1.2 \times 8 \times 40\ 左\ GB/T\ 2089$$

圆柱螺旋压缩弹簧的图样格式请参阅 GB/T 4459.4—2003；有关表面粗糙度图形符号和标注方法请参阅 GB/T 131—2006 和 GB/T 2089—2009。

7.6　齿　轮

齿轮是传动零件，它的作用是用来传递动力、改变转速和运动方向。齿轮的参数中只有模数、压力角已经标准化，因此它属于常用件。

常见的齿轮传动有三种形式，如图 7-36 所示。圆柱齿轮用于平行轴之间的传动，圆锥齿轮用于相交两轴之间的传动，蜗杆和蜗轮用于交叉两轴之间的传动。

(a) 圆柱齿轮　　　　　(b) 锥齿轮　　　　　(c) 蜗轮蜗杆

图 7-36　常见的齿轮传动

7.6.1 圆柱齿轮

圆柱齿轮是将轮齿加工在圆柱面上，由轮齿、轮体（齿盘、辐板或辐条、轮毂等）组成，如图 7-37 所示。圆柱齿轮有直齿、斜齿和人字齿等，其中直齿圆柱齿轮的应用最广泛。

轮齿是齿轮的主要结构，有标准与非标准之分，轮齿的齿廓曲线有渐开线、摆线、圆弧等。在生产中应用最广泛的是渐开线齿轮。本节主要介绍标准渐开线齿轮的基本知识和规定画法。

(a) 直齿　　　　　(b) 斜齿　　　　　(c) 人字齿

图 7-37　圆柱齿轮

(1) 圆柱齿轮各部分的名称和代号

以直齿圆柱齿轮为例，说明标准圆柱齿轮各部分的名称和代号，如图 7-38 所示。图中下标 1 为主动齿轮，下标 2 为从动齿轮。

① 齿顶圆　通过轮齿顶的圆称为齿顶圆，其直径用 d_a 表示。

② 齿根圆　通过轮齿根的圆称为齿根圆，其直径用 d_f 表示。

③ 分度圆　通过轮齿上齿厚等于齿槽宽度处的圆称为分度圆。分度圆是设计齿轮时进行各部分尺寸计算的基准圆，是加工齿轮的分齿圆，其直径用 d 表示。

④ 齿高、齿顶高和齿根高。

a. 齿顶圆和分度圆之间的径向距离称为齿顶高，用 h_a 表示。

b. 齿根圆和分度圆之间的径向距离称为齿根高，用 h_f 表示。

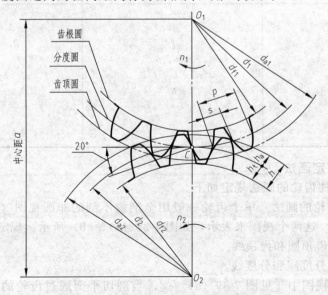

图 7-38　直齿圆柱齿轮各部分的名称和代号

c. 齿顶圆与齿根圆之间的径向距离称为齿高，用 h 表示，$h = h_a + h_f$。

⑤ 齿距和齿厚　分度圆上相邻两齿廓对应点之间的弧长称为齿距，用 p 表示。每个齿廓在分度圆上的弧长称为分度圆齿厚，用 s 表示。对于标准齿轮来说，齿厚为齿距的一半，即 $s = p/2$。

⑥ 齿数　齿轮的轮齿个数称为齿数，用 z 表示。

⑦ 模数　模数是设计和制造齿轮的一个重要参数，用 m 表示。设齿轮齿数为 z，则分度圆周长 $= \pi d = zp$，即 $d = \dfrac{p}{\pi}$，令 $\dfrac{p}{\pi} = m$，则 $d = mz$。

这里，把 m 称为齿轮的模数，单位为 mm。两啮合齿轮的模数 m 必须相等。

不同模数的齿轮，要用不同模数的刀具来加工制造。为了便于设计加工，国标已将模数标准化，其标准值见表 7-9。由模数的计算式可知：模数 m 越大，则齿距 p 越大，随之齿厚 s 也越大，因而齿轮的承载能力也越大。

表 7-9　齿轮模数系列（GB/T 1357—2008）

第一系列		1	1.25		1.5		2		2.5		3	4	5	6	8	10	12		16	20	25	32	40	50	
第二系列	1.75	2.25	2.75	(3.25)	3.5	(3.75)	4.5	5.5	(6.5)	7	9	(11)	14	18	22	28	36	45

⑧ 压力角　一对啮合齿轮的轮齿齿廓在接触点 C 处的公法线与两分度圆的内公切线之间的夹角称为压力角，用 α 表示。我国标准齿轮的压力角为 $20°$。

⑨ 中心距　一对啮合齿轮轴线之间的最短距离称为中心距，用 a 表示。

在渐开线齿轮中，只有模数和压力角都相等的齿轮，才能正确啮合。

进行齿轮设计时，确定齿轮的模数 m、齿数 z 后，齿轮的其他几何要素可以由模数和齿数计算获得。直齿圆柱齿轮的计算公式见表 7-10。

⑩ 传动比　传动比 i 为主动齿轮的转速 n_1 与从动齿轮的转速 n_2 之比，即 $i = n_1/n_2 = z_2/z_1$，用于减速的一对啮合齿轮，其传动比 $i > 1$。

表 7-10　直齿圆柱齿轮几何要素的尺寸计算

基本几何要素：模数 m，齿数 z		
名　称	代　号	计 算 公 式
分度圆直径	d	$d = mz$
齿顶圆直径	d_a	$d_a = m(z+2)$
齿根圆直径	d_f	$d_f = m(z-2.5)$
齿顶高	h_a	$h_a = m$
齿根高	h_f	$h_f = 1.25m$
齿高	h	$h = 2.25m$
齿距	p	$p = \pi m$
齿厚	s	$s = p/2$
中心距	a	$a = m(z_1 + z_2)/2$

(2) 圆柱齿轮的规定画法

国家标准对圆柱齿轮的画法规定如下。

① 单个圆柱齿轮的画法　单个齿轮一般用全剖或不剖的非圆视图（主视图）和反映圆的端视图（左视图）这两个视图来表示，如图 7-39（a）、（b）所示。规定画法如下。

a. 用粗实线画齿顶圆和齿顶线。

b. 用点画线画分度圆和分度线。

c. 在全剖的主视图中［见图 7-39（a）右］，当剖切平面通过齿轮的轴线时，轮齿按不剖画，齿根线用粗实线画。

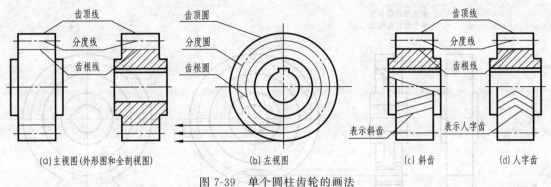

(a)主视图(外形图和全剖视图)　　　(b)左视图　　　(c)斜齿　　(d)人字齿

图 7-39　单个圆柱齿轮的画法

d. 不剖时，用细实线画齿根圆和齿根线［见图 7-39（a）左、（b）］，也可省略不画。

e. 斜齿与人字齿的齿线的形状，可用三条与齿线方向一致的平行细实线在非圆外形视图中表示［见图 7-39（c）、（d）］。

f. 其他部分根据实际情况，按投影关系绘制。

g. 直齿圆柱齿轮零件图如图 7-40 所示（GB/T 1182—2008）。

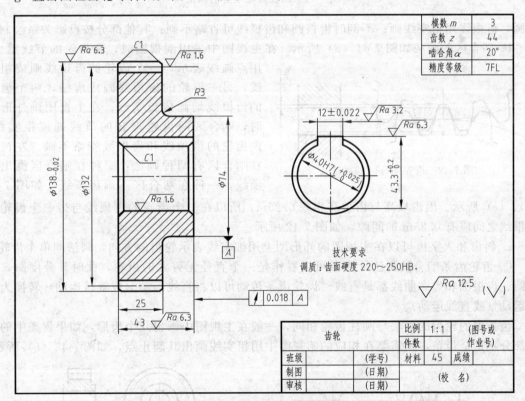

图 7-40　直齿圆柱齿轮零件图

　　② 圆柱齿轮啮合的画法　两圆柱齿轮正确啮合时，它们的分度圆相切，分度圆此时也称作节圆。齿轮啮合的画法，一般用剖视（也可不剖）的非圆视图（主视图）和反映圆的端视图（左视图）这两个视图来表示，如图 7-41 所示。

　　规定画法如下。

　　a. 非啮合区的画法与单个圆柱齿轮的画法相同（见图 7-39），即用粗实线画齿顶圆和齿顶线；用点画线画分度圆和分度线；在剖视图中，当剖切平面通过齿轮的轴线时，轮齿按不

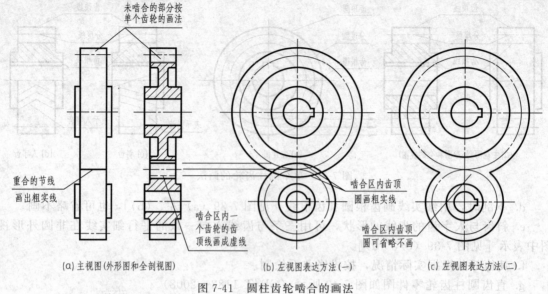

图 7-41　圆柱齿轮啮合的画法

剖画，齿根线用粗实线画；不剖时齿根圆和齿根线可省略不画；其他部分按投影关系绘制。

b. 啮合区的画法如图 7-41（a）所示。在主视图中采用剖视图时，两齿轮的节线重合，

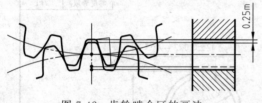

图 7-42　齿轮啮合区的画法

用点画线表示，一个齿轮的齿顶线画成粗实线，另一齿轮的齿顶线画成虚线，两个齿轮的齿根线均画成粗实线；在主视图画外形图时，啮合区两齿轮重合的节线画成粗实线，两齿轮的齿顶线和齿根线省略不画。左视图在啮合区有两种画法：一种在啮合区画出齿顶线，一种在啮合区不画齿顶线，如图 7-41（b）、（c）所示。因齿根高与齿顶高相差 0.25m，所以在一个齿轮的齿顶线与另一个齿轮的齿根线之间应有 0.25m 的间隙，如图 7-42 所示。

c. 斜齿和人字齿可以在主视图的外形图上用细实线表示轮齿的方向，画法同单个齿轮。

③ 齿轮齿条啮合的画法　齿条可以看作是一个直径无穷大的齿轮，此时其分度圆、齿顶圆、齿根圆和齿廓曲线都是直线。齿轮齿条传动可以将直线运动（或旋转运动）转换为旋转运动（或直线运动）。

齿条中的轮齿的画法与圆柱齿轮相同，一般在主视图中画出几个齿形，如果齿条中的轮齿部分不是全齿条，则需要在相应的俯视图中用粗实线画出其起止点，如图 7-43（a）所示。

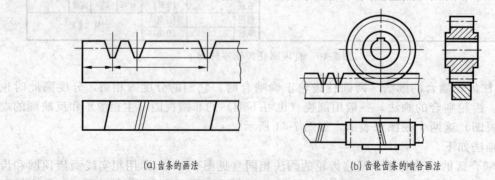

(a)齿条的画法　　　　　　　　　　　(b)齿轮齿条的啮合画法

图 7-43　齿轮齿条啮合的画法

齿轮齿条的啮合画法与两圆柱齿轮啮合画法相同，只是注意齿轮的节圆与齿条的节线相切，如图 7-43（b）所示。

7.6.2　锥齿轮

锥齿轮是在圆锥面上加工出轮齿，其特点是轮齿的一端大、一端小，齿厚、模数和分度圆也同样变化。工程上为设计和制造方便，规定以锥齿轮的大端端面模数来计算各部分的尺寸。

(1) 锥齿轮各部分的名称和符号

锥齿轮各部分的名称和符号如图 7-44 所示。各参数的计算方法可参考相关书籍。

(2) 锥齿轮的规定画法

锥齿轮的规定画法与圆柱齿轮基本相同，只是作图方法更复杂。

① 单个锥齿轮的画法　单个锥齿轮一般用全剖的非圆视图（主视图）和反映圆的视图（左视图）两个视图来表示，如图 7-45（a）、（b）所示。

a. 在全剖的主视图中，用粗实线画齿顶线，用点画线画分度线。

b. 当剖切平面通过齿轮的轴线时，轮齿按不剖画，齿根线用粗实线画。

c. 在左视图中用粗实线画出锥齿轮大端和小端的齿顶圆，用细点画线画出大端的分度圆。

d. 若为斜齿，可用三条与齿线方向一致的平行细实线在外形视图中表示。

e. 其他部分根据实际情况，按投影关系绘制。

f. 锥齿轮的工作图如图 7-46 所示。

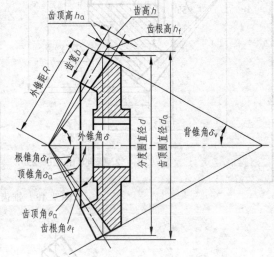

图 7-44　锥齿轮各部分的名称和符号

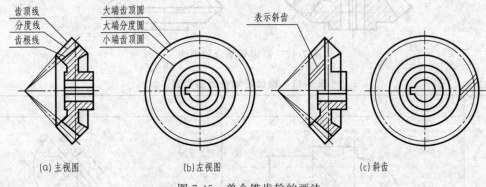

(a)主视图　　　　(b)左视图　　　　(c)斜齿

图 7-45　单个锥齿轮的画法

② 锥齿轮啮合的画法　锥齿轮啮合的画法，一般用剖视的非圆视图（主视图）和反映圆的端视图（左视图）来表示，如图 7-47 所示。画图步骤见表 7-11。

7.6.3　蜗轮蜗杆

蜗轮蜗杆用来传递空间两个交叉轴间的回转运动，传动比可达 40～50。蜗轮实际上是

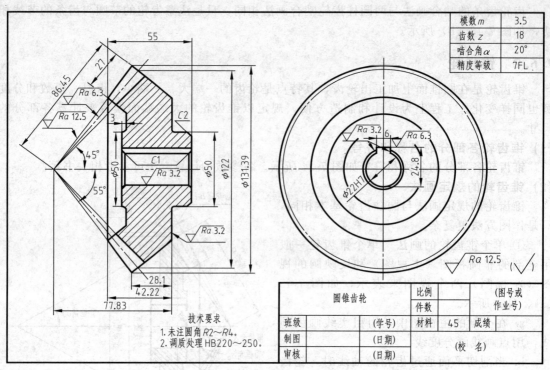

模数 m	3.5
齿数 z	18
啮合角 α	20°
精度等级	7FL

技术要求
1. 未注圆角 $R2\sim R4$。
2. 调质处理 HB220～250。

圆锥齿轮		比例		(图号或
		件数		作业号)
班级	(学号)	材料	45	成绩
制图	(日期)			
审核	(日期)	(校 名)		

图 7-46　锥齿轮的工作图

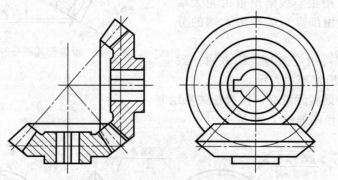

图 7-47　锥齿轮啮合的画法

表 7-11　锥齿轮啮合画图步骤

序号	1	2
作图步骤	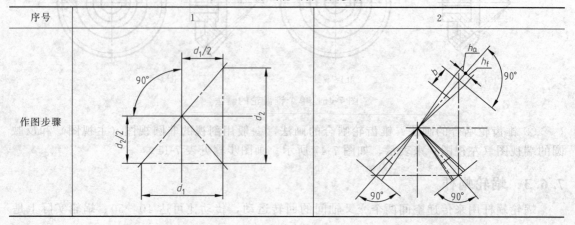	

序号	3	4
作图步骤	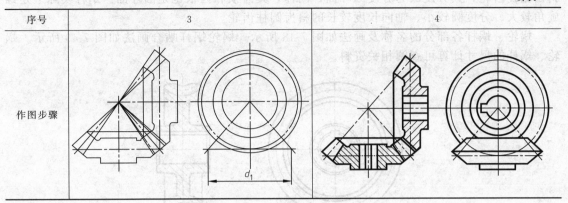	

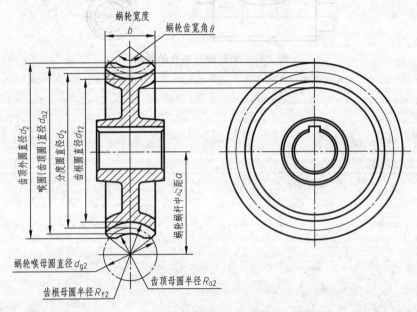

(a) 蜗轮

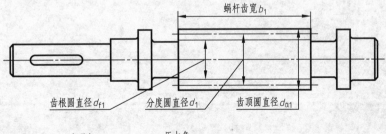

(b) 蜗杆

图 7-48　单个蜗轮和蜗杆的画法

斜齿圆柱齿轮，其分度圆为分度圆环面；同样，其齿顶和齿根也是圆环面。蜗杆实际上是螺旋角较大、分度圆较小、轴向长度较长的斜齿圆柱齿轮。

蜗轮、蜗杆各部分的名称及画法如图 7-48 所示。蜗轮蜗杆啮合画法如图 7-49 所示。蜗轮、蜗杆的尺寸计算可查阅相关资料。

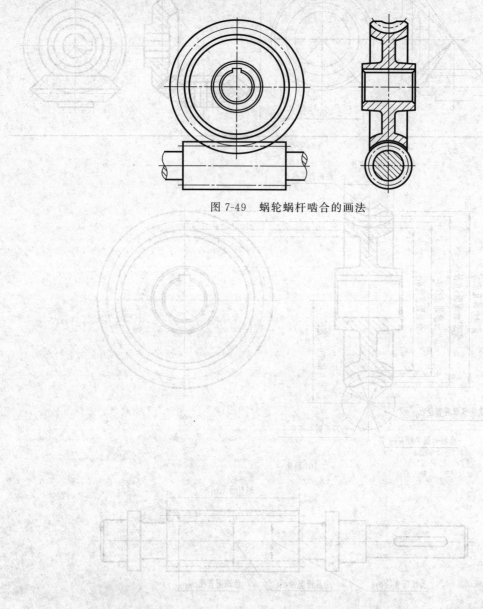

图 7-49　蜗轮蜗杆啮合的画法

第 8 章

零 件 图

8.1 零件图的作用与内容

8.1.1 零件图的作用

任何一台机器或部件都是由多个零件装配而成的。表达一个零件结构形状、尺寸大小和加工、检验等方面要求的图样称为零件图。它是工厂制造和检验零件的依据，是设计和生产部门的重要技术资料之一。

8.1.2 零件图的内容

为了满足生产部门制造零件的要求，一张零件图必须包括以下几个方面的内容。

① 一组视图 唯一表达零件各部分的结构及形状。

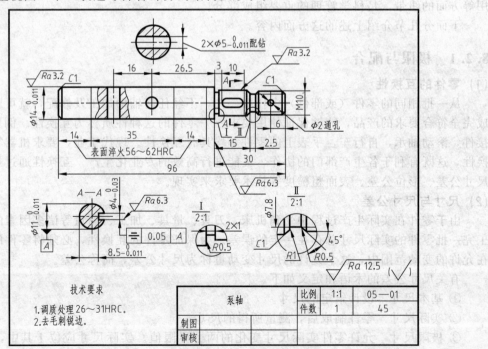

图 8-1 泵轴零件图

② 全部尺寸　确定零件各部分的形状大小及相对位置的定形尺寸和定位尺寸，以及有关公差。

③ 技术要求　说明在制造和检验零件时应达到的一些工艺要求，如尺寸公差、形位公差、表面粗糙度、材料及热处理要求等。

④ 图框和标题栏　填写零件的名称、材料、数量、比例、图号、设计者、零件图完成的时间等内容。如图 8-1 所示的是一张典型的零件图图例。

8.2　零件图上的技术要求

现代工业的特点是规模大、分工细、协作单位多、互换性要求高。为了适应生产中各部门的协调和环节的衔接，必须有一种手段，使分散的、局部的生产部门和生产环节保持必要的技术统一，成为一个有机的整体，以实现互换性生产。标准与标准化正是联系这种关系的途径和手段，是互换性生产的基础。那么，什么叫互换性呢？一台机器在装配过程中，若不经过任何挑选或修配，在制成的同一规格、大小相同的零部件中任取一件，便能与其他零部件安装在一起，并能够达到规定的功能和使用要求，则说明这样的零部件具有互换性。

所谓满足零部件互换性要求，主要体现在以下几方面。

① 合理标注尺寸。

② 正确选择尺寸公差标准。

③ 正确选择形状位置公差标准。

④ 正确选表面粗糙度标准。

应当明确，国家对绘制工程图样颁布的所有标准，是工程设计当中组织生产的重要依据。有了标准，且标准得到正确的贯彻实施，就可以保证产品质量，缩短生产周期，便于开发新产品的协作配套过程。标准化是组织现代化大生产的重要手段，是联系设计、生产和使用等方面的纽带，是科学管理的重要组成部分。

下面分几节介绍上述的这方面内容。

8.2.1　极限与配合

(1) 零件的互换性

从一批相同的零件（或部件）中任取一件，不经任何辅助加工及修配，就可顺利地装配成完全符合要求的产品，能够保证使用要求——零件的这种性质称为互换性。例如，螺纹连接件，滚动轴承，自行车、手表上的零件等均具有互换性。现代工业，要求机器零件具有互换性，这既有利于各生产部门的协作，又能进行高效的专业化生产。互换性通过规定零件的尺寸公差、形位公差、表面粗糙度等技术要求来实现。

(2) 尺寸与尺寸公差

由于零件在实际生产过程中受到机床、刀具、量具、加工、测量等诸多因素的影响，加工完一批零件的实际尺寸总存在一定的误差。为保证零件的互换性，必须将零件的尺寸控制在允许的变动范围内，这个允许的尺寸变动量称为尺寸公差，简称公差。

有关尺寸公差的术语和定义如下。

① 基本尺寸　设计给定的尺寸。

② 实际尺寸　零件制成后，测量所得的尺寸。

③ 极限尺寸　允许零件实际尺寸变化的两个界限值。实际尺寸应位于其中，也可达到极限尺寸。

a. 最大极限尺寸　孔或轴允许的最大尺寸。

b. 最小极限尺寸　孔或轴允许的最小尺寸。

④ 尺寸公差（简称公差）　允许的尺寸变动量。它等于最大极限尺寸与最小极限尺寸之差，尺寸公差表示一个范围，没有符号。

⑤ 零线　在极限与配合图解中，表示基本尺寸的一条直线，以其为基准确定偏差和公差，如图 8-2 所示。

⑥ 尺寸公差带（简称公差带）　是在公差带图解中，由代表上偏差和下偏差或最大极限尺寸和最小极限尺寸的两条直线所限定的一个区域。如图 8-2 所示的是一对互相结合的孔和轴的基本尺寸、极限尺寸、偏差、公差的相互关系，其公差带图如图 8-3 所示。

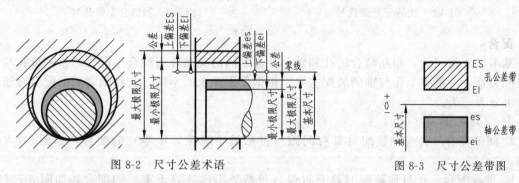

图 8-2　尺寸公差术语

图 8-3　尺寸公差带图

（3）标准公差和基本偏差

国家标准《极限与配合》规定了公差带由标准公差和基本偏差两个要素组成。标准公差确定公差带的大小，而基本偏差确定公差带相对于零线的位置。

① 标准公差（IT）　标准公差是国家标准所规定的、用以确定公差带大小的任一公差，数值由基本尺寸和公差等级来决定。标准公差分为 20 级，即 IT01、IT0、IT1、…、IT18。IT 表示标准公差，数值表示公差等级。其尺寸精度从 IT01 到 IT18 依次降低。

② 基本偏差　基本偏差是确定公差带相对零线位置的，它指的是靠近零线的那个偏差。当公差带在零线的上方时，基本偏差为下偏差；反之，则为上偏差。

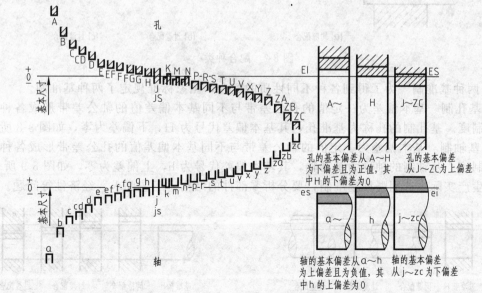

图 8-4　基本偏差系列

　　基本偏差的代号用拉丁字母按其顺序表示，孔和轴各 28 个，大写字母表示孔，小写字母表示轴。基本偏差系列如图 8-4 所示。

　　孔和轴的公差带代号由基本偏差代号与公差等级代号组成，如图 8-5、图 8-6 所示。

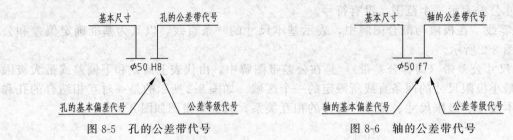

图 8-5　孔的公差带代号　　　　　　　　图 8-6　轴的公差带代号

（4）配合

　　基本尺寸相同的、相互结合的孔和轴公差带之间的关系称为配合。配合是指一批孔与轴的装配关系，不是单个孔与轴的装配关系。根据使用要求的不同，孔和轴之间的配合有松有紧，可分为三类。

　　① 三类配合。

　　a. 间隙配合　孔与轴装配时具有间隙（包括最小间隙等于零）的配合，如图 8-7（a）所示。

　　b. 过盈配合　孔与轴装配时具有过盈（包括最小过盈等于零）的配合，如图 8-7（b）所示。

　　c. 过渡配合　孔与轴装配时可能具有间隙或过盈的配合，如图 8-7（c）所示。

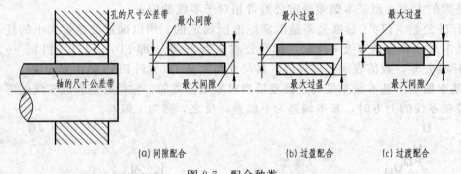

(a) 间隙配合　　　　　　(b) 过盈配合　　　(c) 过渡配合

图 8-7　配合种类

　　② 两种基准制　为了得到各种不同性质的配合，国家标准规定了两种基准制。

　　a. 基孔制　基本偏差为一定值的孔公差带与不同基本偏差值的轴公差带形成各种配合的一种制度。基孔制的孔称为基准孔，其基本偏差代号为 H，下偏差为零，如图 8-8 所示。

　　b. 基轴制　基本偏差为一定值的轴公差带与不同基本偏差值的孔公差带形成各种配合的一种制度。基轴制的轴称为基准轴，其基本偏差代号为 h，上偏差为零，如图 8-9 所示。

　　在生产实际中选用哪种基准制，要分析零部件的结构、工艺要求、经济性等问题。

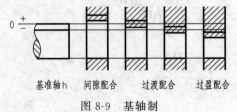

　基准孔H　间隙配合　过渡配合　过盈配合　　　　基准轴h　间隙配合　过渡配合　过盈配合

图 8-8　基孔制　　　　　　　　　　　　图 8-9　基轴制

③ 配合代号　配合代号由孔和轴的公差带代号组成，写成分数形式。例如：$\phi50H8/f7$，其中 $\phi50$ 表示孔、轴的基本尺寸，H8 为孔的公差带代号，f7 为轴的公差带代号，该配合为基孔制间隙配合。通常分子中含 H 的为基孔制配合，分母中含 h 的为基轴制配合。

④ 优先和常用配合　标准公差有 20 个等级，基本偏差有 28 种，可组成大量的配合。过多的配合，既不能发挥标准的作用，也不利于生产。因此，国家标准将孔、轴公差带分为优先、常用和一般用途的公差带，并由孔、轴的优先和常用公差带分别组成基孔制和基轴制的优先和常用配合，以便选用。基孔制和基轴制各 13 种优先配合见表 8-1。500mm 以内的优先配合可见附录 10。常用配合可查阅有关手册。

表 8-1　优先配合

类型	基孔制优先配合	基轴制优先配合
间隙配合	$\dfrac{H7}{g6}$、$\dfrac{H7}{h6}$、$\dfrac{H8}{f7}$、$\dfrac{H8}{h7}$、$\dfrac{H9}{d9}$、$\dfrac{H9}{h9}$、$\dfrac{H11}{c11}$、$\dfrac{H11}{h11}$	$\dfrac{G7}{h6}$、$\dfrac{H7}{h6}$、$\dfrac{H8}{h7}$、$\dfrac{D8}{h7}$、$\dfrac{D9}{h9}$、$\dfrac{H9}{h9}$、$\dfrac{C11}{h11}$、$\dfrac{H11}{h11}$
过渡配合	$\dfrac{H7}{k6}$、$\dfrac{H7}{n6}$	$\dfrac{K7}{h6}$、$\dfrac{N7}{h6}$
过盈配合	$\dfrac{H7}{p6}$、$\dfrac{H7}{s6}$、$\dfrac{H7}{u6}$	$\dfrac{P7}{h6}$、$\dfrac{S7}{h6}$、$\dfrac{U7}{h6}$

⑤ 公差与配合在图样上的标注　在装配图中一般标注配合代号，如图 8-10（a）所示。零件图上标注公差的方法有三种形式，如图 8-10（b）～（d）所示。

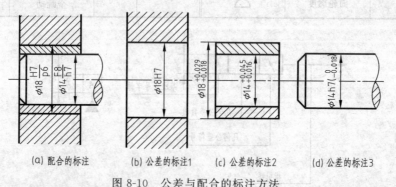

(a) 配合的标注　　(b) 公差的标注1　(c) 公差的标注2　(d) 公差的标注3

图 8-10　公差与配合的标注方法

8.2.2　几何公差简介

零件加工后，不仅存在尺寸误差，而且会产生几何形状及相对位置的误差。如图 8-11

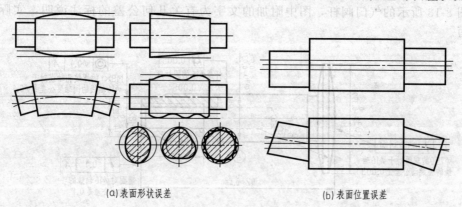

(a) 表面形状误差　　　　　　　　　(b) 表面位置误差

图 8-11　形位公差概念

（a）、（b）所示。因此，必须对零件的实际形状和实际位置与零件理想形状和理想位置之间的误差规定一个允许的变动量，这个规定的允许变动量为几何公差（也叫形位公差）。

（1）几何公差的代号

国家标准 GB/T 1182—2008 规定在图样中几何公差用代号来标注。当无法用代号标注时，允许在技术要求中用文字说明。几何公差的特征符号如表 8-2 所示。几何公差框格和基准符号的绘制方式如图 8-12 所示。

表 8-2　几何公差的特征和符号

公　差		特征	符号	公　差		特征	符号
形状	形状	直线度	—	位置	定向	平行度	//
		平面度	▱			垂直度	⊥
		圆度	○			倾斜度	∠
		圆柱度	⌀		定位	位置度	⊕
						同轴（同心）度	◎
形状或位置	轮廓	线轮廓度	⌒			对称度	⸗
		面轮廓度	⌓		跳动	圆跳动	↗
						全跳动	↗↗

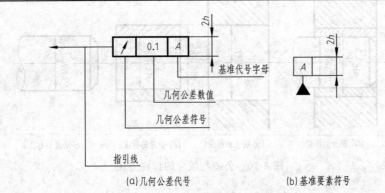

（a）几何公差代号　　　　（b）基准要素符号

图 8-12　几何公差框格和基准符号

（2）几何公差的标注

如图 8-13 所示的气门阀杆，图中附加的文字为有关几何公差的标注说明，实际图样上不需注写。

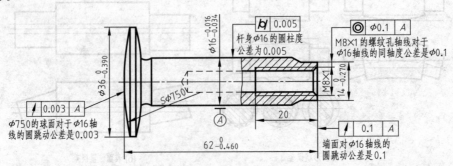

图 8-13　几何公差标注示例

8.2.3 表面粗糙度简介

(1) 表面粗糙度的概念

零件经过机械加工后，表面因刀痕及切削时表面金属的塑性变形等影响，在显微镜下就会观察到较小间距或微小峰谷，把这种微观几何形状特征称为表面粗糙度，如图 8-14 所示。表面粗糙度是零件表面质量的重要指标之一，它对表面间摩擦与磨损、配合性质、密封性、抗腐蚀性、疲劳强度等都有影响。

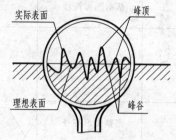

图 8-14 零件加工表面放大图

评定表面结构的参数主要有轮廓参数〔包括 Ra 轮廓（粗糙度参数）、w 轮廓（波纹度参数）和 P 轮廓（原始轮廓参数）〕，另外还有图形参数（Ra、w）、支承率曲线参数（R、P）。本节仅介绍常用轮廓的高度参数（粗糙度参数）、轮廓算术平均偏差（Ra）和轮廓最大高度（Rz）。

轮廓算术平均偏差 Ra 是在取样长度 l_r 内，被测实际轮廓上各点至轮廓中线（基准线）距离绝对值的平均值，如图 8-15 所示。其公式为

$$Ra = \frac{1}{lr}\int_0^b |Z(x)|\,dx \quad \text{或近似表示为} \quad Ra = \frac{1}{n}\sum_{i=1}^n |Z_i|$$

其值见表 8-3。

表 8-3 轮廓算术平均偏差 Ra 的数值系列

第1系列	第2系列	第1系列	第2系列	第1系列	第2系列	第1系列	第2系列
	0.008						
	0.010						
0.012			0.125		1.25	12.5	
	0.016		0.160	1.60			16.0
	0.020	0.20			2.0		20
0.025			0.25		2.5	25	
	0.0325		0.32	3.2			32
	0.040	0.40			4.0		40
0.050			0.50		5.0	50	
	0.063		0.63	6.3			63
	0.08	0.8			8.0		80
0.100			1.00		10.0	100	

轮廓最大高度 Rz 是在同一取样长度内，最大轮廓峰高与最大轮廓谷深之和的高度，如图 8-15 所示。

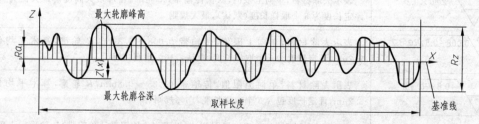

图 8-15 算术平均偏差 Ra 和轮廓的最大高度 Rz

零件表面质量要求越高，Ra 应越小，但加工成本亦越高。所以必须根据零件的工作情况和要求，经济合理地确定表面粗糙度。

(2) 表面粗糙度符号、代号 (GB/T 131—2006)

① 表面粗糙度符号 表面粗糙度的图形符号及其含义见表 8-4。

表 8-4 表面粗糙度的图形符号及其含义

序号	分 类	图 形 符 号	含 义 说 明
1	基本图形符号	√	表示表面可用任何方法获得；当通过一个注释解释时可单独使用，没有补充说明时不能单独使用
2	扩展图形符号	▽	表示表面是用去除材料方法获得，例如车、铣、刨、磨、钻等；仅当其含义是"被加工表面"时可单独使用
		◯▽	表示表面是用不去除材料的方法获得，例如铸、锻、冲压、热轧、冷轧等，或者是用于保持原供应状况的表面
3	完整图形符号	√ ▽ ◯▽	在三个符号的长边上加一横线，用于标注粗糙度的各种要求
4	工件轮廓表面图形符号	◯√ ◯▽ ◯◯▽	视图上封闭轮廓的各表面有相同的表面结构要求

② 表面粗糙度图形符号上的注写内容 为了明确表面粗糙度要求，除了标注表面粗糙度参数和数值外，必要时应标注补充要求，包括传输带、取样长度、加工工艺、表面纹理及方向、加工余量等。这些要求在图形符号中的注写位置和意义如图 8-16 所示。

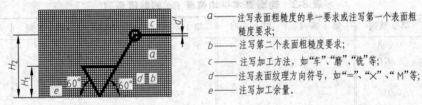

a —— 注写表面粗糙度的单一要求或注写第一个表面粗糙度要求；
b —— 注写第二个表面粗糙度要求；
c —— 注写加工方法，如"车"、"磨"、"铣"等；
d —— 注写表面纹理方向符号，如"="、"×"、"M"等；
e —— 注写加工余量。

图 8-16 表面粗糙度数值及其有关规定在符号中注写的位置

③ 表面粗糙度代号 表面粗糙度代号就是在表面粗糙度符号中注写具体参数值或其他有关要求后的代号，表面粗糙度代号及其含义示例见表 8-5。

表 8-5 表面粗糙度代号及其含义示例

代 号	含 义
√ Ra0.8	表示不允许去除材料，单向上限值，默认传输带，R 轮廓，算术平均偏差为 0.8μm，评定长度为 5 个取样长度（默认），16% 规则（默认）
√ Rzma×0.2	表示去除材料，单向上限值，默认传输带，R 轮廓，轮廓最大高度的最大值为 0.2μm，评定长度为 5 个取样长度（默认），最大规则
√ 0.008-0.8/Ra 3.2	表示去除材料，单向上限值，传输带 0.008～0.8mm，R 轮廓，算术平均偏差为 3.2μm，评定长度为 5 个取样长度（默认），16% 规则（默认）
√ -0.8/Ra 3.2	表示去除材料，单向上限值，传输带 0.025～0.8mm，R 轮廓，算术平均偏差为 3.2μm，评定长度包含 3 个取样长度，16% 规则（默认）
√ U Rama×3.2 L Ra0.8	表示不允许去除材料，双向极限值，两极限值均使用默认传输带，R 轮廓。上限值：算术平均偏差为 3.2μm，评定长度为 5 个取样长度（默认），最大规划；下限值：算术平均偏差为 0.8μm，评定长度为 5 个取样长度（默认），16% 规则（默认）。关于取样长度、评定长度和 16% 规则、最大规则等见图家标准规定

④ 图样中表面粗糙度的标注方法。

a. 表面粗糙度要求对每一表面一般只注一次，并尽可能注在相应的尺寸及其公差的同一视图上。

b. 表面粗糙度的注写和读取方向与尺寸的注写和读取方向一致。表面粗糙度要求可标注在轮廓线上，其符号应从材料外指向并接触表面，如图 8-17 所示。必要时，表面粗糙度也可用带箭头或黑点的指引线引出标注，如图 8-17 和图 8-18 所示。

c. 在不致引起误解时，表面粗糙度要求可以标注在给定的尺寸线上，如图 8-19 所示。

d. 表面粗糙度要求可标注在几何公差框格的上方，如图 8-20 所示。

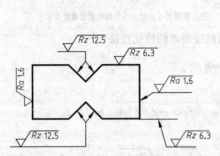

图 8-17　表面粗糙度要求在轮廓线上标注

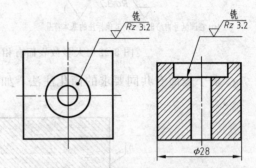

图 8-18　用指引线标注表面粗糙度

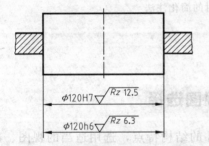

图 8-19　表面粗糙度要求标注在尺寸线上

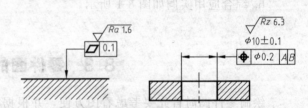

图 8-20　表面粗糙度要求标注在几何公差框格的上方

e. 圆柱和棱柱的表面粗糙度要求只标注一次，如图 8-21 所示。

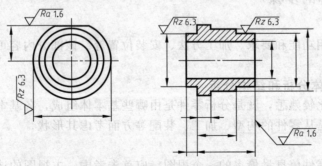

图 8-21　表面粗糙度要求标注在圆柱特征的延长线上

f. 有相同表面粗糙度要求的简化注法　如果在工件的多数（包括全部）表面有相同的表面粗糙度要求时，则其表面粗糙度要求可统一标注在图样的标题栏附近（不同的表面粗糙度要求应直接标注在图形中）。其注法有以下两种。

• 在圆括号内给出无任何其他标注的基本符号，如图 8-22（a）所示。

• 在圆括号内给出不同的表面粗糙度要求，如图 8-22（b）所示。

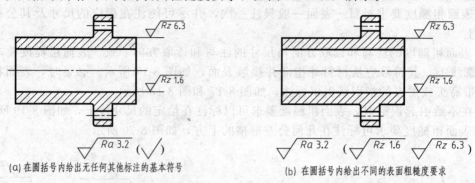

(a) 在圆括号内给出无任何其他标注的基本符号

(b) 在圆括号内给出不同的表面粗糙度要求

图 8-22　大多数表面有相同表面粗糙度要求的简化注法

g. 多个表面有共同要求的简化注法，如图 8-23 所示。

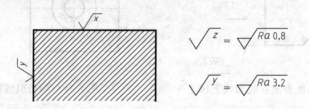

图 8-23　在图纸空间有限时的简化注法

h. 综合应用实例如图 8-1 所示。

8.3　零件图的视图选择

　　绘制零件图时首先要考虑看图方便，并根据零件的结构特点，选用适当的视图、剖视、断面等表达方法，在完整、清晰地表示零件形状的前提下，力求制图简便。选择视图时必须将零件的外部形状和内部结构结合起来考虑，首先选好主视图，然后选配其他视图。

8.3.1　视图选择的步骤

(1) 全面了解零件

　　了解零件的使用功能和要求、加工方法、安装位置等。该部分内容可以从零件的有关技术资料中获取。

(2) 对零件进行形体分析和结构分析

　　形体分析我们比较熟悉，就是分析零件是由哪些基本体组成，各基本体之间的关系怎样等。结构分析主要是从零件的构型、加工、装配等方面考虑其形状。

(3) 选择主视图

　　主视图是反映零件信息量最多的一个视图，应首先考虑。主视图的选择应从以下几方面考虑。

　　① 加工位置　加工工序单一的零件，按主要加工工序放置零件，便于加工时看图。

　　② 工作位置　加工工序复杂，或在部件中有着重要位置的零件，按工作位置摆放。

　　③ 形状特征　加工工序多变、工作位置不固定的零件，可考虑其形状特征或读图的习惯位置。

（4）选择其他视图

其他视图的选择必须是主视图的补充，不能盲目地按主、俯、左三视图的模式选择，应该按照以下思路选择其他视图。

① 从表达主要形体入手，选择表达主要形体的其他视图。

② 逐个检查形体并补全其他形体的其他视图。

最后，按视图选择要求，进行分析、比较、调整，确定最优的视图表达方案。

8.3.2 典型零件的视图选择

生产实际中零件的种类很多，形状和作用也各不相同，为了便于分析，根据它们的结构形状及作用大致分为轴套类、盘盖类、叉架类和箱体类等几类零件。

（1）轴套类零件

轴套类零件包括轴、轴套、衬套等。其形状特征是轴向尺寸较长，由若干段不等径的同轴回转体构成，通常在零件上有键槽、销孔、退刀槽等结构。

这类零件加工时轴线一般是水平放置，为了便于加工时看图，主视图选择加工位置。对零件上的孔、槽等结构，可采用局部放大、断面图、局部剖视等方法表达。如图 8-24 所示的轴，主视图轴线水平放置，用断面图表示轴上键槽形状和尺寸。

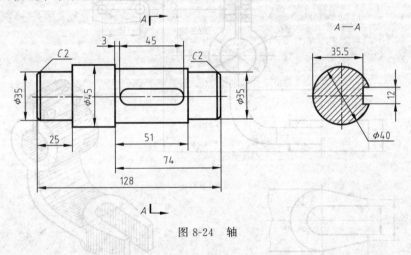

图 8-24 轴

（2）盘盖类零件

盘盖类零件包括端盖、轮盘、带轮、齿轮等。其形状特征是主体部分一般由回转体构成，呈盘状。沿圆周均匀分布有肋、孔、槽等结构。

与轴类零件一样，盘盖类零件加工时也是轴线水平放置。在选择视图时，一般将非圆视图作为主视图，并根据需要可画成剖视图。用左视或右视图完整表达零件的外形和槽、孔等结构的分布情况。如图 8-25 所示的轮盘表达方案中，采用了主、左两个视图。

（3）叉架类零件

叉架类零件包括托架、拨叉、连杆等。其形状特征比较复杂，零件常带有倾斜或弯曲状结构，且加工位置多变，工作位置亦不固定。

对于这类零件，需要参考工作位置并按习惯位置摆放。选择此类零件的主视图时主要考虑其形状特征，通常采用两个或两个以上的基本视图，并选用合适的剖视表达。也常采用斜视图、局部视图、断面图等表达局部结构。

如图 8-26 所示为支架零件的表达方案。其形状结构比较简单，采用一个基本视图和两个局部视图。选择 A 向为主视图投影方向，上端用局部视图表示夹紧板的轮廓形状和孔的

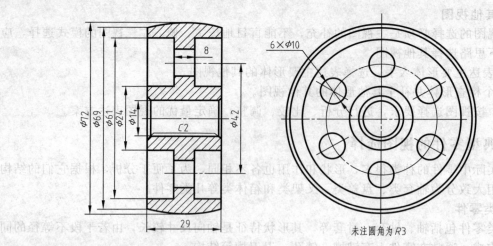

图 8-25　轮盘

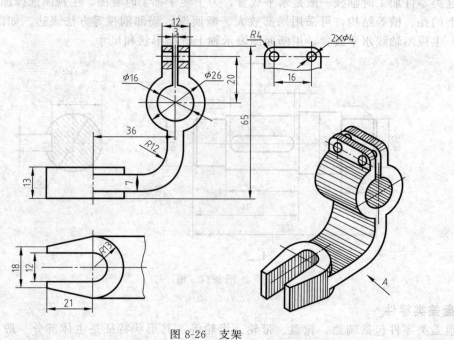

图 8-26　支架

分布情况，下端用局部视图表达马蹄形结构的形状。主视图上部用局部剖表达通孔。

（4）箱体类零件

　　箱体类零件包括箱体、壳体、阀体、泵体等，其作用是支撑或容纳其他零件。箱体类零件结构形状比较复杂，加工位置多变，但工作位置比较固定。

　　摆放箱体类零件时一般考虑工作位置。主视图选择主要考虑形状特征；其他视图的选择，根据零件的结构，结合剖视图、断面图、局部视图等多种方法，应清楚地表达零件的内外结构形状。

　　如图 8-27 所示为阀体零件的表达方案：主视图采用全剖视图，表示内部孔的形状大小和相对位置；俯视图表示底板的形状，采用 A—A 剖切，可以简化作图，同时，也能直观地反映出该部分的内外形状；左视图主要表现上部为回转结构。这样，三个基本视图，加上适当的表达方法和尺寸标注，就能清楚地把阀体的内外结构表达清楚。

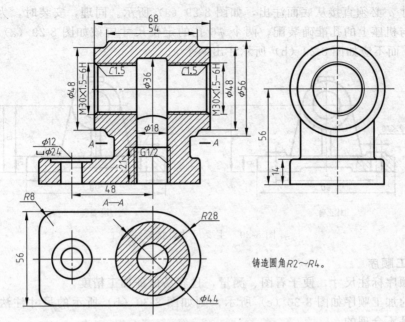

铸造圆角R2～R4。

图 8-27 阀体

8.4 零件图的尺寸标注

零件图的尺寸标注，除了正确、完整、清晰外，还必须合理。即标注的尺寸，既要满足设计要求，以保证机器的工作性能，又要满足工艺要求，以便于加工制造和检测。要真正做到这一点，需要有一定的专业知识和实际生产经验。在这里，仅对尺寸合理标注做初步介绍。

尺寸分为主要尺寸和非主要尺寸。主要尺寸包括零件的规格性能尺寸、有配合要求的尺寸、确定相对位置的尺寸、连接尺寸、安装尺寸等，一般都有公差要求。

零件上不直接影响机器使用性能和安装精度的尺寸为非主要尺寸。非主要尺寸包括外形轮廓尺寸、无配合要求或工艺要求的尺寸（如退刀槽、凸台、凹坑、倒角等），一般都不注公差。

尺寸基准通常可分为设计基准和工艺基准两类。

设计基准是根据零件在机器中的作用和结构特点，为保证零件的设计要求而选定的一些基准。

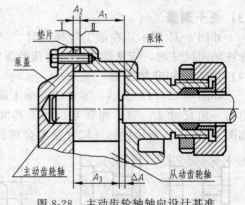

图 8-28 主动齿轮轴轴向设计基准

它一般是用来确定零件在机器中准确位置的接触面、对称面、回转面的轴线等。如图 8-28 所示的端面Ⅰ是主动齿轮轴轴向设计基准，端面Ⅱ是泵体长度方向的设计基准。

8.4.1 合理标注尺寸应注意的问题

(1) 主要尺寸直接标注

若如图 8-29 (b) 所示注出 c、b 尺寸，由于加工误差，做成以后，a 尺寸误差就会很大，所以尺寸 a 必须直接从底面注出，如图 8-29（a）所示。同理，安装时，为保证轴承上两个中心孔与机座上的孔准确装配，两个 $\phi6$ 孔的定位尺寸应该如图 8-29（a）所示直接注出中心距 k，而不应如图 8-29（b）所示注出两个 e。

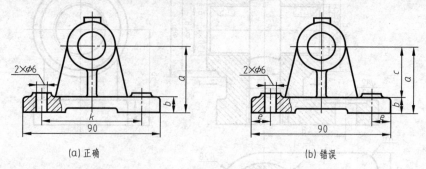

(a) 正确　　　　　　　　　　　　　　(b) 错误

图 8-29　主要尺寸直接标注

（2）符合加工顺序

按加工顺序标注尺寸，便于看图、测量，且容易保证加工精度。

若零件的加工顺序如图 8-30（c）所示，则如图 8-30（b）所示的尺寸注法由于不符合加工顺序，是不合理的。

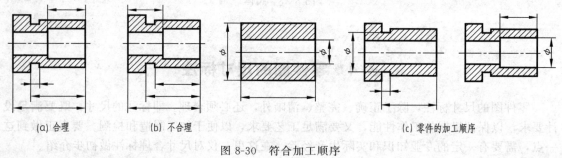

(a) 合理　　　　(b) 不合理　　　　　　　　　　　　(c) 零件的加工顺序

图 8-30　符合加工顺序

（3）便于测量

如图 8-31 所示，在加工阶梯孔时，一般先做出小孔，然后依次加工出大孔。因此，在标注轴向尺寸时，应从端面注出大孔的深度，以便于测量。

（4）加工面和非加工面

如图 8-32（a）所示，零件的非加工面由一组尺寸 M_1、M_2、M_3、M_4 相联系，加工面由另一组尺寸 L_1、L_2 相联系。加工基准面与非加工基准面之间只用一个尺寸 A 相联系。如图 8-32（b）所示的标注尺寸是不合理的。

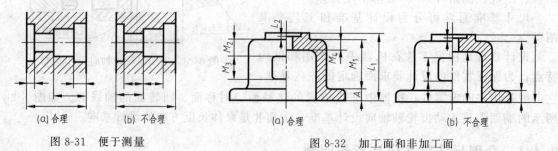

(a) 合理　　　　(b) 不合理　　　　　　　(a) 合理　　　　　　　(b) 不合理

图 8-31　便于测量　　　　　　　　　图 8-32　加工面和非加工面

（5）应避免注成封闭尺寸链

零件上某一方向尺寸首尾相接，形成封闭尺寸链，图 8-33（a）中，a、b、f、d 组成了封闭尺寸链。

为了保证每个尺寸的精度要求，通常对尺寸精度要求最低的一环不注尺寸，这样既保证了设计要求，又可降低加工成本，如图 8-33（b）所示。

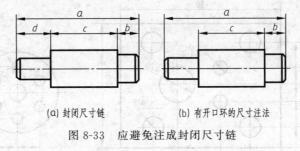

(a) 封闭尺寸链   (b) 有开口环的尺寸注法

图 8-33 应避免注成封闭尺寸链

8.4.2 零件常见典型结构的尺寸注法（见表 8-6）

表 8-6 零件常见典型结构的尺寸注法

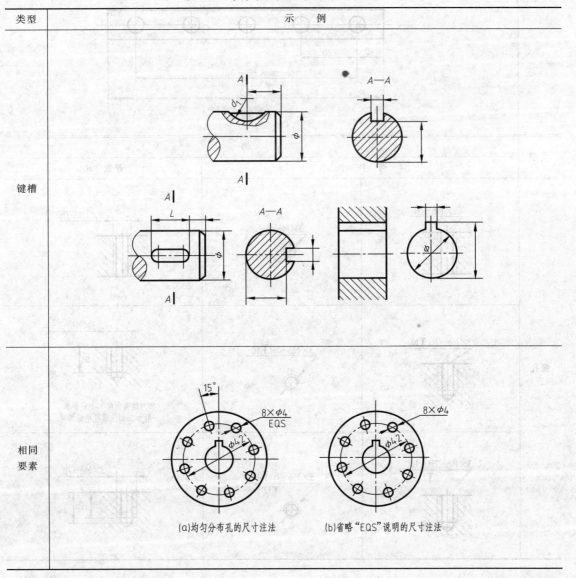

类型	示　例
键槽	
相同要素	

(a) 均匀分布孔的尺寸注法   (b) 省略 "EQS" 说明的尺寸注法

类型	示　例

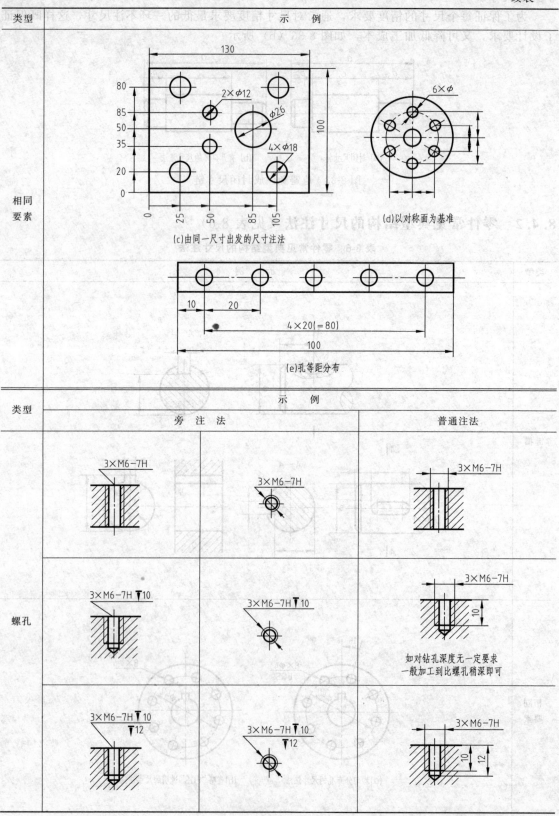

(c)由同一尺寸出发的尺寸注法　　　　(d)以对称面为基准

(e)孔等距分布

类型	示　例	
	旁　注　法	普　通　注　法
螺孔	3×M6-7H	3×M6-7H
	3×M6-7H▼10	3×M6-7H 如对钻孔深度无一定要求 一般加工到比螺孔稍深即可
	3×M6-7H▼10 ▼12	3×M6-7H

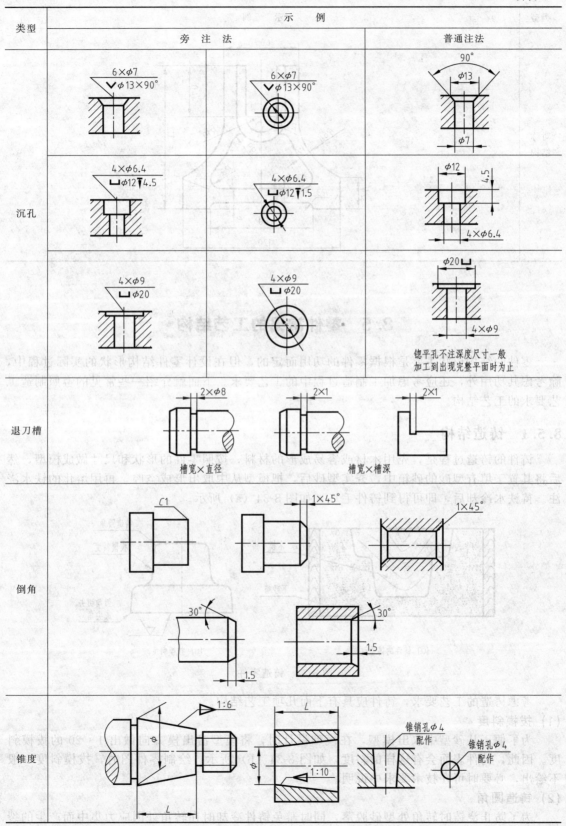

类型	示　例
对称 结构	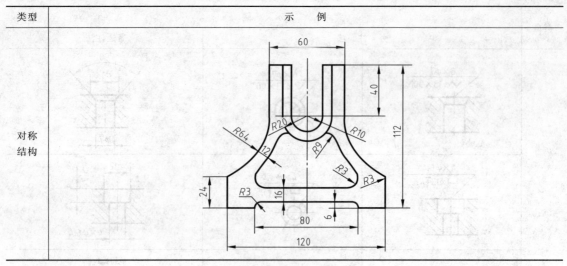

8.5　零件常见的工艺结构

零件的结构形状主要是根据零件的功用而定的，但在设计零件结构形状的实际过程中，除考虑其功用外，还应考虑加工制造过程中的工艺要求。下面就介绍一些常见的遵照制造工艺要求的工艺结构。

8.5.1　铸造结构

铸件的铸造过程是，先用木材或容易成形的材料，按照零件的形状和尺寸做成模型，然后将其置于填有型砂的砂箱中，夯实型砂后，把模型从中取出形成空腔，再用熔化的铁水浇注。待铁水冷却后，即可得到铸件毛坯，如图 8-34（a）所示。

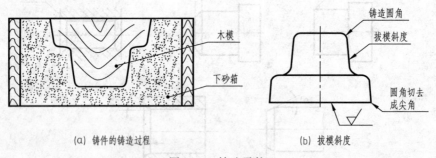

（a）铸件的铸造过程　　　　　　　（b）拔模斜度

图 8-34　铸造零件

考虑铸造的工艺要求，铸件应具有下面几项工艺结构。

(1) 拔模斜度

为了便于从砂型中取出模型，在模型设计时，将模型沿出模方向做出 1∶20 的拔模斜度。因此，铸件表面会有这样的斜度，如图 8-34（b）所示。绘制零件图时，拔模斜度一般不绘出，必要时可在技术要求中说明。

(2) 铸造圆角

为了防止浇铸时转角处型砂脱落，同时避免铸件冷却时在转角处因应力集中而产生的裂纹，把铸件表面的转角做成圆角。在绘制零件图时，一般需在图样中画出铸造圆角。铸造圆角半径约为 2～5mm，视图中一般不标注，而是集中写在技术要求中。

带有铸造圆角的零件表面的交线（相贯线、截交线）叫作过渡线。过渡线的画法见 6.4.3 节。

（3）壁厚均匀

铸件冷却时，若壁厚不均匀，冷却速度就不同，就会导致壁厚处产生缩孔，如图 8-35（a）所示。所以，在设计铸件时，尽量使其壁厚均匀或者逐渐过渡，如图 8-35（b）、（c）所示。

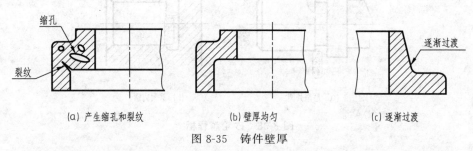

（a）产生缩孔和裂纹　　　　（b）壁厚均匀　　　　（c）逐渐过渡

图 8-35　铸件壁厚

8.5.2　机加工常见工艺结构

零件的加工面是指零件上需要使用机床或其他工具切削加工的表面，即用去除材料的方法获得的表面。由于受加工工艺的限制，加工表面有如下工艺要求。

（1）倒角

为了便于装配和操作安全，把轴端或孔口处加工成较浅的锥面，即为倒角结构。倒角一般为 45°，有时也用 30°或 60°。

45°倒角用符号 C 表示，锥面的高度表示倒角的大小，30°或 60°倒角的标注与普通尺寸标注相同，如图 8-36 所示。

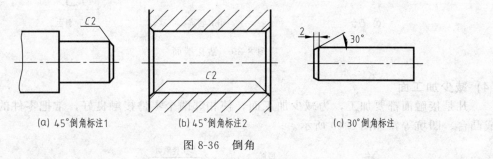

（a）45°倒角标注1　　　（b）45°倒角标注2　　　（c）30°倒角标注

图 8-36　倒角

（2）退刀槽和砂轮越程槽

在加工螺纹时，为了保证螺纹末端的完整性，同时便于退刀，常在待加工面的端部，先加工出退刀槽。为便于选择刀具，在标注退刀槽尺寸时，应将槽宽尺寸直接标注出来，退刀槽的结构及尺寸标法如图 8-37 所示。

对于需用砂轮磨削的表面，常在被加工面的轴肩处预先加工出砂轮越程槽。砂轮越程槽的结构常用局部放大图表示，如

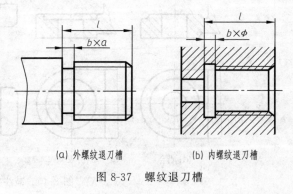

（a）外螺纹退刀槽　　　（b）内螺纹退刀槽

图 8-37　螺纹退刀槽

图 8-38 所示。

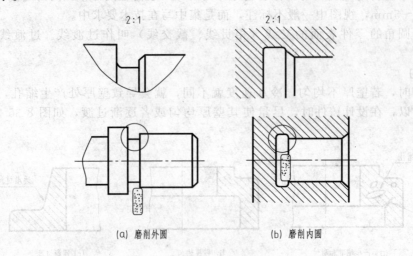

(a) 磨削外圆　　　　(b) 磨削内圆

图 8-38　砂轮越程槽

退刀槽和砂轮越程槽的结构和尺寸系列可查阅相关国家标准。

（3）钻孔端面

为防止钻孔倾斜或因受力不均折断钻头，通常使钻孔端面与轴线垂直，如图 8-39 所示。

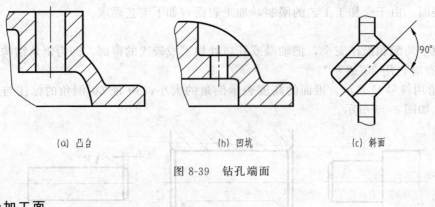

(a) 凸台　　　　(h) 凹坑　　　　(c) 斜面

图 8-39　钻孔端面

（4）减少加工面

凡是接触面都要加工，为减少加工面，使相邻两个零件接触良好，常把零件的接触面做成凸台、凹坑等，如图 8-40 所示。

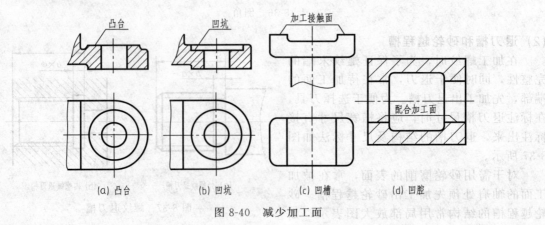

(a) 凸台　　　　(b) 凹坑　　　　(c) 凹槽　　　　(d) 凹腔

图 8-40　减少加工面

8.6 零件图的阅读

在设计零件时往往需要参考同类零件图样，设计或改进零件的结构；在制造零件时，根据图样安排合理的工艺流程，这些都涉及读零件图。读零件图就是根据零件图，分析想象该零件的结构形状，弄清全部尺寸及各项技术要求等。

8.6.1 读零件图的方法和步骤

(1) 读标题栏

标题栏内概括了解零件的名称、材料、重量、画图的比例等基本信息，从其中可以对零件有一个初步的认识。对于较复杂的零件，还需要参考有关技术资料。

(2) 分析视图

构思形体，读懂零件的内、外形状和结构，是读懂零件图的关键。首先从主视图入手，确定与其他视图和辅助视图的投影关系，分析剖视、断面的表达目的和作用。采用形体分析法逐个弄清零件各部分的结构形状。对某些难于看懂的结构，可运用线面分析法进行投影分析，彻底弄清它们的结构形状和相互位置关系，最后想象出整个零件的结构形状。

一般读图顺序是：先看主要部分，后看次要部分；先看整体，后看细节；先看易懂部分，后看难懂部分。要兼顾零件的尺寸及其功用，以便帮助想象形状。

(3) 分析尺寸

找出尺寸基准，分析尺寸。应先分析长、宽、高三个方向的主要尺寸基准。分清楚哪些是主要尺寸，了解各部分的定位尺寸和定形尺寸。

(4) 分析技术要求

零件图的技术要求是制造零件的质量指标。分析尺寸公差、形位公差、表面粗糙度及其他技术方面的要求和说明。

(5) 综合分析，归纳总结

最后把图形、尺寸和技术要求等各种信息综合起来，并参阅相关资料，得出零件的整体结构、尺寸大小、技术要求及零件的作用等完整的概念。

必须指出，在看零件图的过程中，上述步骤不能机械地分开，往往是参差进行。

8.6.2 读零件图举例

【例 8-1】 读如图 8-41 所示的支架零件图。

【解】 按照读零件图的方法步骤进行分析读图。

① 读标题栏 读图 8-41 的标题栏可知，零件为支架，属支架类零件，绘图比例为 1:4，材料为 HT150（该零件是铸造零件）。

② 分析视图 该零件图采用了三个基本视图和一个局部视图。根据视图的配置关系可知：主视图表达了支架的外部形状；俯视图采用 $D-D$ 全剖，表达了肋和底板的形状及相对位置关系；左视图采用阶梯剖，表达了支架的内部结构；而 C 向的局部视图主要表达凸台的形状。通过对图 8-41 的分析，构思出如图 8-42 所示的支架立体形状。

③ 分析尺寸 通过对支架视图的形体分析和尺寸分析可以看出：长度方向的尺寸基准为零件左右对称平面，并由此注出了安装定位尺寸 70、总长 140 等尺寸；高度方向的尺寸基准为支架的安装底面，并由此注出了尺寸 170 ± 0.1、20；宽度方向的尺寸基准是圆柱部分的后端面，由此注出了尺寸 22、44 等。

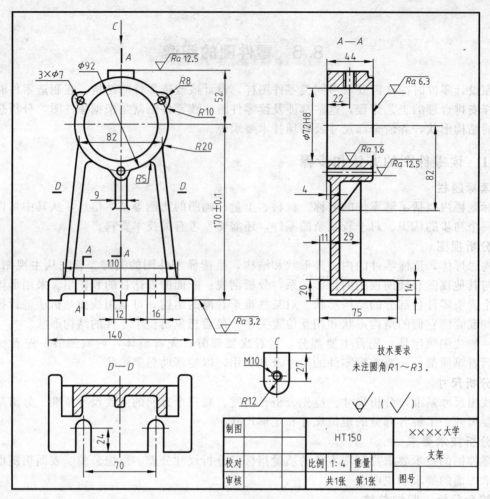

图 8-41　支架零件图

图 8-42　支架立体图

④ 分析技术要求　支架零件图中孔 $\phi 72H8$ 有公差要求，其极限偏差数值可由公差带代号 H8 查表获得。整个支架中，$\phi 72H8$ 孔的表面对表面粗糙度要求最高（$Ra = 1.6$，数值最小）。文字部分的技术要求为"未注圆角 $R1 \sim R3$"。

⑤ 综合分析，归纳总结　将分析的零件结构形状、尺寸标注和技术要求等内容综合起来，就能比较全面地了解该零件了。

第**9**章

装 配 图

机器和部件都是由若干个零件按一定装配关系和技术要求装配起来的。表达产品及其组成部分的连接装配关系的图样，称为装配图。表达机器中某个部件的装配图，称为部件装配图。表达一台完整的机器装配图，称为总装配图。在进行设计、装配、调整、检验、安装、使用和维修时都需要装配图，它是设计部门提交给生产部门的重要技术文件。在设计机器或部件过程中，一般先根据设计思想画出装配示意图，再根据装配示意图画出装配图，最后根据装配图图画出零件图（即拆图）。

装配图是生产中重要的技术文件，它主要表达机器或部件的结构、形状、装配关系、工作原理和技术要求，同时，它还是安装、调试、操作、检修机器和部件的重要依据。

9.1 装配图的内容

如图 9-1 所示的是滑动轴承的立体图，滑动轴承的作用是用来支撑轴。它的装配图如图 9-2 所示。从图中可以看出一张完整的装配图应具有以下主要内容。

(1) 一组视图

用一般表达方法和特殊表达方式，正确、完整、清晰和简便地表达机械或部件的工作原理、零件之间的装配关系和零件的主要结构形状。

(2) 必要的尺寸

标明机器或部件的规格（性能）尺寸，说明整体外形以及零件间配合、连接、定位和安装等方面的尺寸。

(3) 零件序号、明细栏与标题栏

根据生产组织和管理工作的需要，按一定的格式，将零件或部件进行编号并填写标题栏

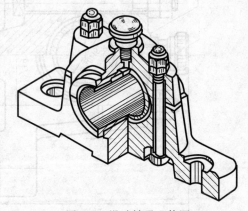

图 9-1 滑动轴承立体图

和明细栏。明细栏说明机器、部件上各个零件的名称、材料、数量、规格以及备注等。标题栏说明机器或部件的名称、重量、图号、图样、比例等。

(4) 技术要求

指有关产品在装配、安装、检验、调试以及运转时应达到的技术要求、常用符号或文字注写。

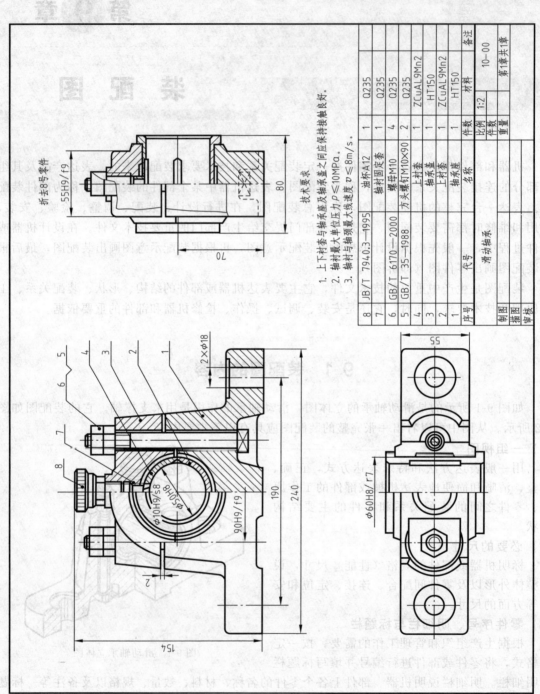

技术要求

1. 上下衬套与轴承座及轴承盖之间应保持接触良好。
2. 轴衬最大单位压力 $P \leqslant 10\text{MPa}$。
3. 轴衬与轴颈最大线速度 $v \leqslant 8\text{m/s}$。

折去8号零件

8	JB/T 7940.3—1995	油杯A12	1	Q235	
7		轴衬固定套	1	Q235	
6	GB/T 6170—2000	螺母M10	4	Q235	
5	GB/T 35—1988	方头螺钉M10×90	2	Q235	
4		上衬套	1	ZCuAL9Mn2	
3		轴承盖	1	HT150	
2		上衬套	1	ZCuAL9Mn2	
1		轴承座	1	HT150	
序号	代号	名称	件数	材料	备注
		滑动轴承	比例	1:2	10—00
			件数		第1章共1章
			重量		
制图					
描图					
审核					

图 9-2 滑动轴承的装配图

9.2　装配图的表达方法

(1) 装配图的规定画法

在第 7 章螺纹连接画法中，已经介绍了装配图的画法规定，本节将进一步介绍。

① 相邻两零件的接触面和配合面只画一条线，如图 9-3 中①处所示。相邻两零件不接触或不配合的表面，即使间隙很小，也必须画两条线，如图 9-3 中③处所示。

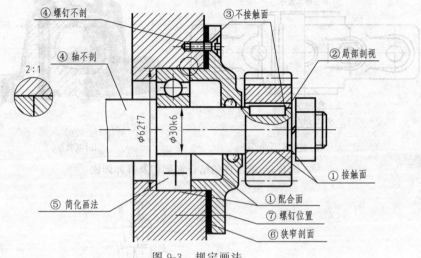

图 9-3　规定画法

② 相邻两零件的剖面线方向一般应相反。当三个零件相邻时，若有两个零件的剖面线方向一致，则间隔应不相等，剖面线尽量相互错开，如图 9-3 中局部放大图所示。装配图中同一零件在不同剖视图中的剖面线方向应一致、间隔相等。

③ 当剖切平面通过螺纹紧固件以及实心轴、手柄、连杆、球、销、键等零件的轴线时，均按不剖绘制。如图 9-3 中④所示。用局部剖表明这些零件上的局部构造，如凹槽、键槽、销孔等，如图 9-3 中②所示。

(2) 装配图的特殊表达方法

为了简便清楚地表达部件，国家标准还规定了以下一些特殊表达方法。

① 沿结合面剖切或拆卸画法（简化画法）　在装配图中，当某些零件遮住了所需表达的部分时，可假想沿某些零件的结合面剖切或拆卸某些零件后绘制，并标注"拆去××零件"，如图 9-4 所示俯视图的右半部分沿轴承盖与轴承座的结合面剖开，并拆去上面部分以表示轴瓦和轴承座的装配情况。必须注意，横向剖切的实心零件，如轴、螺栓、销等，应画出剖面线，而结合处不画剖面线。

② 假想画法　为了表示某个零件的运动极限位置，或部件与相邻部件的装配关系，可用双点画线画出其轮廓。如图 9-5 所示，用双点画线表示手柄的另一个极限位置。

③ 展开画法　为了表达传动系统的传动关系及各轴的装配关系，假想将各轴按传动顺序、沿它们的轴线剖开，并展开在同一平面上。这种展开画法在表达机床的主轴箱、进给箱、汽车的变速箱等装置时经常运用，展开图必须进行标注，如图 9-6 所示。

④ 简化画法　在装配图中，零件的工艺结构，如圆角、倒角、退刀槽等细节可省略不画。装配图中的标准件可采用简化画法，如图 9-3 中⑤所示。若干相同的连接组件，如螺栓连接等，可只画一组，其余用点画线表示其位置，如图 9-3 中⑦所示。

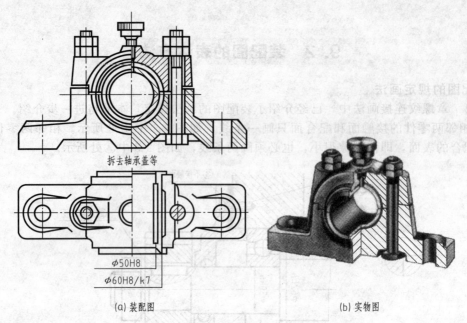

拆去轴承盖等

ϕ50H8
ϕ60H8/k7

(a) 装配图   (b) 实物图

图 9-4 沿零件的结合面剖切及拆卸画法

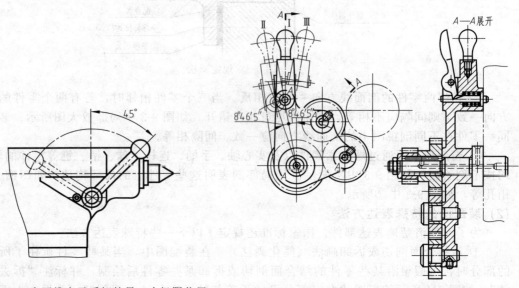

图 9-5 双点画线表示手柄的另一个极限位置   图 9-6 展开画法

⑤ 夸大画法 在装配图上，对薄垫片、小间隙、小锥度等，允许将其适当夸大画出，以便于画图和看图，如图 9-3 中⑥所示。

9.3 装配图的尺寸标注和技术要求

9.3.1 装配图的尺寸标注

装配图与零件图的作用不一样，因此对尺寸标注的要求也不一样。零件图是加工制造零件的主要依据，要求零件图上的尺寸必须完整，而装配图主要是设计和装配机器或部件时用的图样，因此不必注出零件的全部尺寸。装配图上一般标注以下几种尺寸。

(1) 性能尺寸（规格尺寸）

表示机器或部件的性能和规格尺寸在设计时就已确定。它是设计机器、了解和选用机器的依据，如图 9-2 中的 $\phi50H8$。

(2) 装配尺寸

表示两个零件之间配合性质的尺寸，如图 9-3 中的配合尺寸 $\phi60H8/k7$ 和 $90H9/f9$，由基本尺寸和孔与轴的公差带代号所组成。它是拆画零件图时，确定零件尺寸偏差的依据。

(3) 外形尺寸

表示机器或部件外形轮廓的尺寸，即总长、总宽、总高。当机器或部件包装、运输时，或厂房设计和安装机器时需要考虑外形尺寸，如图 9-2 中的外形尺寸：总长 240、总宽 80 和总高 154。

(4) 安装尺寸

机器或部件安装在地基上或与其他机器或部件相连接时所需要的尺寸，就是安装尺寸。如图 9-2 中的尺寸 190。

(5) 其他重要尺寸

在设计中经过计算确定或选定的尺寸，但又未包括在上述四种尺寸之中。这种尺寸在拆画零件图时，不能改变，如主体零件的重要尺寸等（如图 9-2 中的尺寸 55）。

9.3.2 技术要求的注写

装配图上一般应注写以下几方面的技术要求。

① 装配过程中的注意事项和装配后应满足的要求等。

② 检验、试验的条件和要求以及操作要求等。

③ 部件的性能、规格参数、包装、运输、使用时的注意事项和涂饰要求等。

总之，图上所需填写的技术要求，随部件的需要而定。必要时，也可参照类似产品确定。

9.4 装配图上的零件序号和明细栏

为了便于看图、装配、图样管理以及做好生产准备工作，必须对每个不同的零件或部件进行编号，这种编号称为零件的序号或代号，同时要编制相应的明细栏。直接编写在装配图中标题栏上方的称为明细栏，在明细栏中零件及部件的序号应自下而上填写。

(1) 零件序号

① 序号（或代号）应注在图形轮廓线的外边，并填写在指引线的横线上或圆圈内，横线或圆圈用细实线画出。指引线应从所指零件的可见轮廓内引出，若剖开时，尽量由剖面线的空处引出，并在末端画一个小圆点，如图 9-7 所示。序号字体要比尺寸数字大两号。也允许直接写在指引线附近。若在所指部分（很薄的零件或涂黑的剖面）内，不宜画圆点时，可在指引线末端画出箭头指向该部分的轮廓。

② 指引线尽可能分布均匀且不要彼此相交，也不要过长。指引线通过有剖面线的区域时，要尽量不与剖面线平行，必要时可画成折线，但只允许弯折一次。如图 9-8 所示，图

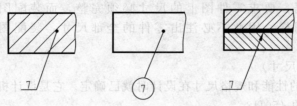

图 9-7　零件的编号形式

（a）图是正确的，图（b）和图（c）均为错误的画法。

③ 一组紧固件或装配关系清楚的零件组，允许采用公共指引线进行编号，如图 9-9 所示。

④ 每一种零件在各视图上只编一个序号。对同一标准部件（如油杯、滚动轴承、电机等），在装配图上只编一个序号。

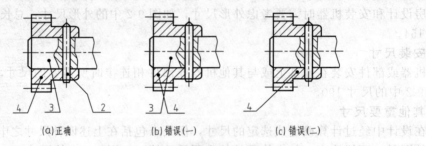

（a）正确　　　　　　（b）错误（一）　　　　（c）错误（二）

图 9-8　序号及指引线的图例

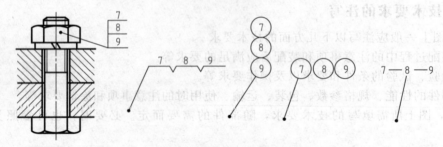

图 9-9　公共指引线的画法

⑤ 要沿水平或垂直方向按顺时针或逆时针次序排列整齐，如图 9-2 所示。

⑥ 编注序号时，要注意到以下几点。

a. 为了使全图能布置得美观整齐，在标注零件序号时，应先按一定位置画好横线或圆，然后再与零件一一对应，画出指引线。

b. 常用的序号编排方法有两种：一种是一般件和标准件混合一起编排；另一种是将一般件编号填入明细栏中，而标准件直接在图上标注出规格、数量和国标号，或另列专门表格。

（2）明细栏

装配图的明细栏在标题栏上方，左边外框线为粗实线，内格线和顶线为细实线。假如地方不够，也可在标题栏的左方再画一排。明细栏中，零件序号编写顺序是从下往上，以便增加零件时，可以继续向上画格。在实际生产中，明细栏也可不画在装配图内，按 A4 幅面作为装配图的序页单独绘出，编写顺序是从上往下，并可连续加页，但在明细栏下方应配置与装配图完全一致的标题栏。

9.5　装配结构的合理性

　　为了使零件装配成机器或部件后不但能达到性能要求，而且装、拆方便，在设计时必须注意零件上的装配结构的合理性。确定合理的装配结构，必须具有丰富的实践经验，并做深入细致的分析比较。现介绍几种常见的装配工艺结构，供画装配图时参考。

　　① 两零件在同一方向上不应有两组面同时接触或配合。两个零件接触时，在同一方向上只能有一对接触面，否则会给零件制造和装配等工作造成困难，如图 9-10 所示。

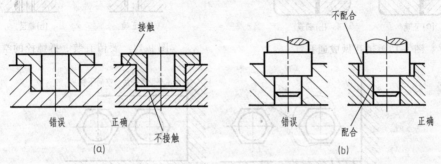

图 9-10　两零件在同一方向的定位

　　② 保证轴肩与孔的端面接触，孔口应制出适当的倒角（或圆角），或在轴根处加工出槽，如图 9-11 所示。

　　③ 为了保证接触良好，接触面需经机械加工。合理地减少加工面积，不但可以降低加工费用，而且可以改善接触情况。

　　④ 为了保证连接件（螺栓、螺母、垫圈）和被连接件间的良好接触，在被连接件上做出沉孔、凸台等结构，如图 9-12 所示。沉孔的尺寸，可根据连接件的尺寸，从有关手册中查找。

图 9-11　轴肩和孔端面接触结构

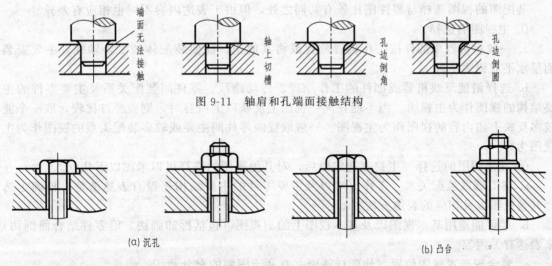

(a) 沉孔　　　　　　　　　　　　　　　　　　(b) 凸台

图 9-12　沉孔和凸台

　　⑤ 用圆柱销或圆锥销将两零件定位时，为了加工和装拆的方便，在可能的条件下，最好将销孔做成通孔，如图 9-13 所示。

⑥ 为了装拆紧固件，要留有足够的空间。在图 9-14 中，若 L 小于 H 就无法拆卸螺栓。在图 9-15 中，若预留的扳手活动空间不够，也不可能拆卸螺栓。

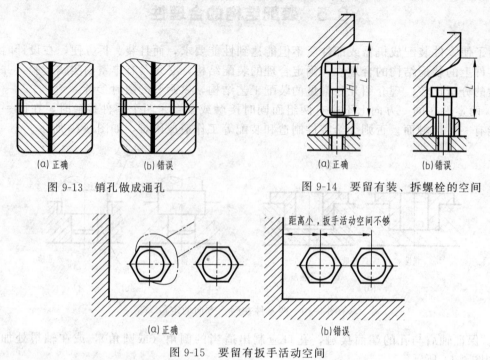

(a)正确　　　(b)错误

图 9-13　销孔做成通孔

(a)正确　　　(b)错误

图 9-14　要留有装、拆螺栓的空间

距离小，扳手活动空间不够

(a)正确

(b)错误

图 9-15　要留有扳手活动空间

9.6　画装配图的方法和步骤

(1) 装配图的视图选择

装配图的视图选择与零件图比较有共同之处，但由于表达内容不同也相应有差异。

① 主视图的选择。

a. 一般将机器或部件按工作位置放置或将其放正，即使装配体的主要轴线、主要安装面呈水平或铅垂位置。

b. 选择最能反映机器或部件的工作原理、传动路线、零件间装配关系及主要零件的主要结构的视图作为主视图。当不能在同一视图上反映以上内容时，则应经过比较，取一个能较多反映上述内容的视图作为主视图。一般取反映零件间主要或较多装配关系的视图作为主视图为好。

② 其他视图的选择　主视图选定以后，对其他视图的选择可以考虑以下几点。

a. 还有哪些装配关系、工作原理以及主要零件的主要结构还没有表达清楚，再确定选择其他视图以及相应的表达方法。

b. 尽可能地用基本视图以及基本视图上的剖视图（包括拆卸画法、沿零件结合面剖切）来表达有关内容。

c. 要合理布置视图位置，使图样清晰并有利于图幅的充分利用。

(2) 装配图的画法

下面以螺纹调节支承为例说明装配图的画法。

螺纹调节支承（见图 9-16）用来支承不太重的机件。使用时，旋动调节螺母，支

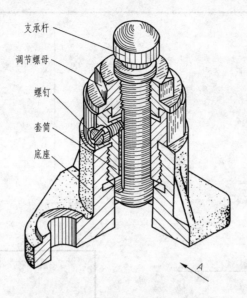

图 9-16 　螺纹调节支承轴测图

承杆上下移动（因螺钉的一端装入支承杆的槽内，故支承杆不能转动），达到所需的高度。

　　螺纹调节支承的工作位置如图 9-16 所示。以箭头 A 方向作为主视图的投射方向。视图表达方案如图 9-17 所示。主视图为通过支承杆轴线剖切的全剖视图，并对支承杆长槽处做局部剖视。这样画出的主视图既符合工作位置，又表达了它的形状特征、工作原理和零件间的装配连接关系，但对底座、套筒等的主要结构都尚未表达清楚。因此，需选用俯视图和左视图，并在左视图中采用局部剖视，以表达支承杆上长槽的形状。

　　按照选定的表达方案，根据所画部件的大小，再考虑尺寸、序号、标题栏、明细表和注写技术要求所应占的位置，选择绘图比例，确定图幅，然后按下列步骤画图。

　　① 画图框线和标题栏、明细表的外框。

　　② 布置视图，画出各视图的作图基线，如主要中心线、对称线等。在布置视图时，要注意为标注尺寸和编写序号留出足够的位置，如图 9-17（a）所示。

　　③ 画视图底稿。一般从主视图入手，先画基本视图，后画非基本视图，如图 9-17（b）、(c) 所示。

　　④ 标注尺寸和画剖面线。

　　⑤ 检查底稿后进行编号和加深。

　　⑥ 填写明细表、标题栏和技术要求。

　　⑦ 全面检查图样，如图 9-17（d）所示。

　　画装配图一般比画零件图要复杂些，因为零件多，又有一定的相对位置关系。为了使底稿画得又快又好，必须注意画图顺序，应该先画哪个零件，后画哪个零件，才便于在图上确定每个零件的具体位置，并且少画一些不必要的（被遮盖的）线条。为此，要围绕装配关系进行考虑，根据零件间的装配关系来确定画图顺序。作图的基本顺序可分为两种：一种是由里向外画，即大体上是先画里面的零件，后画外面的零件；另一种是由外向里画，即大体上是先画外面的大件（先画出视图的大致轮廓），后画里面的小件。这两种方法各有优缺点，一般情况下，将它们结合使用。

(a) 画主要基准线

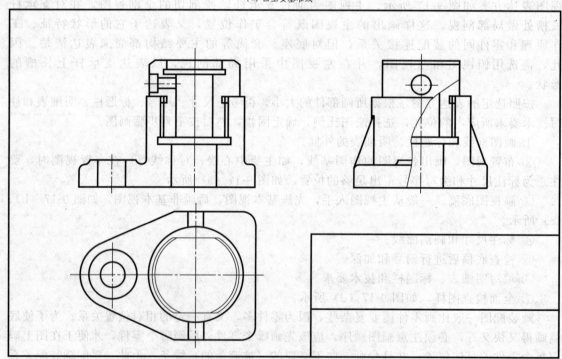

(b) 先画主要装配干线，逐次向外扩展

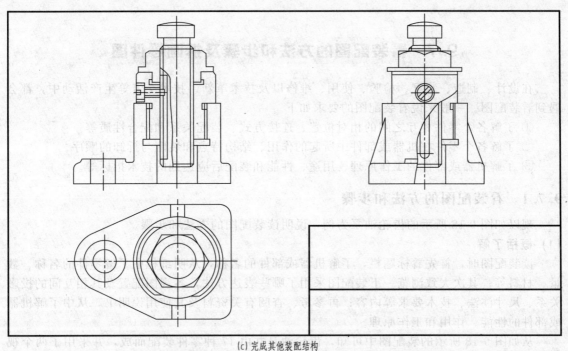

(c) 完成其他装配结构

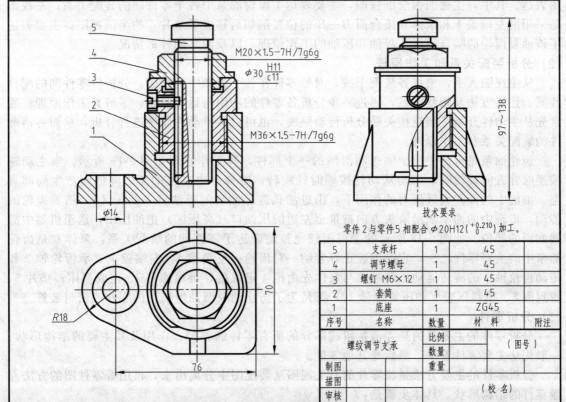

技术要求

零件 2 与零件 5 相配合 $\phi 20H12(^{+0.210}_{0})$ 加工。

(d) 检查、描深

5	支承杆	1	45	
4	调节螺母	1	45	
3	螺钉 M6×12	1	45	
2	套筒	1	45	
1	底座	1	ZG45	
序号	名称	数量	材料	附注

螺纹调节支承		比例		（图号）
		数量		
制图		重量		
描图				
审核				（校名）

图 9-17　螺纹调节支承装配图及装配图的画图步骤

9.7 看装配图的方法和步骤及拆画零件图

在设计、制造、装配、检验、使用、维修以及技术革新、技术交流等生产活动中，都会遇到看装配图。一般来说看装配图的要求如下。

① 了解各个零件相互之间的相对位置、连接方式、装配关系和配合性质等。

② 了解各个零件在机器或部件中所起的作用、结构特点和装配与拆卸的顺序。

③ 了解机器或部件的工作原理、用途、性能和装配后应达到的技术指标等。

9.7.1 看装配图的方法和步骤

现以如图 9-18 所示的齿轮油泵为例，说明读装配图的方法和步骤。

(1) 概括了解

读装配图时，首先看标题栏，了解机器或部件的名称，从明细栏中了解零件的名称、数量、材料等；其次大致浏览一下装配图采用了哪些表达方法，各视图配置及其相互间的投影关系、尺寸注法、技术要求等内容；再参考、查阅有关资料及其使用说明书，从中了解机器或部件的性能、作用和工作原理。

从如图 9-18 所示的装配图中可知，齿轮油泵共由 17 种零件装配而成，并采用了两个视图表达。其中，主视图为全剖视图，主要表达了齿轮油泵中各个零件间的装配关系；左视图是采用沿左端盖 1 和泵体 6 接合面 $B—B$ 的位置剖切后移去了垫片 5 的半剖视图，主要表达了该油泵齿轮的啮合情况、吸油和压油的工作原理，以及油泵的外形情况。

(2) 分析装配关系和工作原理

从主视图入手，根据各装配干线，对照零件在各个视图中的投影，分析各零件间的配合性质、连接方法及相互关系，再进一步分析各零件的功用与运动状态，了解其工作原理。通常先从主动件开始按照连接关系分析传动路线，也可以从被动件反序进行分析，从而弄清部件的装配关系和工作原理。

齿轮油泵是机器中用于输送润滑油的一个部件，其工作原理如图 9-19 所示。当主动轮按逆时针方向旋转时，带动从动轮按顺时针旋转。啮合区内右边的压力降低而产生局部真空，油池中的油在大气压力的作用下，由进油孔进入油泵的吸油口（低压区），随着齿轮的传动，齿轮中的油不断沿箭头方向被带至左边的压油口（高压区）把油压出，送至机器中需要润滑的部位。如图 9-18 所示的主视图较完整地表达了零件间的装配关系：泵体 6 是齿轮油泵中的主要零件之一，它的内腔正好容纳一对齿轮；左端盖 1、右端盖 7 支承齿轮轴 2 和传动齿轮轴 3 的旋转运动；两端盖与泵体先由销 4 定位后，再由螺钉 15 连成整体；垫片 5、密封圈 8、填料压盖 9 和压紧螺母 10，都是为了防止油泵漏油所采用的零件或密封装置。

(3) 分析零件

分析零件的主要目的是弄清楚组成部分的所有零件的类型、作用及其主要的结构形状。一般先从主要零件着手，然后是其他零件。

分析零件的主要方法是将零件的有关视图从装配图中分离出来，再用看零件图的方法弄懂零件的结构形状。具体步骤是：

① 看零件图的序号和明细栏，不同序号代表不同的零件。

② 看剖面线的方向和间隔，相邻两零件剖面线的方向、间隔不同，则不是同一个零件。

③ 对剖视图中未画剖面线的部分，区分是实心杆件或零件的孔槽与未剖切部分，其方法是按装配图对实心件和紧固件的规定画法来判断。

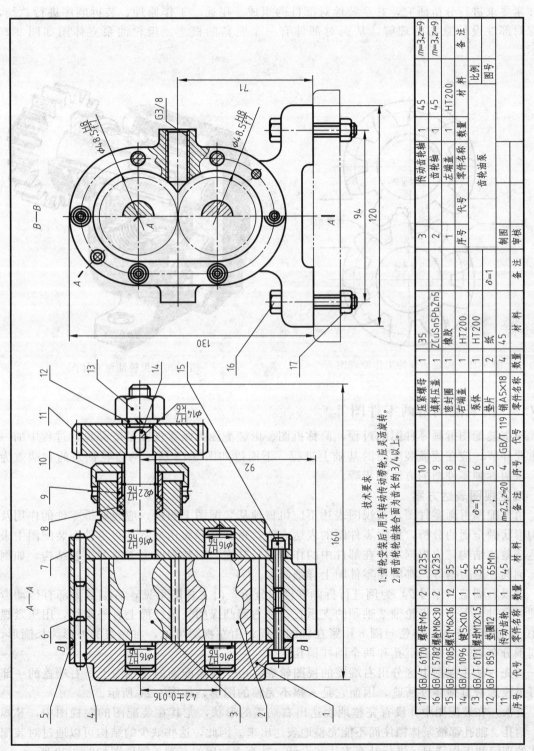

技术要求

1. 齿轮安装后，用手转动传动带轮，应灵活转。
2. 两齿轮齿接合面为齿长的3/4以上。

17	GB/T 6170	螺母M6	2	Q235	
16	GB/T 5782	螺栓M6×30	2	Q235	
15	GB/T 7085	螺钉M6×16	12	35	
14	GB/T 1096	键5×10	1	45	
13	GB/T 6171	螺母M12×1.5	1	35	
12	GB/T 859	垫圈12	1	65Mn	
11		传动齿轮	1	45	m=2.5,z=20
序号	代号	零件名称	数量	材料	备注

10		压紧螺母	1	35	
9		填料压盖	1	ZCuSn5PbZn5	
8		密封圈	1	橡胶	
7		右端盖	1	HT200	
6		泵体	1	HT200	δ=1
5		垫片	2	纸	
4	GB/T 119	销A5×18	4	45	
序号	代号	零件名称	数量	材料	备注

3		传动齿轮轴	1	45	m=3,z=9
2		齿轮轴	1	45	m=3,z=9
1		左端盖	1	HT200	
序号	代号	零件名称	数量	材料	备注

齿油泵

| 制图 | | | | 比例 | |
| 审核 | | | | 图号 | |

图 9-18　齿轮油泵装配图

(4) 综合归纳，想象装配体的总体形状

在看懂每个零件的结构形状以及装配关系和了解了每条装配干线之后，还要对全部尺寸和技术要求进行分析研究，并系统地对部件的组成、用途、工作原理、装拆顺序进行总结，加深对部件设计意图的理解，从而对部件有一个完整的概念。齿轮油泵立体图如图 9-20 所示。

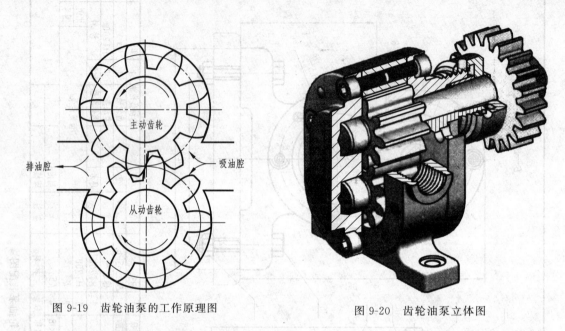

图 9-19　齿轮油泵的工作原理图　　　　　图 9-20　齿轮油泵立体图

9.7.2　由装配图拆画零件图

根据装配图拆画零件图的过程，简称拆图。由装配图拆画零件图是产品设计过程中的一项重要环节，应在读懂装配图的基础上进行。下面以如图 9-18 所示的齿轮油泵的右端盖为例，说明拆画零件图的方法和步骤。

(1) 确定视图表达方案

由装配图拆画零件图，其视图表达不应机械地从装配图上照抄，应对所拆零件的作用及结构形状做全面的分析，根据零件图的表达方法，重新选择表达方案。对零件在装配图中未表达清楚的结构，应根据零件在部件中的作用进行补充。对装配图上省略的工艺结构，如倒角、倒圆、退刀槽等，都应在零件图上详细画出。

现以右端盖（序号 7）为例进行拆画零件图分析。由主视图可见，右端盖上部有传动齿轮轴 3 穿过，下部有齿轮轴 2 轴颈的支承孔，在右部凸缘的外圆柱面上有外螺纹，用压紧螺母 10 通过填料压盖 9 将密封圈 8 压紧在轴的四周；由左视图可见，右端盖的外形为长圆形，沿周围分布有六个螺钉沉孔和两个圆柱销孔。

首先，从主视图上区分出右端盖的视图轮廓。由于在装配图的主视图上，右端盖的一部分可见投影被其他零件所遮，因而它是一幅不完整的图形，如图 9-21 所示。

其次，在装配图中并没有完整地表达出右端盖的形状，尤其在装配图的左视图中，其螺栓、销孔、轴孔都被泵体挡住而不能完整地表达出来。因此，这些缺少的结构可以通过对装配整体的理解和工作情况，进行补充表达和设计。补充表达后的右端盖零件图如图 9-22 所示。

最后，画出完整的零件图。这样的盘盖类零件一般可用两个视图表达，从装配图的主视图中拆画右端盖的图形，显示了右端盖各部分的结构，仍可作为零件图的主视图，再加左视图。为了使左视图能显示较多的可见轮廓，还应将外螺纹凸缘部分向左布置。如图 9-23 所示为右端盖的完整零件图，右端盖的立体图如图 9-24 所示。

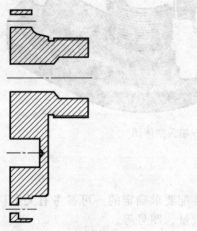

图 9-21　右端盖分离图

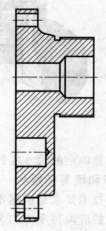

图 9-22　右端盖补全图

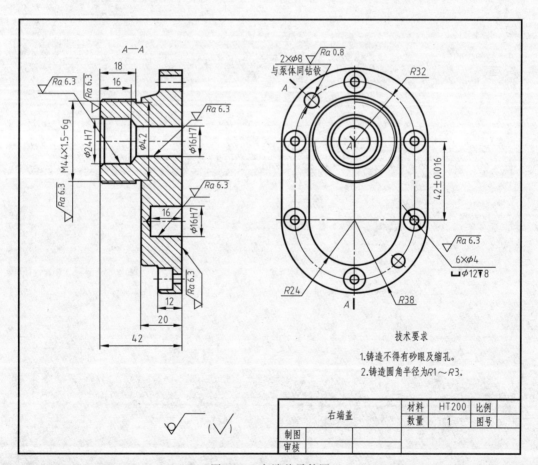

图 9-23　右端盖零件图

（2）零件的尺寸处理

零件图的尺寸一般应从装配图上直接量取。测量尺寸时，应注意装配图的比例。零件上的标准结构或与标准件连接配合的尺寸，如螺纹尺寸、键槽、销孔直径等，应从有关标准中

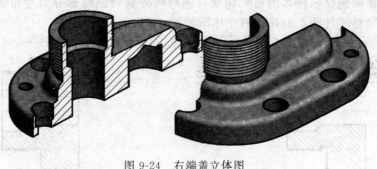

图 9-24　右端盖立体图

查出。需要计算确定的尺寸应计算后标出。

（3）技术要求和填写标题栏

　　零件上的技术要求是根据零件的作用与装配要求确定的。可参考有关资料和相近产品图样注写。标题栏应填写零件的名称、材料、数量、图号等。

第10章

装配体测绘

10.1 装配体测绘的目的和任务

就一个操作过程而言，"测绘"是指对已有的机器或部件进行拆卸、测量，并画出草图、零件图和装配图的过程。简言之，即为测量与绘图的过程。然而就测绘的目的而言，则小至修配被损零件或对原有设备进行技术改造，大到对引进产品实施"反求工程"。

"反求工程"是指探索引进产品的关键技术，通过研究、消化、吸收，进一步改进和创新，并开发出符合中国国情的先进产品，以形成自己的技术和设计体系。"反求工程"中的实物反求技术，就是以性能测试和实物测绘的结果作为被研究的原始资料。因此对于工程技术人员来说，测绘技术是一项重要的基本技能。

不过在这里要说明的是，完整的测绘过程并不仅仅是单纯的测量和绘图，因为在一张设计图内除了视图和尺寸以外，还有工艺结构因素、零件材质的确定、技术要求等多学科知识的应用。而制图课程中，只能着重在单纯的"测量"和"绘图"两个内容上，其他方面的知识则在后续有关课程中讲解。

对于学生来说，测绘的目的就是：
① 复习和巩固已学知识，并在测绘中得到综合应用。
② 进一步培养学生分析问题和解决问题的能力，继续提高学生绘图的技能和技巧。
③ 掌握测绘的基本方法和步骤，培养学生初步的整机或部件的测绘能力。
④ 为后续课程的课程设计和毕业设计奠定基础。
测绘的任务就是：
① 拆卸、装配装配体，并绘制装配示意图。
② 绘制装配体的零件草图。
③ 绘制装配图。
④ 绘制零件图。
本章下面部分的阐述，即是以学生进行装配体测绘为主要目标而展开的。

10.2 装配体测绘的方法与步骤

用于测绘的装配体可有很多类型，但就测绘过程本身而言，常用的测绘方法与步骤基本相同。一般装配体的测绘按下述步骤进行。

(1) 测绘前的准备工作

① 由测绘指导教师进行动员、公布各测绘小组成员名单。

② 强调测绘过程中的设备、人身安全的注意事项。

③ 领取装配体、量具、工具等。

④ 准备绘图工具、图纸，并做好测绘场地的清洁卫生。

(2) 了解装配体

仔细阅读《机械制图装配体测绘任务书》、有关技术文件、资料和同类产品图样，分析装配体的构造、功用、工作原理、传动系统、大体的技术性能和使用运转情况，并检测有关的技术性能指标和一些重要的装配尺寸，如零件间的相对位置尺寸、极限尺寸以及装配间隙等，为下一步拆装工作和测绘工作打下基础。

(3) 拆卸零件、绘制装配示意图

① 拆卸零件 拆卸零件前应先分析拆卸顺序，并准备好要用的工具（如扳手、起子等）。拆卸时须注意：

a. 精密的或重要的零件，不要使用粗笨的重物敲击。

b. 精度要求较高的配合部分，不要随便拆卸，以免再装配时发生困难和破坏其原有精度。

c. 对一些重要尺寸，如相对位置尺寸、运动零件的极限位置尺寸、装配间隙等，应先进行测量，以便重新装配装配体时，能保持原来的装配要求。

d. 拆下的零件不要乱放，最好把它们装配成小单位，或用扎标签的方法对零件分别进行编号，并妥善保管，避免零件损坏、生锈或丢失。对螺钉、销子、键等容易散失的小零件，拆完后仍可装在相应的孔、槽中，以免丢失和装错位置。

e. 拆卸零件时，应注意分析各零件间的装配关系、结构特点，以便对装配体性能有更深入的了解。

② 绘制装配示意图 在机器或部件拆卸过程中，装配示意图是表达装配体中各零件的名称、数量、零件间相互位置和装配连接关系的记录图样。一般应一边拆卸，一边画图，并逐一记录下各零件在原装配体中的装配关系。由于装配示意图是绘制装配图和拆卸后重新装配成装配体的依据。因此，正确绘制示意图是装配体测绘中的关键一步。

装配示意图的画法没有严格的规定，有些零件（如轴、轴承、齿轮、弹簧等）应用国家标准中的规定符号表示。如果没有规定符号，则应用单线条画出该零件的大致轮廓，以显示其形体的基本特点。如图 10-1 所示为铣刀头的直观立体图。如图 10-2 所示则为铣刀头的装配示意图。从图 10-2 可以看出，图中的轴 7、键 5 与 13、轴承 6、螺钉 10 等零件均按规定的符号画出，座体与端盖等零件没有规定的符号，则只画出大致轮廓，而且各零件不受其他零件遮挡的限制，是作为透明体来表达的。

绘制装配示意图时，应注意以下问题。

a. 装配示意图一般用正投影法绘制，并且大多只画一两个图形，所有零件尽可能地集中。如果表达不完整，可增加图形，但各图形间必须符合投影规律。

b. 为了使图形表达得更清晰，通常是将所测绘装配体假想成透明体，既画外形轮廓，又画内部结构。对各零件的表达一般不受前后层次的限制，其顺序可从主要零件着手，依次按装配顺序把其他零件逐个画出。

c. 在装配示意图上编出零件序号，其编号最好按拆卸顺序排列，并且列表填写序号、零件名称、数量、材料等。

d. 由于标准件是不必绘制零件图的，因此，对装配体中的标准件，应查对有关国家标准，及时确定其尺寸规格，并将它们的规定标记注写在表上。

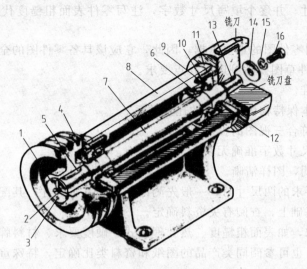

图 10-1　铣刀头立体图

1—挡圈；2—沉头螺钉；3—圆柱销；4—带轮；5,13—普通平键；6—滚动轴承；7—轴；
8—座体；9—调整环；10—圆柱头内六角螺钉；11—端盖；12—毡圈；
14—挡圈；15—弹簧垫圈；16—螺栓

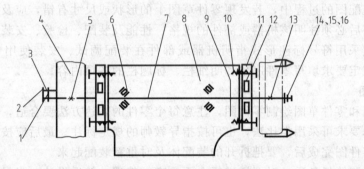

图 10-2　铣刀头装配示意图

1—挡圈；2—沉头螺钉；3—圆柱销；4—带轮；5,13—普通平键；6—滚动轴承；7—轴；
8—座体；9—调整环；10—圆柱头内六角螺钉；11—端盖；12—毡圈；
14—挡圈；15—弹簧垫圈；16—螺栓

　　e. 两相邻零件的接触面或配合面之间应画出间隙，以便区别。

（4）测量零件、绘制零件草图

　　零件草图是根据实物，通过目测估计各部分的尺寸比例，徒手画出的零件图（即徒手目测图），然后在此基础上把测量的尺寸数字填入图中。零件草图应按下列步骤绘制。

　　① 了解零件的作用，分析零件的结构，确定视图表达方案。

　　② 在草图上画图框、标题栏，画各视图的中心线、轴线和基准线，画各视图的外形轮廓。注意各视图间要留有标注尺寸等内容的空间。

　　③ 根据确定的视图表达方案，画全视图、剖视等，擦去多余图线，校对后描深。注意画视图必须分画底稿和描深两步进行。仔细检查，不要漏画细部结构，如倒角、小圆孔、圆角等，但铸造上的缺陷不应反映在视图上。

　　④ 画出零件上全部尺寸的尺寸界线和尺寸线。标注尺寸时，应再次检查零件结构形状是否表达完整、清晰。

⑤ 测量零件尺寸，并逐个填写尺寸数字，注写零件表面粗糙度代号。填写标题栏。最后完成零件草图。

零件草图是绘制零件图的重要依据，因此，它应该具备零件图的全部内容，而绝非"潦草之图"。画出的零件草图要达到以下几点要求。

① 遵守国家标准。

② 目测时要基本保持物体各部分的比例关系。

③ 图形正确，符合三视图的投影规律。

④ 字体工整，尺寸数字准确无误。

⑤ 线型粗细分明，图样清晰。

当测量有配合要求的两尺寸时，一般先测出它们的基本尺寸，其配合性质和相应的公差值应在结构分析的基础上，查阅有关资料确定。

零件的技术要求，如表面粗糙度、热处理方式、硬度要求、材料牌号等可根据零件的作用、工作要求确定，也可参阅同类产品的图纸和资料类比确定，特殊重要处的硬度可通过硬度计测定。

(5) 绘制装配图

根据装配示意图和零件草图绘制装配图，这是测绘的主要任务。装配图不仅要表达出装配体的工作原理和装配关系以及主要零件的结构形状，还要检查零件草图上的尺寸是否协调合理。在绘制装配图的过程中，若发现零件草图上的形状或尺寸有错，应及时更正后方可画图。装配图画好后必须注明该机器或部件的规格、性能及装配、检验、安装时的尺寸，还必须用文字说明或采用符号标注形式指明机器或部件在装配调试、安装使用中必要的技术条件。最后应按规定要求填写零件序号和明细栏、标题栏的各项内容。

(6) 绘制零件图

根据装配图和零件草图绘制零件图，注意每个零件的表达方法要合适，尺寸应正确、可靠。零件图技术要求可采用类比法，也可按指导教师的规定标注。最后应按规定填写标题栏的各项内容。零件图完成后，要把拆开的装配体及时重新装配起来。

在完成以上测绘任务后，对图样进行全面检查、整理，然后设计一张封面并将图样装订成册，最后送交指导教师评定成绩。

10.3　常用的测绘工、量具及零件尺寸的测量方法

(1) 常用的拆卸工具

常用的拆卸工具有：扳手、手锤、手钳、螺丝刀等。

(2) 常用的测量工具

常用的测量工具有以下几种。

① 钢尺，也叫直尺。

② 外卡钳和内卡钳。

③ 游标卡尺。

④ 千分尺，也叫百分尺、分厘卡。

⑤ 量块，如图 10-3 所示。

⑥ 圆角规。

此外还有百分表、塞尺、万能角度尺等。

图 10-3　量块

(3) 零件尺寸的测量方法

① 直线尺寸的测量　直线尺寸可直接用钢尺、游标卡尺或千分尺量取，也可用外卡钳测量，如图 10-4 所示。

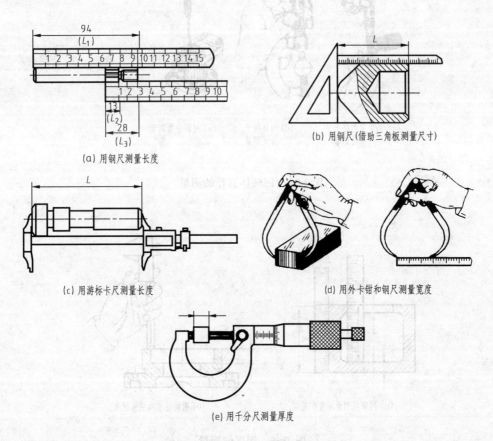

(a) 用钢尺测量长度

(b) 用钢尺(借助三角板测量尺寸)

(c) 用游标卡尺测量长度

(d) 用外卡钳和钢尺测量宽度

(e) 用千分尺测量厚度

图 10-4　千分尺的测量

② 回转体内外直径的测量　这类尺寸可用内、外卡钳测量，但测绘中常用游标卡尺测量。对精密零件的内外径则用千分尺或百分表测量，如图 10-5 所示。

③ 深度的测量　深度可以用钢尺或带有尾伸杆的游标卡尺直接量得，如图 10-6 所示。

④ 壁厚的测量　壁厚可用钢皮尺和外卡钳结合进行测量，也可用游标卡尺和垫块（或量块）结合进行测量，如图 10-7 所示。

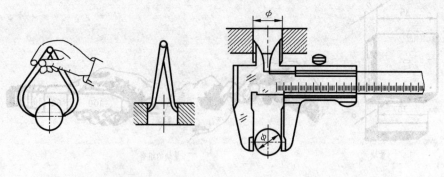

(a) 用内外卡钳测量   (b) 用游标卡尺测量

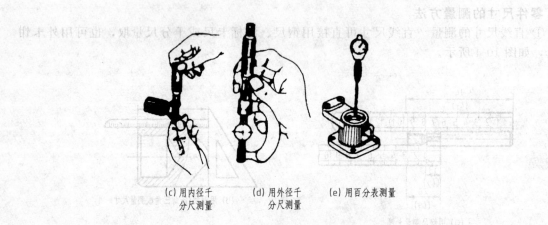

(c) 用内径千   (d) 用外径千   (e) 用百分表测量
　　分尺测量   　　分尺测量

图 10-5　回转体直径的测量

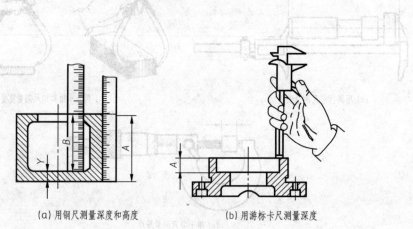

(a) 用钢尺测量深度和高度   (b) 用游标卡尺测量深度

图 10-6　深度的测量

　　⑤ 两孔中心距的测量　当两孔直径相等时，可先测出 K 及 d，则孔距 $A = K + d$，如图 10-8（a）所示；当两孔直径不相等时，可先测出 K、孔径 D 与 d，则孔距 $A = K - (D + d)/2$ 测量，如图 10-8（b）所示。

　　⑥ 螺纹螺距的测量　螺纹的螺距 P 可用螺纹规进行测量，如图 10-9 所示。在没有螺纹规的条件下，可用钢尺或拓印的方法量得。

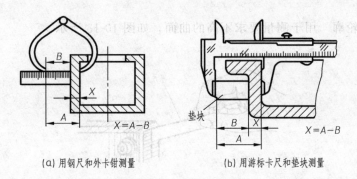

(a) 用钢尺和外卡钳测量　　　　(b) 用游标卡尺和垫块测量

图 10-7　壁厚的测量

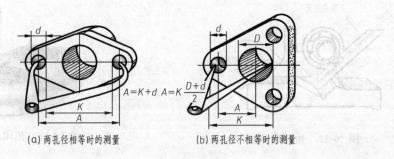

(a) 两孔径相等时的测量　　　　(b) 两孔径不相等时的测量

图 10-8　两孔距的测量

图 10-9　螺距的测量

⑦ 圆角和圆弧半径的测量　各种圆角和圆弧半径的大小可用圆角规进行测量，如图 10-10 所示。

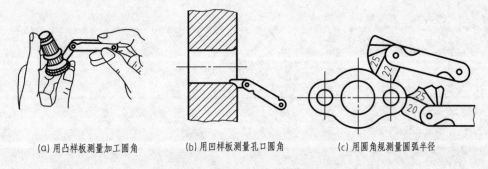

(a) 用凸样板测量加工圆角　　(b) 用凹样板测量孔口圆角　　(c) 用圆角规测量圆弧半径

图 10-10　圆角和圆弧半径的测量

⑧ 间隙的测量　两平面之间的间隙通常用塞尺（厚薄规）进行测量，如图 10-11 所示。

⑨ 角度的测量　角度通常用万能角度尺（万能游标量角器）进行测量，如图 10-12

所示。

⑩ 拓印曲面轮廓 用于测量要求不高的曲面，如图 10-13 所示。

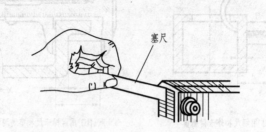

图 10-11　间隙的测量

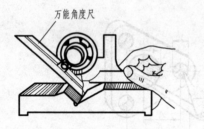

图 10-12　角度的测量

图 10-13　拓印曲面轮廓

附 录

附录1 螺纹

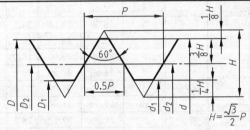

标记示例

公称直径 $d=10$mm，螺距 $P=1$mm，中径、顶径公差带代号 7H，中等旋合长度，单线细牙普通内螺纹：

$$M10\times1{-}7H$$

$$H=\frac{\sqrt{3}}{2}P$$

公称直径 D、d		螺距 P		小径 D_1、d_1
第一系列	第二系列	粗牙	细牙	粗牙
3		0.5	0.35	2.459
	3.5	(0.6)		2.850
4		0.7		3.242
	4.5	(0.75)	0.5	3.688
5		0.8		4.134
6		1	0.75、(0.5)	4.917
8		1.25	1、0.75、(0.5)	6.647
10		1.5	1.25、1、0.75、(0.5)	8.376
12		1.75	1.5、1.25、1、(0.75)、(0.5)	10.106
	14	2	1.5、(1.25)、1、(0.75)、(0.5)	11.835
16		2	1.5、1、(0.75)、(0.5)	13.835
	18	2.5		15.294
20		2.5	2、1.5、1、(0.75)、(0.5)	17.294
	22	2.5		19.294
24		3	2、1.5、1、(0.75)	20.752
	27	3	2、1.5、1、(0.75)	23.752
30		3.5	(3)、2、1.5、1、(0.75)	26.211
33		3.5	(3)、2、1.5、(1)、(0.75)	29.211
36		4		31.670
	39	4	3、2、1.5、(1)	34.670
42		4.5		37.129
	45	4.5		40.129
48		5	(4)、3、2、1.5、(1)	42.587
	52	5		46.587
56		5.5	4、3、2、1.5、(1)	50.046

注：1. 优先选用第一系列，括号内尺寸尽可能不用。第三系列未列入。

2. M14×1.25 仅用于火花塞。M35×1.5 仅用于滚动轴承锁紧螺母。

附表 2　梯形螺纹（GB/T 5796.2—2005）　　　　　　单位：mm

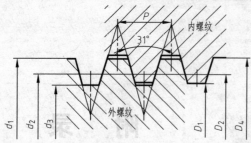

标注示例

公称直径 $d = 40$mm，导程 $Ph = 14$mm，螺距 $P = 7$mm，中径公差带代号 8e，长旋合长度的双线左旋梯形螺纹：

Tr40×14(P7)LH—8e—L

公称直径 d 第一系列	公称直径 d 第二系列	螺距 P	中径 $d_2 = D_2$	大径 D_4	小径 d_3	小径 D_1	公称直径 d 第一系列	公称直径 d 第二系列	螺距 P	中径 $d_2 = D_2$	大径 D_4	小径 d_3	小径 D_1
8		1.5	7.25	8.30	6.20	6.50		26	3	24.50	26.50	22.5	23.0
	9	1.5	8.25	9.30	7.20	7.50		26	5	23.50	26.50	20.5	21.0
	9	2	8.00	9.50	6.50	7.00		26	8	22.00	27.00	17.0	18.0
10		1.5	9.25	10.30	8.20	8.50	28		3	26.50	28.50	24.5	25.0
10		2	9.00	10.50	7.50	8.00	28		5	25.50	28.50	22.5	23.0
	11	2	10.00	11.50	8.50	9.00	28		8	24.00	29.00	19.0	20.0
	11	3	9.50	11.50	7.50	8.00		30	3	28.50	30.50	26.5	27.0
12		2	11.00	12.50	9.50	10.0		30	6	27.00	31.00	23.0	24.0
12		3	10.50	12.50	8.50	9.00		30	10	25.00	31.00	19.0	20.0
	14	2	13.00	14.50	11.5	12.0	32		3	30.50	32.50	28.5	29.0
	14	3	12.50	14.50	10.5	11.0	32		6	29.00	33.00	25.0	26.0
16		2	15.00	16.50	13.5	14.0	32		10	27.00	33.00	21.0	22.0
16		4	14.00	16.50	11.5	12.0		34	3	32.50	34.50	30.5	31.0
	18	2	17.00	18.50	15.5	16.0		34	6	31.00	35.00	27.0	28.0
	18	4	16.00	18.50	13.5	14.0		34	10	29.00	35.00	23.0	24.0
20		2	19.00	20.50	17.5	18.0	36		3	34.50	36.50	32.5	33.0
20		4	18.00	20.50	15.5	16.0	36		6	33.00	37.00	29.0	30.0
	22	3	20.50	22.50	18.5	19.0	36		10	31.00	37.00	25.0	26.0
	22	5	19.50	22.50	16.5	17.0		38	3	36.50	38.50	34.5	35.0
	22	8	18.00	23.00	13.0	14.0		38	7	34.50	39.00	30.0	31.0
24		3	22.50	24.50	20.5	21.0		38	10	33.00	39.00	27.0	28.0
24		5	21.50	24.50	18.5	19.0	40		3	38.50	40.50	36.5	37.0
24		8	20.00	25.00	15.0	16.0	40		7	36.50	41.00	32.0	33.0
							40		10	35.00	41.00	29.0	30.0

注：优先选用第一系列。

附表 3　非螺纹密封的管螺纹（GB/T 7307—2001）　　　　　　单位：mm

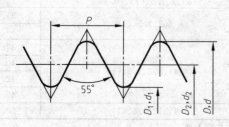

标记示例

尺寸代号 $1\frac{1}{2}$ 的左旋内螺纹：

G1$\frac{1}{2}$—LH

尺寸代号 $1\frac{1}{2}$ 的 B 级外螺纹：

G1$\frac{1}{2}$B

续表

尺寸代号	第25.4mm(1in)中的螺纹牙数 n	螺距 P	螺纹直径	
			大径 D,d	小径 D_1,d_1
$\frac{1}{8}$	28	0.907	9.728	8.566
$\frac{1}{4}$	19	1.337	13.157	11.445
$\frac{3}{8}$	19	1.337	16.662	14.950
$\frac{1}{2}$	14	1.814	20.955	18.631
$\frac{5}{8}$	14	1.814	22.911	20.587
$\frac{3}{4}$	14	1.814	26.441	24.117
$\frac{7}{8}$	14	1.814	30.201	27.877
1	11	2.309	33.249	30.291
$1\frac{1}{8}$	11	2.309	37.897	34.939
$2\frac{1}{4}$	11	2.309	41.910	38.952
$1\frac{1}{2}$	11	2.309	47.803	44.845
$1\frac{3}{4}$	11	2.309	53.746	50.788
2	11	2.309	59.614	56.656
$2\frac{1}{4}$	11	2.309	65.710	62.752
$2\frac{1}{2}$	11	2.309	75.184	72.226
$2\frac{3}{4}$	11	2.309	81.534	78.576
3	11	2.309	87.884	84.926

附录2　螺栓

附表4　六角头螺栓（GB/T 5780—2000，GB/T 5782—2000）　　单位：mm

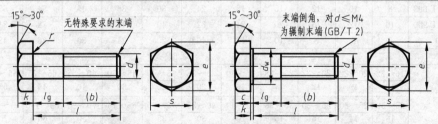

螺纹规格 d＝M12、公称长度 l＝80、性能等级为8.8级、表面氧化、A级的六角头螺栓：
螺栓　GB/T 5782—2000　M12×80

螺纹规格 d			M3	M4	M5	M6	M8	M10	M12	M16	M20	M24	M30	M36	M42
b 参考	$l \leqslant 125$		12	14	16	18	22	26	30	38	46	54	66	—	—
	$125 < l \leqslant 200$		18	20	22	24	28	32	36	44	52	60	72	84	96
	$l > 200$		31	33	35	37	41	45	49	57	65	73	85	97	109
c			0.4	0.4	0.5	0.5	0.6	0.6	0.6	0.8	0.8	0.8	0.8	0.8	1
d_w	产品等级	A	4.57	5.88	6.88	8.88	11.63	14.63	16.63	22.49	28.19	33.61	—	—	—
		B、C	4.45	5.74	6.74	8.74	11.47	14.47	16.47	22	27.7	33.25	42.75	51.11	59.95

续表

螺纹规格 d			M3	M4	M5	M6	M8	M10	M12	M16	M20	M24	M30	M36	M42
e	产品等级	A	6.01	7.66	8.79	11.05	14.38	17.77	20.03	26.75	33.53	39.98	—	—	—
		B,C	5.88	7.50	8.63	10.89	14.20	17.59	19.85	26.17	32.95	39.55	50.85	60.79	72.02
k 公称			2	2.8	3.5	4	5.3	6.4	7.5	10	12.5	15	18.7	22.5	26
r			0.1	0.2	0.2	0.25	0.4	0.4	0.6	0.6	0.8	0.8	1	1	1.2
s 公称			5.5	7	8	10	13	16	18	24	30	36	46	55	65
l(商品规格范围)			20~30	25~40	25~50	30~60	40~80	45~100	50~120	65~160	80~200	90~240	110~300	140~360	160~440
l 系列			12,16,20,25,30,35,40,45,50,55,60,65,70,80,90,100,110,120,130,140,150,160,180,200,220,240,260,280,300,320,340,360,380,400,420,440,460,480,500													

注：1. A级用于 $d \leqslant 24$mm 和 $l \leqslant 10d$ 或 $\leqslant 150$mm 的螺栓；B级用于 $d > 24$mm 和 $l > 10d$ 或 > 150mm 的螺栓。

2. 螺纹规格 d 范围：GB/T 5780—2000 为 M5~M64；GB/T 5782—2000 为 M1.6~M64。

3. 公称长度范围：GB/T 5780—2000 为 25~500mm；GB/T 5782—2000 为 12~500mm。

附录3　螺柱

附表5　双头螺柱（GB/T 897—1988，GB/T 898—1988，GB/T 899—1988，GB/T 900—1988）

单位：mm

双头螺柱—$b_m = 1d$（GB/T 897—1988）、双头螺柱—$b_m = 1.25d$（GB/T 898—1988）、

双头螺柱—$b_m = 1.5d$（GB/T 899—1988）、双头螺柱—$b_m = 2d$（GB/T 900—1988）

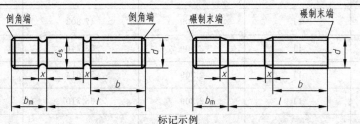

标记示例

两端均为粗牙普通螺纹，d=M10，l=50mm，性能等级为 4.8 级、B 型，$b_m = 1d$ 的双头螺柱：

螺柱　GB/T 897—1988　M10×50

旋入机体一端为粗牙普通螺纹，旋螺母一端为螺距 P=1 的细牙普通螺纹，d=M10，l=50mm，性能等级为 4.8 级、A 型、$b_m = 1d$ 的双头螺柱：

螺柱　GB/T 897—1988　AM10—M10×1×50

螺纹规格 d		M5	M6	M8	M10	M12	M16	M20	M24	M30	M36	M42	M48
b_m （公称）	GB/T 897	5	6	8	10	12	16	20	24	30	36	42	48
	GB/T 898	6	8	10	12	15	20	25	30	38	45	52	60
	GB/T 899	8	10	12	15	18	24	30	36	45	54	65	72
	GB/T 900	10	12	16	20	24	32	40	48	60	72	84	96
d_s(max)		5	6	8	10	12	16	20	24	30	36	42	48
x(max)		2.5P											
$\dfrac{l}{b}$		$\dfrac{16\sim22}{10}$	$\dfrac{20\sim22}{10}$	$\dfrac{20\sim22}{12}$	$\dfrac{25\sim28}{14}$	$\dfrac{25\sim30}{16}$	$\dfrac{30\sim38}{20}$	$\dfrac{35\sim40}{25}$	$\dfrac{45\sim50}{30}$	$\dfrac{60\sim65}{40}$	$\dfrac{65\sim75}{45}$	$\dfrac{65\sim80}{50}$	$\dfrac{80\sim90}{60}$
		$\dfrac{25\sim50}{16}$	$\dfrac{25\sim30}{14}$	$\dfrac{25\sim30}{16}$	$\dfrac{30\sim38}{16}$	$\dfrac{32\sim40}{20}$	$\dfrac{40\sim55}{30}$	$\dfrac{45\sim65}{35}$	$\dfrac{55\sim75}{45}$	$\dfrac{70\sim90}{50}$	$\dfrac{80\sim110}{60}$	$\dfrac{85\sim110}{70}$	$\dfrac{95\sim110}{80}$
			$\dfrac{32\sim75}{18}$	$\dfrac{32\sim90}{22}$	$\dfrac{40\sim120}{26}$	$\dfrac{45\sim120}{30}$	$\dfrac{60\sim120}{38}$	$\dfrac{70\sim120}{46}$	$\dfrac{80\sim120}{54}$	$\dfrac{95\sim120}{60}$	$\dfrac{120}{78}$	$\dfrac{120}{90}$	$\dfrac{120}{102}$
					$\dfrac{130}{32}$	$\dfrac{130\sim180}{36}$	$\dfrac{130\sim200}{44}$	$\dfrac{130\sim200}{52}$	$\dfrac{130\sim200}{60}$	$\dfrac{130\sim200}{72}$	$\dfrac{130\sim200}{84}$	$\dfrac{130\sim200}{96}$	$\dfrac{130\sim200}{108}$
										$\dfrac{210\sim250}{85}$	$\dfrac{210\sim300}{91}$	$\dfrac{210\sim300}{109}$	$\dfrac{210\sim300}{121}$
l 系列		16,(18),20,(22),25,(28),30,(32),35,(38),40,45,50,(55),60,(65),70,(75),80,(85),90,(95),100,110,120,130,140,150,160,170,180,190,200,210,220,230,240,250,260,280,300											

注：P 是粗牙螺纹的螺距。

附录 4　螺钉

附表 6　内六角圆柱头螺钉（GB/T 70.1—2008）　　　　　单位：mm

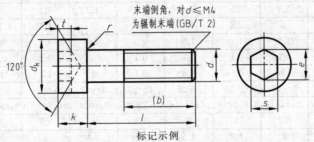

标记示例

螺纹规格 d＝M5 公称长度 l＝20mm、性能等级为 8.8 级、表面氧化的内六角圆柱头螺钉：

螺钉　GB/T 70.1—2000　M5×20

螺纹规格 d	M3	M4	M5	M6	M8	M10	M12	M14	M16	M20
P（螺距）	0.5	0.7	0.8	1	1.25	1.5	1.75	2	2	2.5
b 参考	18	20	22	24	28	32	36	40	44	52
d_k	5.5	7	8.5	10	13	16	18	21	24	30
k	3	4	5	6	8	10	12	14	16	20
t	1.3	2	2.5	3	4	5	6	7	8	10
s	2.5	3	4	5	6	8	10	12	14	17
e	2.87	3.44	4.58	5.72	6.86	9.15	11.43	13.72	16.00	19.44
r	0.1	0.2	0.2	0.25	0.4	0.4	0.6	0.6	0.6	0.8
公称长度 l	5～30	6～40	8～50	10～60	12～80	16～100	20～120	25～140	25～160	30～200
l≤表中数值时制出全螺纹	20	25	25	30	35	40	45	55	55	65
l 系列	2.5,3,4,5,6,8,10,12,16,20,25,30,35,40,45,50,55,60,65,70,80,90,100,110,120,130,140,150,160,180,200,220,240,260,280,300									

注：螺纹规格 d＝M1.6～M64。

附表 7　开槽圆柱头螺钉、开槽盘头螺钉、开槽沉头螺钉

（GB/T 65—2000、GB/T 67—2008、GB/T 68—2000）　　　　　单位：mm

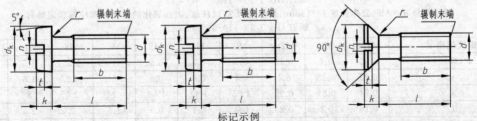

标记示例

螺纹规格 d＝M5、公称长度 l＝20mm 性能等级为 4.8 级、不经表面氧化的 A 级开槽圆柱头螺钉记为：

螺钉 GB/T 65—2000　M5×20

螺纹规格 d＝M5、公称长度 l＝20mm 性能等级为 4.8 级、不经表面处理的 A 级开槽盘头螺钉记为：

螺钉 GB/T 67—2008　M5×20

螺纹规格 d＝M5、公称长度 l＝20mm 性能等级为 4.8 级、不经表面处理的 A 级开槽沉头螺钉记为：

螺钉 GB/T 68—2000　M5×20

续表

螺纹规格 d		M1.6	M2	M2.5	M3	M4	M5	M6	M8	M10
P（螺距）		0.35	0.4	0.45	0.5	0.7	0.8	1	1.25	1.5
b		25	25	25	25	38	38	38	38	38
n		0.4	0.5	0.6	0.8	1.2	1.2	1.6	2	2.5
GB/T 65—2000	d_k	3	3.8	4.5	5.5	7	8.5	10	13	16
	k	1.1	1.4	1.8	2.0	2.6	3.3	3.9	5.0	6.0
	r	0.1	0.1	0.1	0.1	0.2	0.2	0.25	0.4	0.4
	t	0.35	0.5	0.6	0.7	1	1.2	1.4	1.9	2.4
公称长度 l		2～16	3～20	3～25	4～30	5～40	6～50	8～60	10～80	12～80
l 系列		2,3,4,5,6,8,10,12,(14),16,20,25,30,35,40,45,50,(55),60,(65),70,(75),80								
GB/T 67—2008	d_k	3.2	4	5	5.6	8	9.5	12	16	20
	k	1	1.3	1.5	1.8	2.4	3	3.6	4.8	6
	r	0.1	0.1	0.1	0.1	0.2	0.2	0.25	0.4	0.4
	t	0.35	0.5	0.6	0.7	1	1.2	1.4	1.9	2.4
公称长度 l		2～6	2.5～20	3～25	4～30	5～40	6～50	8～60	10～80	12～80
l 系列		2,2.5,3,4,5,6,8,10,12,(14),16,20,25,30,35,40,45,50,(55),60,(65),70,(75),80								
GB/T 68—2000	d_k	3.6	4.4	5.5	6.3	9.4	10.4	12.6	17.3	20
	k	1	1.2	1.5	1.65	2.7	2.7	3.3	4.65	5
	r	0.4	0.5	0.6	0.8	1	1.3	1.5	2	2.5
	t	0.5	0.6	0.75	0.85	1.3	1.4	1.6	2.3	2.6
公称长度 l		2.5～16	3～20	4～25	5～30	6～40	8～50	8～60	10～80	12～80
l 系列		2.5,3,4,5,6,8,10,12,(14),16,20,25,30,35,40,45,50,(55),60,(65),70,(75),80								

注：1. M1.6～M3 的螺钉公称长度 l≤30mm 的，制出全螺纹；M4～M10 的螺钉，公称长度 l≤40mm 的制出全螺纹。
2. 括号内的规格尽可能不用。

附表8　开槽锥端紧定螺钉、开槽平端紧定螺钉、开槽长圆柱端紧定螺钉

（GB/T 71—1985、GB/T 73—1985、GB/T 75—1985）　　　　单位：mm

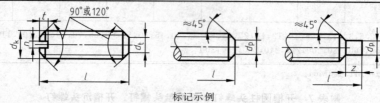

标记示例

螺纹规格 d＝M5、公称长度 l＝12mm、性能等级为 14H 级、表面氧化的开槽锥端紧定螺钉：
螺钉 GB/T 71—1985　M5×12

螺纹规格 d＝M5、公称长度 l＝12mm、性能等级为 14H 级、表面氧化的开槽平端紧定螺钉：
螺钉 GB/T 73—1985　M5×12

螺纹规格 d＝M5、公称长度 l＝12mm、性能等级为 14H 级、表面氧化的开槽长圆柱端紧定螺钉：
螺钉 GB/T 73—1985　M5×12

螺纹规格 d		M1.6	M2	M2.5	M3	M4	M5	M6	M8	M10	M12
P（螺距）		0.35	0.4	0.45	0.5	0.7	0.8	1	1.25	1.5	1.75
n		0.25	0.25	0.4	0.4	0.6	0.8	1	1.2	1.6	2
t		0.74	0.84	0.95	1.05	1.42	1.63	2	2.5	3	3.6
d_t		0.16	0.2	0.25	0.3	0.4	0.5	1.5	2	2.5	3
d_p		0.8	1	1.5	2	2.5	3.5	4	5.5	7	8.5
z		1.05	1.25	1.55	1.75	2.25	2.75	3.25	4.3	5.3	6.3
l	GB/T 71—1985	2～8	3～10	3～12	4～16	6～20	8～25	8～30	10～40	12～50	14～60
	GB/T 73—1985	2～8	2～10	2.5～12	3～16	4～20	5～25	6～30	8～40	10～50	12～60
	GB/T 75—1985	2.5～8	3～10	4～12	5～16	6～20	8～25	8～30	10～40	12～50	14～60
l 系列		2,2.5,3,4,5,6,8,10,12,(14),16,20,25,30,35,40,45,50,(55),60									

注：括号内的规格尽可能不用。

附录 5　螺母

附表 9　I型六角螺母、六角薄螺母（GB/T 41—2000、GB/T 6170—2000、GB/T 6172.1—2000）

单位：mm

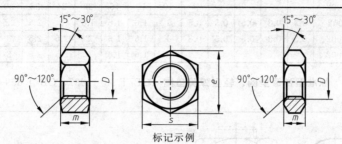

标记示例

螺纹规格 $D=$ M12、性能等级为 5 级、不经表面处理、C 级的 I 型六角螺母：

螺母　GB/T 41—2000　M12

螺纹规格 $D=$ M12、性能等级为 8 级、不经表面处理、A 级的 I 型六角螺母：

螺母　GB/T 6170—2000　M12

螺纹规格 $D=$ M12、性能等级为 04 级、不经表面处理、A 级的六角薄螺母：

螺母　GB/T 6172.1—2000　M12

	螺纹规格 D	M3	M4	M5	M6	M8	M10	M12	M16	M20	M24	M30	M36	M42
e	GB/T 41—2000			8.63	10.89	14.20	17.59	19.85	26.17	32.95	39.55	50.85	60.79	72.02
	GB/T 6170—2000	6.01	7.66	8.79	11.05	14.38	17.77	20.03	26.75	32.95	39.55	50.85	60.79	72.02
	GB/T 6172.1—2000	6.01	7.66	8.79	11.05	14.38	17.77	20.03	26.75	32.95	39.55	50.85	60.79	72.02
s	GB/T 41—2000			8	10	13	16	18	24	30	36	46	55	65
	GB/T 6170—2000	5.5	7	8	10	13	16	18	24	30	36	46	55	65
	GB/T 6172.1—2000	5.5	7	8	10	13	16	18	24	30	36	46	55	65
m	GB/T 41—2000			5.6	6.1	7.9	9.5	12.2	15.9	18.7	22.3	26.4	31.5	34.9
	GB/T 6170—2000	2.4	3.2	4.7	5.2	6.8	8.4	10.8	14.8	18	21.5	25.6	31	34
	GB/T 6172.1—2000	1.8	2.2	2.7	3.2	4	5	6	8	10	12	15	18	21

注：A 级用于 $D \leqslant 16$mm；B 级用于 $D>16$mm。

附录 6　垫圈

附表 10　小垫圈 A 级、平垫圈 A 级、平垫圈-倒角型 A 级

（GB/T 848—2002、GB/T 97.1—2002、GB/T 97.2—2002）　　单位：mm

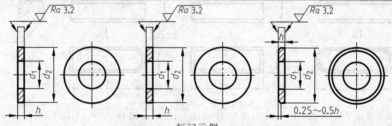

标记示例

标准系列、公称规格 $d=8$mm、性能等级为 200HV 级、不经表面处理、产品等级为 A 级的小垫圈：

垫圈　GB/T 848—2002　8

标准系列、公称规格 $d=8$mm、性能等级为 200HV 级、不经表面处理、产品等级为 A 级的平垫圈：

垫圈　GB/T 97.1—2002　8

标准系列、公称规格 $d=8$mm、性能等级为 200HV 级、不经表面处理、产品等级为 A 级的平垫—倒角型：

垫圈　GB/T 97.2—2002　8

	公称规格（螺纹大径 d）	1.6	2	2.5	3	4	5	6	8	10	12	14	16	20	24	30	36
d_1	GB/T 848　2002	1.7	2.2	2.7	3.2	4.3	5.3	6.4	8.4	10.5	13	15	17	21	25	31	37
	GB/T 97.1—2002	1.7	2.2	2.7	3.2	4.3	5.3	6.4	8.4	10.5	13	15	17	21	25	31	37
	GB/T 97.2—2002						5.3	6.4	8.4	10.5	13	15	17	21	25	31	37

续表

公称规格(螺纹大径d)		1.6	2	2.5	3	4	5	6	8	10	12	14	16	20	24	30	36
d_2	GB/T 848—2002	3.5	4.5	5	6	8	9	11	15	18	20	24	28	34	39	50	60
	GB/T 97.1—2002	4	5	6	7	9	10	12	16	20	24	28	30	37	44	56	66
	GB/T 97.2—2002						10	12	16	20	24	28	30	37	44	56	66
h	GB/T 848—2002	0.3	0.3	0.5	0.5	0.5	1	1.6	1.6	1.6	2	2.5	2.5	3	4	4	5
	GB/T 97.1—2002	0.3	0.3	0.5	0.5	0.8	1	1.6	1.6	2	2.5	2.5	3	3	4	4	5
	GB/T 97.2—2002						1	1.6	1.6	2	2.5	2.5	3	3	4	4	5

附表 11 标准型弹簧垫圈、轻型弹簧垫圈（GB/T 93—1987、GB/T 859—1987）

单位：mm

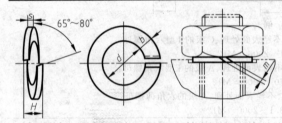

标记示例

规格 16mm、材料为 65Mn、表面氧化的标准型弹簧垫圈：
垫圈 GB/T 93—1987 16

规格 16mm、材料为 65Mn、表面氧化的轻型标准型弹簧垫圈：
垫圈 GB/T 859—1987 16

公称规格(螺纹大径)		3	4	5	6	8	10	12	(14)	16	(18)	20	(22)	24	(27)	30
d		3.1	4.1	5.1	6.1	8.1	10.2	12.2	14.2	16.2	18.2	20.2	22.5	24.5	27.5	30.5
H	GB/T 93—1987	1.6	2.2	2.6	3.2	4.2	5.2	6.2	7.2	8.2	9	10	11	12	13.6	15
	GB/T 859—1987	1.2	1.6	2.2	2.6	3.2	4	5	6	6.4	7.2	8	9	10	11	12
$s(b)$	GB/T 93—1987	0.8	1.1	1.3	1.6	2.1	2.6	3.1	3.6	4.1	4.5	5	5.5	6	6.8	7.5
s	GB/T 859—1987	0.6	0.8	1.1	1.3	1.6	2	2.5	3	3.2	3.6	4	4.5	5	5.5	6
m ≤	GB/T 93—1987	0.4	0.55	0.65	0.8	1.05	1.3	1.55	1.8	2.05	2.25	2.5	2.75	3	3.4	3.75
	GB/T 859—1987	0.3	0.4	0.55	0.65	0.8	1	1.25	1.5	1.6	1.8	2	2.25	2.5	2.75	3
b	GB/T 859—1987	1	1.2	1.5	2	2.5	3	3.5	4	4.5	5	5.5	6	7	8	9

注：1. 括号内的规格尽可能不采用。

2. m 应大于零。

附录 7 键及键连接

附表 12 普通平键的形式尺寸（GB/T 1096—2003）

单位：mm

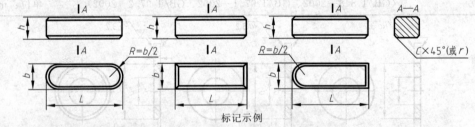

标记示例

圆头普通平键(A 型)、$b=18$mm、$h=11$mm、$L=100$mm：键 18×100 GB/T 1096—2003

方头普通平键(B 型)、$b=18$mm、$h=11$mm、$L=100$mm：键 B18×100 GB/T 1096—2003

单圆头普通平键(C 型)、$b=18$mm、$h=11$mm、$L=100$mm：键 C18×100 GB/T 1096—2003

宽度 b	基本尺寸	2	3	4	5	6	8	10	12	14	16	18	20	22
	极限偏差 (h8)	0 −0.014		0 −0.018			0 −0.022		0 −0.027				0 −0.033	
高度 h	基本尺寸	2	3	4	5	6	7	8	8	9	10	11	12	14
	极限偏差 矩形 (h11)	—		—			0 −0.090					0 −0.110		
	极限偏差 方形 (h8)	0 −0.014		0 −0.018										

倒角或倒圆 s		0.16~0.25	0.25~0.40	0.40~0.60	0.60~0.80
长度 L					
基本尺寸	极限偏差（h14）				
6	0 −0.36				
8					
10					
12	0 −0.43				
14			标		
16					
18					
20	0 −0.52		准		
22					
25			长		
28					
32	0 −0.62		度		
36					
40			范		
45					
50			围		
56	0 −0.74				
63					
70					
80					

附表 13 平键和键槽的断面尺寸（GB/T 1095—2003）   单位：mm

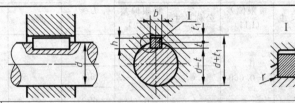

轴	键	键槽										
		宽度 b					深度				半径 r	
		极限偏差					轴 t_1		毂 t_2			
		正常连接		紧密连接	松连接		基本尺寸	极限偏差	基本尺寸	极限偏差		
公称直径 d	公称尺寸 b×h	轴 N9	毂 JS9	轴和毂 P9	轴 H9	毂 D10					min	max
自 6~8	2×2	−0.004 −0.029	±0.0125	−0.006 −0.031	+0.025 0	+0.060 +0.020	1.2	+0.1 0	1.0	+0.1 0	0.08	0.16
>8~10	3×3						1.8		1.4			
>10~12	4×4	0 −0.030	±0.015	−0.012 −0.042	+0.030 0	+0.078 +0.030	2.5		1.8			
>12~17	5×5						3.0		2.3		0.16	0.25
>17~22	6×6						3.5		2.8			
>22~30	8×7	0 −0.036	±0.018	−0.015 −0.051	+0.036 0	+0.098 +0.040	4.0		3.3			
>30~38	10×8						5.0		3.3			
>38~44	12×8	0 −0.043	±0.0215	−0.018 −0.061	+0.043 0	+0.120 +0.050	5.0		3.3			
>44~50	14×9						5.5		3.8		0.25	0.40
>50~58	16×10						6.0	+0.2 0	4.3	+0.2 0		
>58~65	18×11						7.0		4.4			
>65~75	20×12	0 −0.052	±0.026	−0.022 −0.074	+0.052 0	+0.149 +0.065	7.5		4.9			
>75~85	22×14						9.0		5.4		0.40	0.60
>85~95	25×14						9.0		5.4			
>95~110	28×16						10.0		6.4			

轴	键	键槽										
		宽度 b					深度				半径 r	
公称直径 d	公称尺寸 b×h	极限偏差					轴 t₁		毂 t₂			
		正常连接		紧密连接	松连接		基本尺寸	极限偏差	基本尺寸	极限偏差		
		轴 N9	毂 JS9	轴和毂 P9	轴 H9	毂 D10					min	max
>110~130	32×18						11.0	+0.20 0	7.4	+0.20 0	0.40	0.60
>130~150	36×20						12.0		8.4			
>150~170	40×22	0 −0.067	±0.031		+0.062 0	+0.180 +0.080	13.0	+0.30 0	9.4	+0.30 0	0.60	1.0
>170~200	45×25						15.0		10.4			
>200~330	50×28						17.0		11.4			

注：1. 在工作图中轴槽深用 t 或 $(d−t)$ 标注轮毂槽深用 $(d+t_1)$ 标注。

2. $(d−t)$ 和 $(d+t_1)$ 两个组合尺寸的极限偏差按相应的 t 和 t_1 的极限偏差选取，但 $(d−t)$ 极限偏差值取负号。

附表 14　半圆键的形式尺寸（GB/T 1099.1—2003）　　　　　单位：mm

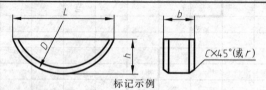

标记示例

半圆键 $b=6$mm、$h=10$mm、$D=25$mm；键 6×25　GB/T 1099.1—2003

键宽 b		高度 h		直径 D		L≈	C		每 1000 件的质量约/kg
公称尺寸	极限偏差（h9）	公称尺寸	极限偏差（h11）	公称尺寸	极限偏差（h12）		最小	最大	
1.0		1.4		4	0 −0.120	3.9			0.031
1.5		2.6	0 −0.060	7		6.8			0.153
2.0		2.6		7	0 −0.150	6.8			0.204
2.0	0 −0.025	3.7		10		9.7	0.16	0.25	0.414
2.5		3.7	0 −0.075	10		9.7			0.518
3.0		5.0		13		12.7			1.10
3.0		6.5		16	0 −0.180	15.7			1.80
4.0		6.5		19		15.7			2.40
4.0		7.5		19	0 −0.210	18.6			3.27
5.0		6.5	0 −0.090	16	0 −0.180	15.7			3.01
5.0	0 −0.030	7.5		19		18.6	0.25	0.40	4.09
5.0		9.0		22		21.6			5.73
6.0		9.0		22	0 −0.210	21.6			6.88
6.0		10.0		25		24.5			8.64
8.0		11.0	0 −0.110	28		27.4	0.40	0.60	14.1
10.0	0 −0.036	13.0		32	0 −0.250	31.4			19.3

附表 15 半圆键和键槽的断面尺寸（GB/T 1099.1—2003） 单位：mm

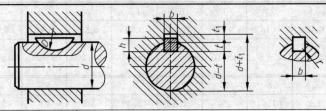

轴径 d		键	键槽									
键传递转矩	键定位用	公称尺寸 $b×h×D$	宽度 b				深度				半径 r	
			公称尺寸	极限偏差			轴 t		毂 t_1			
				一般键连接		较紧键连接	公称尺寸	极限偏差	公称尺寸	极限偏差	最小	最大
				轴 N9	毂 JS9	轴和毂 P9						
自 3~4	自 3~4	1.0×1.4×4	1.0				1.0		0.6			
>4~5	>4~6	1.5×2.6×7	1.5				2.0		0.8			
>5~6	>6~8	2.0×2.6×7	2.0				1.8	+0.1 / 0	1.0		0.08	0.16
>6~7	>8~10	2.0×3.7×10	2.0	−0.004 / −0.029	±0.012	−0.006 / −0.031	2.9		1.0			
>7~8	>10~12	2.5×3.7×10	2.5				2.7		1.2			
>8~10	>12~15	3.0×5.0×13	3.0				3.8		1.4			
>10~12	>15~18	3.0×6.5×16	3.0				5.3		1.4	+0.1 / 0		
>12~14	>18~20	4.0×6.5×16	4.0				5.0		1.8			
>14~16	>20~22	4.0×7.5×19	4.0				6.0	+0.2 / 0	1.8			
>16~18	>22~25	5.0×6.5×16	5.0				4.5		2.3		0.16	0.25
>18~20	>25~28	5.0×7.5×19	5.0	0 / −0.030	±0.015	−0.012 / −0.042	5.5		2.3			
>20~22	>28~32	5.0×9.0×22	5.0				7.0		2.3			
>22~25	>32~36	6.0×9.0×22	6.0				6.5		2.8			
>25~28	>36~40	6.0×10.0×25	6.0				7.5	+0.3 / 0	2.8			
>28~32	40	8.0×11.0×28	8.0	0 / −0.036	±0.018	−0.015 / −0.051	8.0		3.3	+0.2 / 0	0.25	0.40
>32~38	—	10.0×13.0×32	10.0				10.0		3.3			

注：1. 在工作图中轴槽深用 t 或 $(d−t)$ 标注轮毂槽深用 $(d+t_1)$ 标注。

2. $(d−t)$ 和 $(d+t_1)$ 两个组合尺寸的极限偏差按相应的 t 和 t_1 的极限偏差选取，但 $(d−t)$ 极限偏差值取负号。

附录 8 销

附表 16 圆柱销—不淬硬钢和奥氏体不锈钢（GB/T 119.1—2000） 单位：mm

末端形状，由制造者确定
允许倒角或凹穴

标记示例

公称直径 $d=6$、公差为 m6、公称长度 $l=30$、材料为钢、不经淬火、不经表面处理的圆柱销：

销 GB/T 119.1—2000 6m6×30

续表

公称直径 d (m6/h8)	0.6	0.8	1	1.2	1.5	2	2.5	3	4	5
$c \approx$	0.12	0.16	0.20	0.25	0.30	0.35	0.40	0.50	0.63	0.80
l(商品规格范围 公称长度)	2～6	2～8	4～10	4～12	4～16	6～20	6～24	8～30	8～40	10～50
公称直径 d (m6/h8)	6	8	10	12	16	20	25	30	40	50
$c \approx$	1.2	1.6	2.0	2.5	3.0	3.5	4.0	5.0	6.3	8.0
l(商品规格范围 公称长度)	12～60	14～80	18～95	22～140	26～180	35～200	50～200	60～200	80～200	95～200
l 系列	2,3,4,5,6,8,10,12,14,16,18,20,22,24,26,28,30,32,35,40,45,50,55,60,65,70,75,80, 85,90,95,100,120,140,160,180,200									

注：1. 材料用钢时硬度要求为125～245 HV30 用奥氏体不锈钢 A1（GB/T 3098.6）时硬度要求为210～280HV30。
2. 公差 m6：$Ra \leqslant 0.8\mu m$；公差 h8：$Ra \leqslant 1.6\mu m$。

附表 17　圆锥销（GB/T 117—2000）　　　　　单位：mm

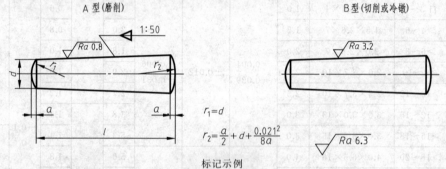

$r_1 = d$

$$r_2 = \frac{a}{2} + d + \frac{0.021^2}{8a}$$

标记示例

公称直径 $d=100$、公称长度 $l=60$、材料为 35 钢、热处理硬度 28～38HRC、表面氧化处理的 A 型圆锥销：
销　GB/T 117—2000　10×60

d（公称）	0.6	0.8	1	1.2	1.5	2	2.5	3	4	5
$a \approx$	0.08	0.1	0.12	0.16	0.2	0.25	0.3	0.4	0.5	0.63
l(商品规格范围 公称长度)	4～8	5～12	6～16	6～20	8～24	10～35	10～35	12～45	14～55	18～60
d（公称）	6	8	10	12	16	20	25	30	40	50
$a \approx$	0.8	1	1.2	1.6	2	2.5	3	4	5	6.3
l(商品规格范围 公称长度)	22～90	22～120	26～160	32～180	40～200	45～200	50～200	55～200	60～200	65～200
l 系列	2,3,4,5,6,8,10,12,14,16,18,20,22,24,26,28,30,32,35,40,45,50,55,60,65,70,75,80, 85,90,95,100,120,140,160,180,200									

附表 18　开口销（GB/T 91—2000）　　　　　单位：mm

允许制造的形式

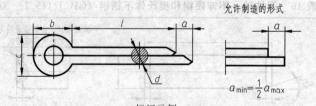

$a_{min} = \frac{1}{2} a_{max}$

标记示例

公称直径 $d=5mm$、长度 $l=50mm$、材料为低碳钢、不经表面处理的开口销：
销 GB/T 91—2000　5×50

续表

公称规格		0.6	0.8	1	1.2	1.6	2	2.5	3.2	4	5	6.3	8	10	12	13
d	max	0.5	0.7	0.9	1	1.4	1.8	2.3	2.9	3.7	4.6	5.9	7.5	9.5	11.4	12.4
	min	0.4	0.6	0.8	0.9	1.3	1.7	2.1	2.7	3.5	4.4	5.7	7.3	9.3	11.1	12.1
c	max	1	1.4	1.8	2	2.8	3.6	4.6	5.8	7.4	9.2	11.8	15	19	24.8	24.8
	min	0.9	1.2	1.6	1.7	2.4	3.2	4	5.1	6.5	8	10.3	13.1	16.6	21.7	21.7
$b\approx$		2	2.4	3	3	3.2	4	5	6.4	8	10	12.6	16	20	26	26
a_{max}		1.6	1.6	1.6	2.5	2.5	2.5	2.5	3.2	4	4	4	4	6.3	6.3	6.3
l(商品规格范围公称长度)		4～12	5～16	6～20	8～26	8～32	10～40	12～50	14～65	18～80	22～100	30～120	40～160	45～200	70～200	70～200
l 系列		4,5,6,8,10,12,14,16,18,20,22,24,26,28,30,32,36,40,45,50,55,60,65,70,75,80,85,90,95,100,120,140,160,180,200														

注：公称规格 d 等于开口销孔的公称直径。对销孔直径推荐的公差为：
公称规格 $d\leqslant1.2$：H13；
公称规格 $d>1.2$：H14。

附录9 滚动轴承

附表19 深沟球轴承（GB/T 276—2013）   单位：mm

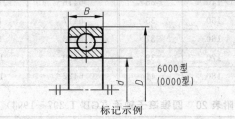

6000型
(0000型)

标记示例

类型代号6、内径 $d=60$mm，尺寸系列代号为(0)2的深沟球轴承：
滚动轴承 6212 GB/T 276—2013

轴承代号	尺寸			轴承代号	尺寸		
	d	D	B		d	D	B
01尺寸系列				02尺寸系列			
6000	10	26	8	6200	10	30	9
6001	12	28	8	6201	12	32	10
6002	15	32	9	6202	15	35	11
6003	17	35	10	6203	17	40	12
6004	20	42	12	6204	20	47	14
6005	25	47	12	6205	25	52	15
6006	30	55	13	6206	30	62	16
6007	35	62	14	6207	35	72	17
6008	40	68	15	6208	40	80	18
6009	45	75	16	6209	45	85	19
6010	50	80	16	6210	50	90	20
6011	55	90	18	6211	55	100	21
6012	60	95	18	6212	60	110	22
6013	65	100	18	6213	65	120	23
6014	70	110	20	6214	70	125	24
6015	75	115	20	6215	75	130	25
6016	80	125	22	6216	80	140	26
6017	85	130	22	6217	85	150	28

轴承代号	尺 寸			轴承代号	尺 寸		
	d	D	B		d	D	B
03 尺寸系列				04 尺寸系列			
6300	10	35	11	6403	17	62	17
6301	12	37	12	6404	20	72	19
6302	15	42	13	6405	25	80	21
6303	17	47	14	6406	30	90	23
6304	20	52	15	6407	35	100	25
6305	25	62	17	6408	40	110	27
6306	30	72	19	6409	45	120	29
6307	35	80	21	6410	50	130	31
6308	40	90	23	6411	55	140	33
6309	45	100	25	6412	60	150	35
6310	50	110	27	6413	65	160	37
6311	55	120	29	6414	70	180	42
6312	60	130	31	6415	75	190	45
6313	65	140	33	6416	80	200	48
6314	70	150	35	6417	85	210	52
6315	75	160	37	6418	90	225	54
6316	80	170	39	6420	100	250	58
6317	85	180	41	6422	110	280	65

附表 20　圆锥滚子轴承（GB/T 297—1994）　　　　　单位：mm

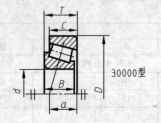

30000型

标记示例
类型代号 3、内径 $d=30$mm、尺寸系列代号为 03 的圆锥滚子轴承：
滚动轴承　30306　GB/T 297—1994

轴承代号	尺 寸					轴承代号	尺 寸				
	d	D	T	B	C		d	D	T	B	C
02 尺寸系列						02 尺寸系列					
30202	15	35	11.75	11	10	30213	65	120	24.75	23	20
30203	17	40	13.25	12	11	30214	70	125	26.75	24	21
30204	20	47	15.25	14	12	30215	75	130	27.75	25	22
30205	25	52	16.25	15	13	30216	80	140	28.75	26	22
30206	30	62	17.25	16	14	30217	85	150	30.5	28	24
30207	35	72	18.25	17	15	30218	90	160	32.5	30	26
30208	40	80	19.75	18	16	30219	95	170	34.5	32	27
30209	45	85	20.75	19	16	30220	100	180	37	34	29
30210	50	90	21.75	20	17	03 尺寸系列					
30211	55	100	22.75	21	18	30302	15	42	14.25	13	11
30212	60	110	23.75	22	19	30303	17	47	15.25	14	12

续表

轴承代号	尺　寸					轴承代号	尺　寸				
	d	D	T	B	C		d	D	T	B	C
03 尺寸系列						23 尺寸系列					
30304	20	52	16.25	15	13	32313	65	140	51	48	39
30305	25	62	18.25	17	15	32314	70	150	54	51	42
30306	30	72	20.75	19	16	32315	75	160	58	55	45
30307	35	80	22.75	21	18	32316	80	170	61.5	58	48
30308	40	90	25.25	23	20	30 尺寸系列					
30309	45	100	27.25	25	22	33005	25	47	17	17	14
30310	50	110	29.25	27	23	33006	30	55	20	20	16
30311	55	120	31.5	29	25	33007	35	62	21	21	17
30312	60	130	33.5	31	26	33008	40	68	22	22	18
30313	65	140	36	33	28	33009	45	75	24	24	19
30314	70	150	38	35	30	33010	50	80	24	24	19
30315	75	160	40	37	31	33011	55	90	27	27	21
30316	80	170	42.5	39	33	33012	60	95	27	27	21
30317	85	180	44.5	41	34	33013	65	100	27	27	21
30318	90	190	46.5	43	36	33014	70	110	31	31	25.5
30319	95	200	49.5	45	38	33015	75	115	31	31	25.5
30320	100	215	51.5	47	39	33016	80	125	36	36	29.5
23 尺寸系列						31 尺寸系列					
32303	17	47	20.25	19	16	33108	40	75	26	26	20.5
32304	20	52	22.25	21	18	33109	45	80	26	26	20.5
32305	25	62	25.25	24	20	33110	50	85	26	26	20
32306	30	72	28.75	27	23	33111	55	95	30	30	23
32307	35	80	32.75	31	25	33112	60	100	30	30	23
32308	40	90	35.25	33	27	33113	65	110	34	34	26.5
32309	45	100	38.25	36	30	33114	70	120	37	37	29
32310	50	110	42.25	40	33	33115	75	125	37	37	29
32311	55	120	45.5	43	35	33116	80	130	37	37	29
32312	60	130	48.5	46	37						

附表 21　推力球轴承（GB/T 301—1995）　　　　　　单位：mm

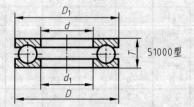

51000型

标记示例
类型代号 5、内径 $d = 40$mm、尺寸系列代号为 13 的推力球轴承：
滚动轴承　51308　GB/T 301—1995

续表

轴承代号	尺 寸					轴承代号	尺 寸				
	d	D	T	d_1	D_1		d	D	T	d_1	D_1
11尺寸系列						13尺寸系列					
51104	20	35	10	21	35	51304	20	47	18	22	47
51105	25	42	11	26	42	51305	25	52	18	27	52
51106	30	47	11	32	47	51306	30	60	21	32	60
51107	35	52	12	37	52	51307	35	68	24	37	68
51108	40	60	13	42	60	51308	40	78	26	42	78
51109	45	65	14	47	65	51309	45	85	28	47	85
51110	50	70	14	52	70	51310	50	95	31	52	95
51111	55	78	16	57	78	51311	55	105	35	57	105
51112	60	85	17	62	85	51312	60	110	35	62	110
51113	65	90	18	67	90	51313	65	115	36	67	115
51114	70	95	18	72	95	51314	70	125	40	72	125
51115	75	100	19	77	100	51315	75	135	44	77	135
51116	80	105	19	82	105	51316	80	140	44	82	140
51117	85	110	19	87	110	51317	85	150	49	88	150
51118	90	120	22	92	120	51318	90	155	50	93	155
51120	100	135	25	102	135	51320	100	170	55	103	170
12尺寸系列						14尺寸系列					
51204	20	40	14	22	40	51405	25	60	24	27	60
51205	25	47	15	27	47	51406	30	70	28	32	70
51206	30	52	16	32	52	51407	35	80	32	37	80
51207	35	62	18	37	62	51408	40	90	36	42	90
51208	40	68	19	42	68	51409	45	100	39	47	100
51209	45	73	20	47	73	51410	50	110	43	52	110
51210	50	78	22	52	78	51411	55	120	48	57	120
51211	55	90	25	57	90	51412	60	130	51	62	130
51212	60	95	26	62	95	51413	65	140	56	68	140
51213	65	100	27	67	100	51414	70	150	60	73	150
51214	70	105	27	72	105	51415	75	160	65	78	160
51215	75	110	27	77	110	51416	80	170	68	83	170
51216	80	115	28	82	115	51417	85	180	72	88	177
51217	85	125	31	88	125	51418	90	190	77	93	187
51218	90	135	35	93	135	51420	100	210	85	103	205
51220	100	150	38	103	150	51422	110	230	95	113	225

附录10　极限与配合

附表22　优先配合中的孔的上、下极限偏差值（GB/T 1801—2009 和 GB/T 1800.2—2009）

单位：μm

公称尺寸 /mm		公 差 带											
		C	D	F	G	H				Js	K	N	P	S
大于	至	11	9	8	7	7	8	9	11	7	7	7	7	7
—	3	+120 +60	+45 +20	+20 +6	+12 +2	+10 0	+14 0	+25 0	+60 0	+5 −5	0 −10	−4 −14	−6 −16	−14 −24
3	6	+145 +70	+60 +30	+28 +10	+16 +4	+12 0	+18 0	+30 0	+75 0	+6 −6	+3 −9	−4 −16	−8 −20	−15 −27
6	10	+170 +80	+76 +40	+35 +13	+20 +5	+15 0	+22 0	+36 0	+90 0	+7 −7	+5 −10	−4 −19	−9 −24	−17 −32

续表

表注 23　在无配合的端面上　不标限制量值　(JB/T 1801—2000 和 GB/T 1800.2—2009)

公称尺寸/mm 大于	至	C 11	D 9	F 8	G 7	H 7	H 8	H 9	H 11	Js 7	K 7	N 7	P 7	S 7
10	14	+205 +95	+93 +50	+43 +16	+24 +6	+18 0	+27 0	+43 0	+110 0	+9 −9	+6 −12	−5 −23	−11 −29	−21 −39
14	18	+205 +95	+93 +50	+43 +16	+24 +6	+18 0	+27 0	+43 0	+110 0	+9 −9	+6 −12	−5 −23	−11 −29	−21 −39
18	24	+240 +110	+117 +65	+53 +20	+28 +7	+21 0	+33 0	+52 0	+130 0	+10 −10	+6 −15	−7 −28	−14 −35	−27 −48
24	30	+240 +110	+117 +65	+53 +20	+28 +7	+21 0	+33 0	+52 0	+130 0	+10 −10	+6 −15	−7 −28	−14 −35	−27 −48
30	40	+280 +120	+142 +80	+64 +25	+34 +9	+25 0	+39 0	+62 0	+160 0	+12 −12	+7 −18	−8 −33	−17 −42	−34 −59
40	50	+290 +130	+142 +80	+64 +25	+34 +9	+25 0	+39 0	+62 0	+160 0	+12 −12	+7 −18	−8 −33	−17 −42	−34 −59
50	65	+330 +140	+174 +100	+76 +30	+40 +10	+30 0	+46 0	+74 0	+190 0	+15 −15	+9 −21	−9 −39	−21 −51	−42 −72
65	80	+340 +150	+174 +100	+76 +30	+40 +10	+30 0	+46 0	+74 0	+190 0	+15 −15	+9 −21	−9 −39	−21 −51	−48 −78
80	100	+390 +170	+207 +120	+90 +36	+47 +12	+35 0	+54 0	+87 0	+220 0	+17 −17	+10 −25	−10 −45	−24 −59	−58 −93
100	120	+400 +180	+207 +120	+90 +36	+47 +12	+35 0	+54 0	+87 0	+220 0	+17 −17	+10 −25	−10 −45	−24 −59	−66 −101
120	140	+450 +200	+245 +145	+106 +43	+54 +14	+40 0	+63 0	+100 0	+250 0	+20 −20	+12 −28	−12 −52	−28 −68	−77 −117
140	160	+460 +210	+245 +145	+106 +43	+54 +14	+40 0	+63 0	+100 0	+250 0	+20 −20	+12 −28	−12 −52	−28 −68	−85 −125
160	180	+480 +230	+245 +145	+106 +43	+54 +14	+40 0	+63 0	+100 0	+250 0	+20 −20	+12 −28	−12 −52	−28 −68	−93 −133
180	200	+530 +240	+285 +170	+122 +50	+61 +15	+46 0	+72 0	+115 0	+290 0	+23 −23	+13 −33	−14 −60	−33 −79	−105 −151
200	225	+550 +260	+285 +170	+122 +50	+61 +15	+46 0	+72 0	+115 0	+290 0	+23 −23	+13 −33	−14 −60	−33 −79	−113 −159
225	250	+570 +280	+285 +170	+122 +50	+61 +15	+46 0	+72 0	+115 0	+290 0	+23 −23	+13 −33	−14 −60	−33 −79	−123 −169
250	280	+620 +300	+320 +190	+137 +56	+69 +17	+52 0	+81 0	+130 0	+320 0	+26 −26	+16 −36	−14 −66	−36 −88	−138 −190
280	315	+650 +330	+320 +190	+137 +56	+69 +17	+52 0	+81 0	+130 0	+320 0	+26 −26	+16 −36	−14 −66	−36 −88	−150 −202
315	355	+720 +360	+350 +210	+151 +62	+75 +18	+57 0	+89 0	+140 0	+360 0	+28 −28	+17 −40	−16 −73	−41 −98	−169 −226
355	400	+760 +400	+350 +210	+151 +62	+75 +18	+57 0	+89 0	+140 0	+360 0	+28 −28	+17 −40	−16 −73	−41 −98	−187 −244
400	450	+840 +440	+385 +230	+165 +68	+83 +20	+63 0	+97 0	+155 0	+400 0	+31 −31	+18 −45	−17 −80	−45 −108	−209 −272
450	500	+880 +480	+385 +230	+165 +68	+83 +20	+63 0	+97 0	+155 0	+400 0	+31 −31	+18 −45	−17 −80	−45 −108	−229 −292

附表 23　优先配合中的轴的上、下极限偏差值（GB/T 1801—2009 和 GB/T 1800.2—2009）

单位：μm

公称尺寸/mm 大于	至	公差带 c 11	d 9	f 7	g 6	h 6	h 7	h 9	h 11	js 7	k 6	n 6	p 6	s 6
—	3	−60 / −120	−20 / −45	−6 / −16	−2 / −8	0 / −6	0 / −10	0 / −25	0 / −60	+5 / −5	+6 / 0	+10 / +4	+12 / +6	+20 / +14
3	6	−70 / −145	−30 / −60	−10 / −22	−4 / −12	0 / −8	0 / −12	0 / −30	0 / −75	+6 / −6	+9 / +1	+16 / +8	+20 / +12	+27 / +19
6	10	−80 / −170	−40 / −76	−13 / −28	−5 / −14	0 / −9	0 / −15	0 / −36	0 / −90	+7 / −7	+10 / +1	+19 / +10	+24 / +15	+32 / +23
10	14	−95 / −205	−50 / −93	−16 / −34	−6 / −17	0 / −11	0 / −18	0 / −43	0 / −110	+9 / −9	+12 / +1	+23 / +12	+29 / +18	+39 / +28
14	18	−95 / −205	−50 / −93	−16 / −34	−6 / −17	0 / −11	0 / −18	0 / −43	0 / −110	+9 / −9	+12 / +1	+23 / +12	+29 / +18	+39 / +28
18	24	−110 / −240	−65 / −117	−20 / −41	−7 / −20	0 / −13	0 / −21	0 / −52	0 / −130	+10 / −10	+15 / +2	+28 / +15	+35 / +22	+48 / +35
24	30	−110 / −240	−65 / −117	−20 / −41	−7 / −20	0 / −13	0 / −21	0 / −52	0 / −130	+10 / −10	+15 / +2	+28 / +15	+35 / +22	+48 / +35
30	40	−120 / −280	−80 / −142	−25 / −50	−9 / −25	0 / −16	0 / −25	0 / −62	0 / −160	+12 / −12	+18 / +2	+33 / +17	+42 / +26	+59 / +43
40	50	−130 / −290	−80 / −142	−25 / −50	−9 / −25	0 / −16	0 / −25	0 / −62	0 / −160	+12 / −12	+18 / +2	+33 / +17	+42 / +26	+59 / +43
50	65	−140 / −330	−100 / −174	−30 / −60	−10 / −29	0 / −19	0 / −30	0 / −74	0 / −190	+15 / −15	+21 / +2	+39 / +20	+51 / +32	+72 / +53
65	80	−150 / −340	−100 / −174	−30 / −60	−10 / −29	0 / −19	0 / −30	0 / −74	0 / −190	+15 / −15	+21 / +2	+39 / +20	+51 / +32	+78 / +59
80	100	−170 / −390	−120 / −207	−36 / −71	−12 / −34	0 / −22	0 / −35	0 / −87	0 / −220	+17 / −17	+25 / +3	+45 / +23	+59 / +37	+93 / +71
100	120	−180 / −400	−120 / −207	−36 / −71	−12 / −34	0 / −22	0 / −35	0 / −87	0 / −220	+17 / −17	+25 / +3	+45 / +23	+59 / +37	+101 / +79
120	140	−200 / −450	−145 / −245	−43 / −83	−14 / −39	0 / −25	0 / −40	0 / −100	0 / −250	+20 / −20	+28 / +3	+52 / +27	+68 / +43	+117 / +92
140	160	−210 / −460	−145 / −245	−43 / −83	−14 / −39	0 / −25	0 / −40	0 / −100	0 / −250	+20 / −20	+28 / +3	+52 / +27	+68 / +43	+125 / +100
160	180	−230 / −480	−145 / −245	−43 / −83	−14 / −39	0 / −25	0 / −40	0 / −100	0 / −250	+20 / −20	+28 / +3	+52 / +27	+68 / +43	+133 / +108
180	200	−240 / −530	−170 / −285	−50 / −96	−15 / −44	0 / −29	0 / −46	0 / −115	0 / −290	+23 / −23	+33 / +4	+60 / +31	+79 / +50	+151 / +122
200	225	−260 / −550	−170 / −285	−50 / −96	−15 / −44	0 / −29	0 / −46	0 / −115	0 / −290	+23 / −23	+33 / +4	+60 / +31	+79 / +50	+159 / +130
225	250	−280 / −570	−170 / −285	−50 / −96	−15 / −44	0 / −29	0 / −46	0 / −115	0 / −290	+23 / −23	+33 / +4	+60 / +31	+79 / +50	+169 / +140
250	280	−300 / −620	−190 / −320	−56 / −108	−17 / −49	0 / −32	0 / −52	0 / −130	0 / −320	+26 / −26	+36 / +4	+66 / +34	+88 / +56	+190 / +158
280	315	−330 / −650	−190 / −320	−56 / −108	−17 / −49	0 / −32	0 / −52	0 / −130	0 / −320	+26 / −26	+36 / +4	+66 / +34	+88 / +56	+202 / +170
315	355	−360 / −720	−210 / −350	−62 / −119	−18 / −54	0 / −36	0 / −57	0 / −140	0 / −360	+28 / −28	+40 / +4	+73 / +37	+98 / +62	+226 / +190
355	400	−400 / −760	−210 / −350	−62 / −119	−18 / −54	0 / −36	0 / −57	0 / −140	0 / −360	+28 / −28	+40 / +4	+73 / +37	+98 / +62	+244 / +208
400	450	−440 / −840	−230 / −385	−68 / −131	−20 / −60	0 / −40	0 / −63	0 / −155	0 / −400	+31 / −31	+45 / +5	+80 / +40	+108 / +68	+272 / +232
450	500	−480 / −880	−230 / −385	−68 / −131	−20 / −60	0 / −40	0 / −63	0 / −155	0 / −400	+31 / −31	+45 / +5	+80 / +40	+108 / +68	+292 / +252

附录 11　常用机械加工规范和零件结构要素

(1) 标准尺寸

附表 24　标准尺寸 GB/T 2822—2005

R1-0	1.00,1.25,1.60,2.00,2.50,3.15,4.00,5.00,6.30,8.00,10.0,12.5,16.0,20.0,25.0, 31.5,40.0,50.0,63.0,80.0,100.0,125,160,200,250,315,400,500,630,800,1000
R2-0	1.12,1.40,1.80,2.24,2.80,3.55,4.50,5.60,7.10,9.00,11.2,14.0,18.0,22.4,28.0, 35.5,45.0,56.0,71.0,90.0,112,140,180,224,280,355,450,560,710,900,1000
R4-0	13.2,15.0,17.0,19.4,21.2,23.6,26.5,30.0,33.5,37.5,42.5,47.5,53.0,60.0,67.0,75.0,85.0,95.0,106,118, 132,150,170,190,212,236,265,300,335,375,425,475,530,600,670,750,850,950,1000

注：1. 本表仅摘录了 1～1000mm 范围内优先数系 R 系列中的标准尺寸。
　　2. 使用时按优先顺序（R10、R20、R40）选取标准尺寸。

(2) 砂轮越程槽

附表 25　砂轮越程槽（GB/T 6403.5—2008）　　　　单位：mm

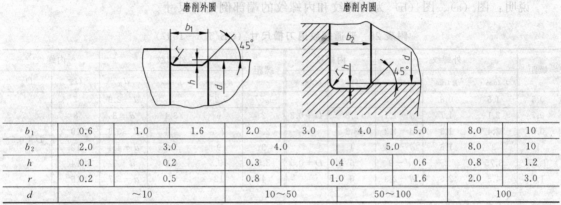

磨削外圆　　　　　　　　　　　磨削内圆

b_1	0.6	1.0	1.6	2.0	3.0	4.0	5.0	8.0	10
b_2	2.0	3.0		4.0		5.0		8.0	10
h	0.1	0.2		0.3	0.4		0.6	0.8	1.2
r	0.2	0.5		0.8	1.0		1.6	2.0	3.0
d	～10			10～50		50～100		100	

注：1. 越程槽内与直线相交处，不允许产生尖角。
　　2. 越程槽深度 h 与圆弧半径 r，要满足 $r \leqslant 3h$。

(3) 零件倒圆与倒角（GB/T 6403.4—2008）

附表 26　倒圆、倒角形式及尺寸系列值　　　　单位：mm

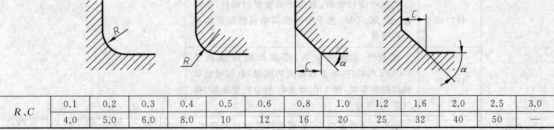

R、C	0.1	0.2	0.3	0.4	0.5	0.6	0.8	1.0	1.2	1.6	2.0	2.5	3.0
	4.0	5.0	6.0	8.0	10	12	16	20	25	32	40	50	—

注：α 一般采用 45°，也可采用 30°或 60°。

附表 27　内角、外角分别为倒圆（或倒角为 45°）的装配形式及尺寸系列值　　单位：mm

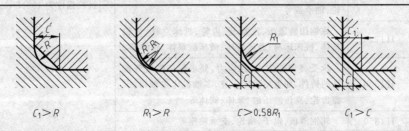

$C_1 > R$　　　　　　$R_1 > R$　　　　　　$C > 0.58R_1$　　　　　　$C_1 > C$

续表

R_1	0.2	0.3	0.4	0.5	0.6	0.8	1.0	1.2	1.6	2.0	2.5	3.0	4.0	5.0	6.0	8.0	10	12
C_{max}	0.1	0.1	0.2	0.2	0.3	0.4	0.5	0.6	0.8	1.0	1.2	1.6	2.0	2.5	3.0	4.0	5.0	6.0

（4）普通螺纹倒角和退刀槽

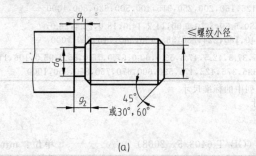 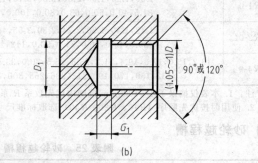

(a)   (b)

说明：图（a）、图（b）为外螺纹和内螺纹的端部倒角的尺寸。

附表 28　普通螺纹退刀槽尺寸（GB/T 3—1997）

螺距	外螺纹		内螺纹			螺距	外螺纹		内螺纹		
	g_{2max},	g_{1min}	d_g	G_1	D_g		g_{2max},	g_{1min}	d_g	G_1	D_g
0.5	1.5	0.8	$d-0.8$	2		1.57	5.25	3	$d-2.6$	7	
0.7	2.1	1.1	$d-1.1$	2.8	$D+0.3$	2	6	3.4	$d-3$	8	
0.8	2.4	1.3	$d-1.3$	3.2		2.5	7.5	4.4	$d-3.6$	10	$D+0.5$
1	3	1.6	$d-1.6$	4		3	9	5.2	$d-4.4$	12	
1.25	3.75	2	$d-2$	5	$D+0.5$	3.5	10.5	6.2	$d-5$	14	
1.5	4.5	2.5	$d-2.3$	6		4	12	7	$d-5.7$	16	

附录 12　常用金属材料和非金属材料

附表 29　常用金属材料

种类	牌号	应　用	说　明
灰铸铁 （GB/T 9439—2010）	HT100	机床中受轻负荷、磨损无关重要的铸件,如托盘、盖、罩、手轮、把手等形状简单且性能要求不高的零件	"HT"为"灰铁"两字汉语拼音的声母,表示灰铸铁,其后的数字表示抗拉强度（单位为 N/mm^2）,如 HT100 表示抗拉强度为 $100N/mm^2$ 的灰铸铁
	HT150	承受中等弯曲应力,摩擦面间压强高于 500kPa 的铸件,如多数机床的底座;有相对运动和磨损的零件,如工作台及汽车中的变速箱、排气管、进气管等	
	HT200	承受较大弯曲应力,要求保持气密性的铸件,如机床立柱、刀架、齿轮箱体、多数机床床身滑板、箱体、液压缸、泵体、阀体、飞轮、汽缸盖、带轮、轴承盖等	
	HT250	炼钢用轨道板、汽缸套、齿轮、机床立柱、齿轮箱体、机床床身、磨床转体、液压缸泵体、阀体等	
	HT300	承受高弯曲应力、拉应力,要求保持高度气密性的铸件,如重型机床床身、多轴机床主轴箱、卡盘齿轮、高压液压缸、泵体、阀体等	
	HT350	轧钢滑板、辊子、齿轮、支承轮座等	

种类	牌号		应用	说明
铸钢 (GB/T 11352— 2009)	ZG200— 400 ZG230— 450		低碳铸钢,韧性及塑性均好,但强度和硬度较高,低温冲击韧性大,脆性转变温度低,磁导、电导性能良好,焊接性好,但铸造性差。主要用于受力不大,但要求韧性的零件,ZG200—400用于机座、变速箱体等;ZG230—450用于轴承盖、底板、阀体、机座、侧架、轧钢机架、箱体等	"ZG"为"铸钢"两字汉语拼音的声母,其后的数字分别表示屈服点和抗拉强度(单位为 N/mm²),如 ZG200—400 表示屈服点为 200N/mm²,抗拉强度为 400N/mm² 的铸钢
	ZG270— 500 ZG310— 570		中碳铸钢,有一定的韧性及塑性,强度和硬度较高,切削性良好,焊接性尚可,铸造性能比低碳铸钢好。ZG270—500 应用广泛,如水压机工作缸、机架、蒸汽锤汽缸、轴承座、连杆、箱体、曲拐等;ZG310—570 用于重负荷零件,如联轴器、大齿轮、缸体、汽缸、机架、制动轮、轴及辊子等	
普通碳素 结构钢 (GB/T 700— 2006)	Q215	A 级	有较高的伸长率,具有良好的焊接性和韧性,常用于制造地脚螺栓、铆钉、低碳钢丝、薄板、焊管、拉杆、短轴、心轴、凸轮(轻载)、吊钩、垫圈、支架及焊接件等	"Q"为碳素钢屈服点"屈"字汉语拼音的声母,其后的数字表示屈服点数值(单位为 N/mm²),如 Q215 表示屈服点为 215N/mm² 的碳素结构钢
		B 级		
	Q235	A 级	有一定的伸长率和强度,韧性及铸造性均良好,且易于冲击及焊接。广泛用于制造一般机械零件,如连杆、拉杆、销轴、螺钉、钩子、套圈盖、螺母、螺栓、气缸、齿轮、支架、机架横撑、机架、焊接件、建筑结构桥梁等用的角钢、工字钢、槽钢、垫板、钢筋等	
		B 级		
		C 级		
		D 级		
	Q275		有较高的强度,一定的焊接性,切削加工性及塑性均较好,可用于制造较高强度要求的零件,如齿轮心轴、转轴、销轴、链轮、键、螺母、螺栓、垫圈等	
优质碳素 结构钢 (GB/T 699— 1999)	25		用于制作焊接构件以及经锻造、热冲压和切削加工,且负荷较小的零件,如辊子、轴、垫圈、螺栓、螺母、螺钉等	牌号的两位数字表示平均含碳量,称碳的质量分数,如 45 号钢表示碳的质量分数为 0.45%,表示平均含碳量为 0.45% 碳的含量≤0.25% 的碳钢属低碳钢(渗碳钢) 碳的含量在 0.25%～0.6% 之间的碳钢属中碳钢(调质钢) 碳的含量≥0.6% 的碳钢属高碳钢 锰的质量分数较高的钢,需加注化学符号"Mn"
	45		适用于制作较高强度的运动零件,如空压机、泵的活塞,蒸汽轮机的叶轮,重型及通用机械中的轧制轴、连杆、蜗杆、齿条、齿轮、销子等	
	30Mn		一般用于制造低负荷的各种零件,如杠杆、拉杆、小轴、刹车踏板、螺栓、螺钉和螺母等	
	65Mn		用于制造中等负载的板弹簧、螺旋弹簧、弹簧垫圈、弹簧卡环、弹簧发条、轻型汽车的离合器弹簧、制动弹簧、气门弹簧以及受摩擦、高弹性、高强度的机械零件机床主轴、机床丝杠等	
合金结构钢 (GB/T 3077— 1999)	20Mn2		用于制造渗碳的小齿轮、小轴,力学性能要求不高的十字头销、活塞销、柴油机套筒、气门顶杆、变速齿轮操纵杆、钢套等	钢中加入一定量的合金元素,提高了钢的力学性能和耐磨性,也提高了钢在热处理时的淬透性,保证在较大截面上获得高的力学性能
	20Cr		用于制造小截面、形状简单、较高转速、载荷较小、表面耐磨、心部强度较高的各种渗碳或液体碳氮共渗零件,如小齿轮、小轴、阀、活塞销、托盘、凸轮、蜗杆等	

种类	牌号	应用	说明
合金结构钢 (GB/T 3077—1999)	38CrMoAl	用于制造高疲劳强度、高耐磨性、较高强度的小尺寸渗氮零件,如汽缸套、座套、底盖、活塞螺栓、检验规、精密磨床主轴、车床主轴、精密丝杆和齿轮、蜗杆等	钢中加入一定量的合金元素,提高了钢的力学性能和耐磨性,也提高了钢在热处理时的淬透性,保证在较大截面上获得高的力学性能
	40Cr	制造中速、中载的调质零件,如机床齿轮、轴、蜗杆、花键轴、顶针套;制造表面高硬度耐磨的调质表面淬火零件,如主轴、曲轴、心轴、套筒、销子、连杆以及淬火回火后重载零件等	
	40CrNi	用于制造锻造和冷冲压且截面尺寸较大的重要调质件,如连杆、圆盘、曲轴、齿轮、轴、螺钉等	
铸造铜合金 (GB/T 1176—2013)	ZCuSn5 Pb5Zn5 5-5-5 锡青铜	在较高负荷、中等滑动速度下工作的耐磨、耐磨蚀零件,如轴瓦、衬套、缸套、活塞、离合器、泵件压盖以及蜗轮等	"Z"为铸造汉语拼音的首位字母,各化学元素后面的数字表示该元素含量的百分数
	ZCuSn10 Pb1 10-1 锡青铜	用于高负荷(20MPa 以下)和高滑动速度(8m/s)下工作的耐磨零件,如连杆、衬套、轴瓦、齿轮、蜗轮等耐蚀、耐磨零件等;形状简单的大型铸件,如衬套、齿轮、蜗轮等	
	ZCuAl 10Fe3 10-3 铝青铜	要求强度高、耐磨、耐蚀的重型铸件,如轴套、螺母、蜗轮以及在 250℃ 以下工作的管配件	ZCuZn25Al6—Fe3Mn3 适用于高强度、耐磨零件,如桥梁支承板、螺母、螺杆、耐磨板、滑块和蜗轮
	ZCuAl10 Fe3Mn 10-3-2 铝青铜		
	CuZn38 8 黄铜	一般结构件和耐蚀零件,如法兰、阀座、支架、手柄和螺母等	
	CuZn40 Pb2 40-2 铅黄铜	一般用途的耐磨、耐蚀零件,如轴套、齿轮等	
铸造铝合金 (GB/T 1173—2013)	ZAlSi12 ZL102 铝硅合金	用于制造形状复杂、负荷小、耐腐蚀的薄壁零件以及工作温度小于等于200℃的高气密性零件	
	ZAlSi9Mg ZL104 铝硅合金	用于制造形状复杂、高温静载荷工作的复杂零件	ZL102 表示含硅 10%～13%,其余为铝的铝硅合金
	ZalMg5Si1 ZL303 铝硅合金	用于制造高温耐蚀性或在高温下工作的零件	

附表 30　常用非金属材料

种　类	名称、牌号或代号	应　用
工程塑料	尼龙(尼龙 6、尼龙 9、尼龙 66、尼龙 610、尼龙 1010)	具有良好的力学强度和耐磨性,广泛用作机械、化工及电气零件,如轴承、齿轮、凸轮、滚子、辊轴、泵叶轮、风扇叶轮、蜗轮、螺钉、螺母、垫圈、高压密封圈、阀座、输油管、储油容器等
	Mc 尼龙	强度特高,适于制造大型齿轮、蜗轮、轴套、大型阀门密封面、导向环、导轨、滚动轴承保持架、船尾轴承、汽车吊索绞盘蜗轮、柴油发动机燃料泵齿轮、水压机立柱导套、大型轧钢机辊道轴瓦等
	聚甲醛	具有良好的耐磨损性能和良好的干摩擦性能,用于制造轴承、齿轮、滚轮、辊子、阀门上的阀杆螺母、垫圈、法兰、垫片、泵叶轮、鼓风机叶片、弹簧、管道等
	聚碳酸酯	具有高的冲击韧性和优异的尺寸稳定性,用于制造齿轮、蜗轮、蜗杆、齿条、凸轮、心轴、轴承、滑轮、铰链、传动链、螺栓、螺母、垫圈、铆钉、泵叶轮、汽车化油器部件、节流阀、各种外壳等
	ABS	作一般结构零件、耐磨受力传动零件和耐腐蚀设备,用 ABS 制成的泡沫夹层板可做小轿车车身
	硬聚氯乙烯 PVC (GB/T 4454—1996)	制品有管、棒、板、焊条及管件,除作日常生活用品外,主要用作耐腐蚀的结构材料或设备衬里材料及电气绝缘材料
	聚丙烯	作一般结构零件、耐腐蚀的化工设备和受热的电气绝缘零件
工业用硫化橡胶	普通橡胶板 1074、1804、1608、1708	有一定的硬度和较好的耐磨性、弹性等性能,能在一定压力下,温度为 −30～＋60℃ 的空气中工作,制作密封垫圈、垫板和密封条等
	耐油橡胶板 3707、3807、3709、3809	有较高硬度和耐溶剂膨胀性能,可在温度为 −30～＋80℃ 的机油、变压器油、润滑油、汽油等介质中工作,适用于冲制各种形状的垫圈
软钢纸板	软钢纸板	供汽车、拖拉机及其他工业设备上制作密封连接处的垫片
工业用毛毡	工业用平面毛毡 n314—81	用作密封、防滑油、防震、缓冲衬垫等,按需要选用细毛、半粗毛、粗毛
	毡圈 PJ 145—79、JB/ZQ 4606—86	用于轴伸端外、轴与轴承盖之间的密封(密封处速度 $v < 5m/s$ 的润滑脂及转速不高的稀油润滑)
石棉	石棉橡胶板 XB200、XB350、XB450	三种牌号分别用于温度为 200℃、350℃、450℃,压力为 150MPa、400MPa、600MPa 以下的水、水蒸气等介质的设备,管道法兰连接处的密封衬垫材料
	耐油石棉橡胶板	可用于各种油类为介质的设备,管道法兰连接处的密封衬垫材料
工业有机玻璃	工业有机玻璃	有板材、棒材和管材等型材,可用于要求有一定强度的透明结构材料,如各种油标的面罩板等

附录 13　热处理

附表 31　常用的热处理名词解释

热处理方法	解　释	应　用
退火	退火是将钢件(或钢坯)加热到适当温度,保温一段时间,然后再缓慢地冷下来(一般用炉冷)	用来消除铸锻件的内应力和组织不均匀及晶粒粗大等现象。消除冷轧坯件的冷硬现象和内应力,降低硬度以便切削

热处理方法	解 释	应 用
正火	正火是将坯坏加热到相变点以上 30～50℃,保温一段时间,然后用空气冷却,冷却速度比退火快	用来处理低碳和中碳结构钢件及渗碳机件,使其组织细化增加强度与韧性。减少内应力,改善低碳钢的切削性能
淬火	淬火是将钢件加热到相变点以上某一温度,保温一段时间,然后在水、盐水或油中(个别材料在空气中)急冷下来,使其得到高硬度	用来提高钢的硬度和强度,但淬火时会引起内应力使钢变脆,所以淬火后必须回火

参 考 文 献

[1]　何铭新，钱可强. 机械制图. 北京：高等教育出版社，2010.

[2]　李广慧，萧肘诚. 工程制图基础. 上海科学技术出版社，2012.

[3]　薛颂菊，徐瑞洁. 工程制图. 北京：清华大学出版社，2015.

[4]　叶琳，邱龙辉. 画法几何与制图. 西安：西安电子科技大学出版社，2012.

[5]　王启美. 现代工程设计制图. 北京：人民邮电出版社，2004.

[6]　叶玉驹. 机械制图手册. 4 版. 北京：机械工业出版社，2008.

[7]　何铭新，钱可强，徐祖茂，等. 机械制图. 6 版. 北京：高等教育出版社，2010.

[8]　杨惠英，王玉坤. 机械制图. 2 版. 北京：清华大学出版社，2010.

[9]　冯开平，左宗义. 画法几何与机械制图. 6 版. 广州：华南理工大学出版社，2007.

[10]　师素娟. 机械设计. 武汉：华中科技大学出版社，2008.

[11]　孟庆乐. 机械设计简明教程. 西安：西北工业大学出版社，2014.